高等职业院校基于工作过程项目式系列教材

企业级卓越人才培养解决方案"十三五"规划教材

U0176952

数据采集与预处理
项目实战

（第2版）

天津滨海迅腾科技集团有限公司　编著

天津大学出版社
TIANJIN UNIVERSITY PRESS

图书在版编目(CIP)数据

数据采集与预处理项目实战（第2版） / 天津滨海迅腾
科技集团有限公司编著. — 天津：天津大学出版社, 2020.1
（2024.8重印）
高等职业院校基于工作过程项目式系列教材　企业级
卓越人才培养解决方案"十三五"规划教材
　　ISBN 978-7-5618-6625-2

　　Ⅰ.①数… Ⅱ.①天… Ⅲ.①数据采集－高等职业教
育－教材②数据处理－高等职业教育－教材 Ⅳ.
①TP274

中国版本图书馆CIP数据核字（2020）第020882号

SHUJU CAIJI YU YUCHULI XIANGMU SHIZHAN

出版发行		天津大学出版社
地　　址		天津市卫津路92号天津大学内（邮编：300072）
电　　话		发行部：022-27403647
网　　址		www.tjupress.com.cn
印　　刷		廊坊市海涛印刷有限公司
经　　销		全国各地新华书店
开　　本		787mm×1092mm　1/16
印　　张		19.5
字　　数		506千
版　　次		2020年1月第1版　2024年8月第2版
印　　次		2024年8月第3次
定　　价		69.00元

高等职业院校基于工作过程项目式系列教材
企业级卓越人才培养解决方案"十三五"规划教材
指导专家

基于工作过程项目式教程
《数据采集与预处理项目实战》

主　编：李国燕　窦珍珍
副主编：牛文峰　王换换　崔爱红
　　　　王　磊　郭晓璇　谢富强

前　言

随着互联网的飞速发展，各个行业的数据信息激增，我们正在经历着一场由数据引发的社会革命，并且大数据正在成为经济社会发展的新驱动力。大数据最重要的价值在于应用，古人云"巧妇难为无米之炊"，而大数据应用中的第一步就是数据采集，数据的完整性和准确性决定了应用的可靠性。

本书主要涉及八个项目：通过"数据采集与处理初识"学习数据采集与处理的多种方式和相关知识；通过"Flume 日志文件数据采集"学习 Flume 两种文件通道的基本使用方法和 HDFS 接收器的相关配置；通过"Kafka 日志文件数据采集"学习 Kafka 集群环境搭建和 Kafka 生产者消费者模型；通过"Scrapy 网页数据采集"学习 Scrapy 框架配置及使用；通过"Requests 客户端数据采集"学习 Requests 库的使用；通过"Kettle 学生数据处理"学习 Kettle 工具的安装和基本使用；通过"NumPy 股票数据处理"学习 NumPy 库的安装和使用；通过"Pandas 旅游数据处理"学习 Pandas 库的安装和使用。本书按照由浅入深的思路对知识体系进行编排，从数据采集组件、数据采集模块、数据采集框架、数据处理工具以及数据处理模块的使用几方面对知识点进行讲解。

本书条理清晰、内容详细，每个项目都通过学习目标、学习路径、任务描述、任务技能、任务实施、任务总结、英语角和任务习题八个模块进行相应知识的讲解。其中，学习目标和学习路径对项目包含的知识点进行简述；任务实施模块对项目中的案例进行步骤化的讲解；任务总结模块作为最后陈述，对使用的技术和注意事项进行总结；英语角解释了项目中专业术语的含义，使学生全面掌握所讲内容。

本书由李国燕、窦珍珍共同担任主编，牛文峰、王换换、崔爱红、王磊、郭晓旋、谢富强担任副主编，李国燕、窦珍珍负责整书编排，项目一和项目二由牛文峰、王换换负责编写，项目三和项目四由王换换、崔爱红负责编写，项目五和项目六由崔爱红、王磊负责编写，项目七和项目八由郭晓旋、谢富强负责编写。

本书理论内容简明、扼要，实例操作讲解细致、步骤清晰、理实结合。操作步骤后有对应的效果图，便于读者直观、清晰地看到操作效果，牢记书中的操作步骤，使读者对数据采集与预处理相关知识的学习更加便捷。

天津滨海迅腾科技集团有限公司
技术研发部
2019 年 10 月

目　　录

项目一　数据采集与处理初识

通过对数据采集与处理的学习，了解数据采集与处理的相关概念，熟悉数据采集与处理的基本方式，掌握数据采集与处理的流程，具备理解大数据流程中数据采集与处理相关操作的能力，在任务实施过程中做到以下几点：

● 了解数据采集与处理的相关知识；
● 熟悉数据采集与处理的多种方式；
● 掌握数据采集与处理的基本流程；
● 具备理解数据采集与处理相关操作的能力。

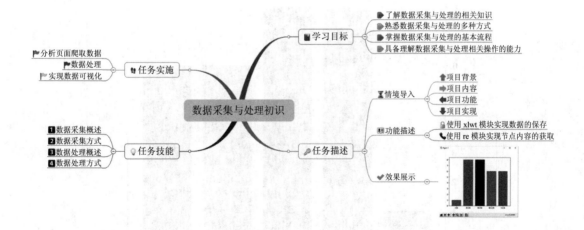

【情境导入】

大数据环境下,数据的来源非常多,类型也很丰富,数据存储和处理的需求量很大,对于数据展现的要求也非常高,并且很看重数据处理的高效性和可用性。传统以处理器为中心的数据采集和处理方法,存储、管理和分析数据量较小,可用性和扩展性较低,已经不能适应大数据应用的需求。本项目通过对数据采集与处理的讲解,帮助读者学习当前数据采集和处理的相关知识。

【功能描述】

- 使用 xlwt 模块实现数据的保存。
- 使用 Re 模块实现节点内容的获取。

【效果展示】

通过对本项目的学习,能够使用 Python 基础知识实现数据的采集、处理、统计及可视化操作,效果如图 1-1 所示。

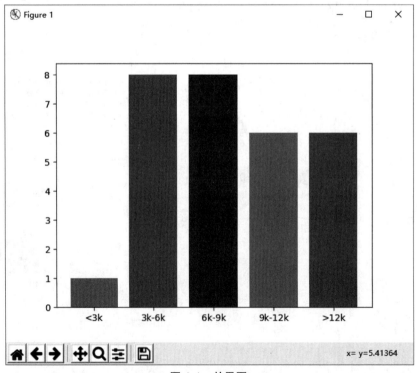

图 1-1　效果图

课程思政

技能点一　数据采集概述

1. 数据采集简介

近年来,以物联网、大数据、人工智能为核心的数字化风暴正在席卷全球。随着网络和信息技术的不断普及,人类活动所产生的数据正在呈指数级增长,最近两年的数据量相当于之前多年数据量的总和,包括物联网传感器数据、社交网络数据、商品交易数据等。面对如此庞大的数据,与之相关的采集、存储、分析等环节也出现了一系列的问题,如何收集这些数据并且进行转换、存储以及有效率地分析成了巨大的挑战。

数据采集,又称数据获取,是利用一种装置或程序从系统外部采集数据并输入系统内部的一个接口。一般来说,数据采集有以下三个特点:

● 数据采集以自动化手段为主,尽量摆脱人工录入的方式;

● 采集内容以全量采集为主,摆脱对数据进行采样的方式;

● 采集方式多样化、内容丰富化,摆脱以往只采集基本数据的方式。

数据采集是大数据产业的基石。都在说大数据应用、大数据价值挖掘,却不想,没有数据何来应用、价值挖掘一说。这就好比一味想得到汽油,却不开采石油一样。当然,采集数据并不容易,各行各业包括政府部门的信息化建设都是封闭式进行的,海量数据被封在不同软件系统中,数据源多种多样,数据量大、更新快。

2. 采集的数据的类型

数据的类型是复杂多样的,我们需要采集的数据包括结构化数据、非结构化数据、半结构化数据。

（1）结构化数据

结构化数据最常见,就是具有模式的数据,如图 1-2 所示。

```
id        name              age        gender
1         Liu Yi            20         male
2         Chen Er                35         female
3         Zhang San         28         male
```

图 1-2　结构化数据

（2）非结构化数据

非结构化数据指数据结构不规则或不完整、没有预定义的数据模型,包括所有格式的办公文档、文本、图片、HTML、各类报表、图像和音频 / 视频信息等,如图 1-3 所示。

```
<person>
    <name>A</name>
    <age>13</age>
    <gender>female</gender>
</person>
```

图 1-3　非结构化数据

（3）半结构化数据

半结构化数据是介于结构化数据与非结构化数据之间的数据,XML 和 JSON 就是常见的半结构数据。

3. 数据采集特征

数据采集是大数据分析的入口,是进行大数据分析的一个非常重要的环节。因此,数据采集需要具有如下几个方面特征。

（1）全面性

数据采集需要全面,同时数据的采集不应当是阶段性的,而应该让采集的数据保持动态。

（2）多维性

数据能够从不同属性和不同类型被灵活、快捷地定义,能满足不同的分析需求。

（3）高效性

高效性包含技术执行的高效性、团队内部成员协同的高效性以及数据分析目标实现的高效性,也就是说数据采集一定要明确采集目的,带着问题收集信息,使数据采集更高效、更有针对性。此外还要考虑采集的数据的时效性。

技能点二　数据采集方式

大数据时代最不缺的就是数据,但是最缺的也是数据。面对数据资源,如何开采、用什么工具开采、如何以最低的成本开采成了重点问题。以前数据的采集采用人工录入、问卷调查、电话随访等方式。而在互联网行业快速发展的今天,数据采集方式有了质的飞跃,其中包括传感器采集、日志采集、网络爬虫采集、数据库采集等。

1. 传感器采集

传感器是一种检测装置,能感受到被测量的信息,并能将感受到的信息按一定规律变换成电信号或其他所需形式的信息输出,以满足信息的传输、处理、存储、显示、记录和控制等要求。在工作现场,会安装各类传感器,如检测压力、温度、流量、声音、电参数等的传感器,传感器对环境的适应能力很强,可以应对各种恶劣的工作环境。

在日常生活中,如温度计测温、麦克风收声、DV 录像、手机拍照等都属于传感器数据采集的一部分,其支持图片、音频、视频等文件或附件的采集工作。传感器采集数据如图 1-4 所示。

目前,基于传感器数据的大数据应用才刚刚起步,未来随着可携带传感器和大数据平台的智能设备越来越多,智能医疗、智慧城市等的发展前景也将无限广阔。

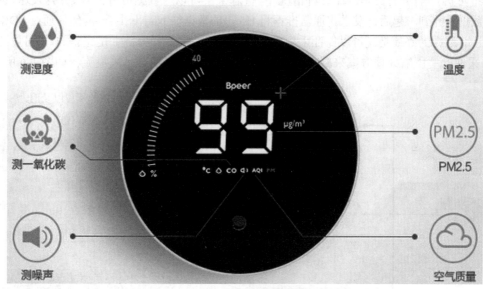

图 1-4　传感器采集数据

2. 日志采集

日志文件数据一般由数据源系统产生,用于记录数据源执行的各种操作活动,比如网络监控的流量管理、金融应用的股票记账和 Web 服务器记录的用户访问行为。

很多互联网企业都有海量数据采集工具,其多被用于系统日志的采集,如 Hadoop 的 Chukwa、Cloudera 的 Flume、Facebook 的 Scribe 和 Apache 的 Kafka 等,这些工具均采用分布式架构,能满足每秒数百兆的日志数据采集和传输需求。目前,日志采集根据产品的类型可以分为以下几种。

（1）浏览器页面的日志采集

浏览器页面的日志采集主要是收集页面的浏览日志（PV/UV 等）和交互操作日志（操作事件）。这些日志的采集一般是通过在页面上植入标准的统计 JS 代码来执行的。这个代码,既可以在页面功能开发阶段由开发人员手动写入,也可以在项目运行阶段,由服务器在相应页面请求时动态植入。

事实上,统计 JS 在采集到数据之后,可以立即将数据发送到数据中心,也可以在进行适当的汇聚之后,延迟发送到数据中心,这由不同场景的需求决定。并且,页面日志在收集上来后,需要在服务端进行相关的预处理操作,如:识别攻击、数据的正常补全、无效数据的剔除、数据格式化、数据隔离等。浏览器日志采集流程如图 1-5 所示。

（2）客户端的日志采集

客户端数据的采集因为具有高度的业务特征,自定义要求比较高,因此除应用环境的一些基本数据以外,更多的是从"按事件"的角度采集数据,比如点击事件、登录事件、业务操作事件等。

一般会开发专用统计 SDK 用于 APP 客户端的数据采集,基础数据由 SDK 默认采集即可,其他事件由业务定义后,按照规范调用 SDK 接口。由于现在越来越多 APP 采用 Hybrid 方案,即 H5 与 Native 相结合的方式,因此对于日志采集来说,既涉及 H5 页面的日志,也涉及 Native 客户端上的日志。在这种情况下,日志采集可以对数据分开采集、分开发送,也可以将数据合并到一起后再发送。通常推荐将 H5 上的数据往 Native 上合并,然后通过 SDK 统一发送。这样的好处是既可以保证采集到的用户行为数据在行为链上是完整的,也可以通过 SDK 采取一些压缩处理方案来减少日志量,提高效率。客户端日志采集流程如图 1-6 所示。

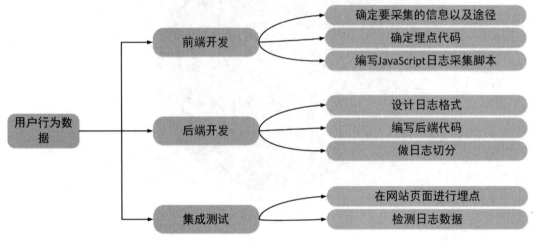

图 1-5　浏览器日志采集流程

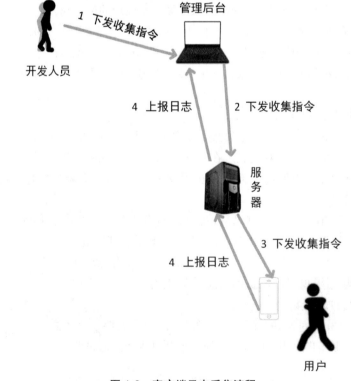

图 1-6　客户端日志采集流程

　　另外,日志采集包含的很重要的一条原则就是标准化与规范化,只有采集的方式标准化、规范化,才能最大限度地减少采集成本,提高日志采集效率,更高效地实现接下来的统计计算。

3. 网络爬虫采集

　　网络爬虫实际上就是一个在网上到处或定向抓取特定网站网页数据的程序。目前,抓取网页的一般方法如下:定义一个入口页面,通常一个页面会有其他页面的 URL,于是从当前页面获取到这些 URL 并将其加入爬虫的抓取队列中,然后进入新页面后再递归地进行上述操作。这种方法与深度遍历或广度遍历相同。网络爬虫如图 1-7 所示。

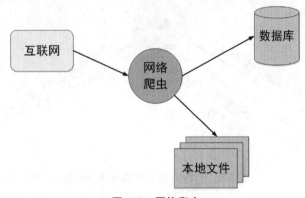

图 1-7　网络爬虫

　　爬虫采集可以将非结构化数据从网页中抽取出来,将其存储为统一的本地数据文件,并以结构化的方式存储。它支持图片、音频、视频等文件或附件的采集,附件与正文可以自动关联。除了网络中包含的内容之外,网络流量的采集可以使用 DPI 或 DFI 等带宽管理技术进行处理。网页的爬取可以通过多种语言实现,如 Node.js、PHP、Java、Python 等,下面以Python 语言为例进行说明。

　　Python 爬虫架构主要由五部分组成,分别为调度器、URL 管理器、网页下载器、网页解析器、应用程序(爬取的有价值数据)。

　　● 调度器:相当于一台电脑的 CPU,主要负责 URL 管理器、网页下载器、网页解析器之间的协调工作。

　　● URL 管理器:包括待爬取的 URL 地址和已爬取的 URL 地址,防止重复抓取 URL 和循环抓取 URL。URL 管理器主要通过内存、数据库、缓存数据库来实现。

　　● 网页下载器:通过传入一个 URL 地址来下载网页,将网页转换成一个字符串。

　　● 网页解析器:对网页字符串进行解析,可以按照要求从中提取有用的信息,也可以根据 DOM 树的解析方式来解析。网页解析器有正则表达式(直观,将网页转成字符串通过模糊匹配的方式来提取有价值的信息,当文档比较复杂的时候,使用该方法提取数据会非常困难)、html.parser(Python 自带)、BeautifulSoup(第三方插件,可以使用 Python 自带的 html.parser 进行解析,也可以使用 lxml 进行解析,相对于其他几种来说要强大一些)、lxml(第三方插件,可以解析 xml 和 HTML),其中 html.parser、BeautifulSoup 以及 lxml 都是以 DOM 树的方式进行解析的。

● 应用程序：就是由从网页中提取的有用数据组成的一个应用。

Python 爬虫框架各个部分的协调工作如图 1-8 所示。

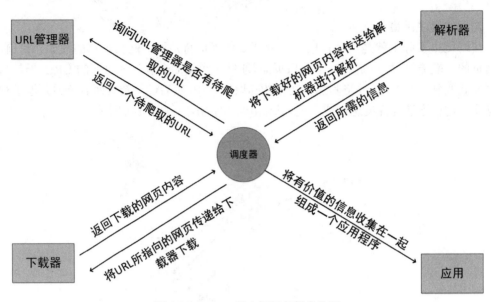

图 1-8　Python 爬虫框架各部分作用

通过图 1-8 可以得出网络爬虫采集数据的基本过程，具体的网络爬虫采集数据的步骤如图 1-9 所示。

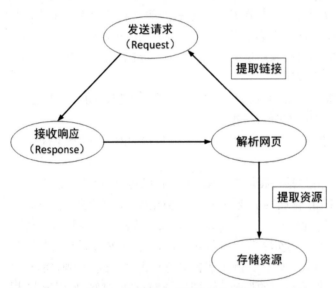

图 1-9　网络爬虫采集数据的步骤

第一步：发送请求。

网络爬虫采集数据的第一步是本地对起始 URL 发送请求以获取其响应。发送请求的实质是指发送请求报文的过程，但在使用 Python 相关库给特定 URL 发送请求时，只需要关注某些特定的值，而不是完整的请求报文。请求报文的组成部分如图 1-10 所示。

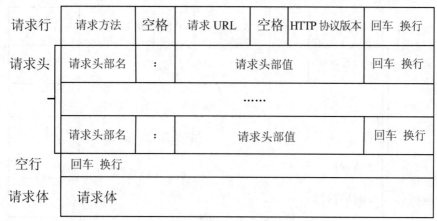

图 1-10　请求报文的组成部分

（1）请求行

请求行由请求方法、请求 URL 和 HTTP 协议版本 3 个字段组成，用空格分隔。具体内容如下。

● 请求方法：指对目标资源的操作方式，常见的有 GET 方法和 POST 方法，GET 方法可以从指定的资源请求数据，查询字符串包含在 URL 中发送；POST 方法可以向指定的资源提交要处理的数据，查询字符串包含在请求体中发送。

● 请求 URL：指目标网站的统一资源定位符，是该网站的唯一标识。

● HTTP 协议版本：指通信双方在通信流程和内容格式上共同遵守的标准。

（2）请求头

请求头被认为是请求的配置信息，常用的请求头信息如下。

● User-Agent：包含发出请求的用户信息，设置 User-Agent 常用于处理反爬虫。

● Cookie：包含先前请求的内容，设置 Cookie 常用于模拟登录。

● Referer：指示请求的来源，可以防止链盗以及恶意请求。

（3）空行

空行标志着请求头的结束。

（4）请求体

若请求方法为 GET，则此项为空；若请求方法为 POST，则此项填写待提交的数据（即表单数据）。

第二步：接收响应。

第二步是获取特定 URL 返回的响应以提取包含在其中的数据。响应报文的组成部分如图 1-11 所示。

（1）响应行

响应行由 HTTP 协议版本、状态码及其描述组成，其中 HTTP 协议版本指的是通信的双方在通信流程或内容格式上共同遵守的标准；状态码及其描述则表示相应的状态，常用状态码及其描述如下。

● 100~199：信息，服务器收到请求，需要请求者继续执行操作。

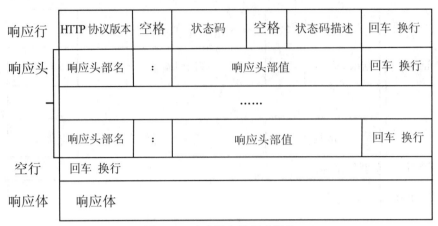

图 1-11　响应报文的组成部分

● 200~299：成功，操作被成功接收并处理。
● 300~399：重定向，需要进一步的操作以完成请求。
● 400~499：客户端错误，请求包含语法错误或无法完成请求。
● 500~599：服务器错误，服务器在处理请求的过程中发生了错误。

（2）响应头

响应头描述服务器和数据的基本信息，常用的响应头信息如下。

Set-Cookie：设置浏览器 Cookie，设置完成后当浏览器访问符合条件的 URL 地址时，会自动带上这个 Cookie。

（3）空行

空行标志着响应头的结束。

（4）响应体

响应体就是响应的消息体，是网站返回的请求数据，可以对其进行分析处理。

第三步：解析网页。

解析网页（HTML）实质上需要完成两件事情，一是提取网页上的链接，二是提取网页上的数据。

（1）获取链接

获取链接实质上是指获取存在于待解析网页上的其他网页链接，网络爬虫需要给这些链接发送请求，如此循环，直至把特定网站全部抓取完毕为止。

（2）获取数据

获取数据则是爬虫采集的目的，常见的数据列举如下。

● 网页文本：HTML，JSON 等；
● 图片：JPG，GIF，PNG 等；
● 视频：MPEG-1、MPEG-2 和 MPEG-4，AVI 等。

第四步：存储资源。

存储资源是爬虫采集的最后一步，获取的数据在进行适当的处理后就可以保存起来并用于进一步分析。

网络爬虫除了可以实现对网站页面的爬取外，还可以实现对 APP 中页面相关信息的爬取。由于移动手机的普及,手机 APP 中的相关信息也同样是大数据分析中不可或缺的一部分。

快来扫一扫!

提示:关于网络爬虫的知识,除了上面简单的数据爬取外,还需要了解反爬虫的知识,扫描图中二维码,你将学到更多。

4. 数据库采集

目前,一些企业使用 MySQL 和 Oracle 等传统的关系型数据库实现数据存储,除此之外,非关系型数据库 Redis 和 MongoDB 等也常被用于实现采集数据的存储。在大多数的企业中,数据库中的数据,一部分是企业时时刻刻产生的业务数据,这些数据会以数据库行记录的形式被直接写入数据库;另一部分是通过数据库采集系统与企业业务后台服务器的结合,将企业业务后台时时刻刻产生的大量业务记录直接写入数据库,最后由特定的处理分析系统进行系统分析。

针对大数据采集的相关技术,除了以上的关系型数据库 MySQL 和非关系型数据库 MongoDB 等,还有一个 Hive 非关系型数据库。Hive 是一个由 Facebook 团队进行开发,基于 Hadoop 的支持 PB 级别的可伸缩性数据仓库。Hive 支持使用类似 SQL 的声明性语言(HiveQL)表示的查询,这些语言被编译为使用 Hadoop 执行的 MapReduce 作业。另外,HiveQL 使用户可以将自定义的 map-reduce 脚本插入查询。该语言不仅支持基本数据类型,类似数组和 Map 的集合以及嵌套组合,还提供了一些简单的语句,对数据仓库中的数据进行简要分析与计算。Hive 数据库图标如图 1-12 所示。

图 1-12　Hive 数据库图标

技能点三　数据处理概述

大数据采集通常会涉及一个或多个数据源,这些数据源包括数据库、文件系统、服务接口等,这就导致数据采集易受到噪声数据、数据值缺失、数据冲突等影响,因此在使用数据之前需要对收集到的数据集合进行预处理,以保证大数据分析与预测结果的准确性与价值性。

数据预处理环节有利于提高大数据在一致性、准确性、真实性、可用性、完整性、安全性和价值性等方面的质量,而大数据处理中的相关技术是影响大数据分析过程质量的关键因素,数据的处理是指对所收集数据进行分类或分组前所做的审核、筛选、排序等必要的处理。目前,在大数据处理方面可以使用 Python 自带的 NumPy、Pandas、sklearn 库和数据预处理常用工具 Kettle、Microsoft Excel、OpenRefine 等。

现实中的数据大多是"脏"数据,具体表现在以下几个方面。

● 不完整:缺少属性值或仅仅包含聚集数据。

● 含噪声:包含错误或存在偏离期望的离群值。

● 不一致:用于商品分类的部门编码存在差异。

进入应用流程的数据被要求应具有一致性、准确性、完整性、时效性、可信性、可解释性等特征,但由于获得的数据规模太过庞大,且是不完整、重复、杂乱的,因此,在一个完整的数据采集及预处理过程中,数据预处理要花费 60% 左右的时间。

目前,数据处理包含数据审核、数据筛选、数据排序三方面的内容。

(1)数据审核

从不同渠道获取的统计数据,在审核的内容和方法上也会有所不同。目前,数据审核的内容主要包括以下五个方面。

● 准确性审核:主要从真实性与精确性角度检查数据,其审核的重点是检查调查过程中所发生的误差。

● 完整性审核:主要检查应调查的单位或个体是否有遗漏,所有的调查项目或指标是否填写齐全。

● 适用性审核:主要根据数据的用途,检查数据解释说明问题的程度。具体包括数据与调查主题、与目标总体的界定、与调查项目的解释等是否匹配。

● 时效性审核:主要检查数据是否按照规定时间报送,如未按规定时间报送,就需要调查未及时报送的原因。

● 一致性审核:主要检查数据在不同地区或国家、在不同的时间段是否具有可比性。

(2)数据筛选

对审核过程中发现的错误应尽可能予以纠正。调查结束后,当发现存在错误的数据不能予以纠正,或者有些数据不符合调查的要求而又无法弥补时,就需要对数据进行筛选。数据筛选包括两方面内容:一是将某些不符合要求的数据或有明显错误的数据予以剔除;二是将符合某种特定条件的数据筛选出来,对不符合特定条件的数据予以剔除。数据筛选在市场调查、经济分析、管理决策中是十分重要的。

(3)数据排序

数据排序是按照一定顺序将数据排序,以便研究者通过浏览数据发现一些明显的特征或趋势,找到解决问题的线索。除此之外,排序还有助于对数据进行检查纠错,为重新归类或分组等提供依据。在某些场合,排序本身就是分析的目的之一。排序借助计算机可以很容易地完成。

如果是字母型数据,排序有升序与降序之分,实际上升序使用得更为普遍,因为升序与字母的自然排序相同。如果是汉字型数据,排序方式有很多,比如按汉字的首位拼音字母排列,这与字母型数据的排序完全一样,也可按笔画排序,其中也有笔画多少的升序、降序之分。交替运用不同方式进行排序,在汉字型数据的检查纠错过程中十分有用。如果是数值型数据,排序只有两种,即递增和递减。排序后的数据也被称为顺序统计量。

技能点四　数据处理方式

数据的处理方式主要包括数据清洗、数据集成、数据规约与数据转换等内容,这些可以大大提高大数据的总体质量,是大数据过程质量的体现,如图 1-13 所示。

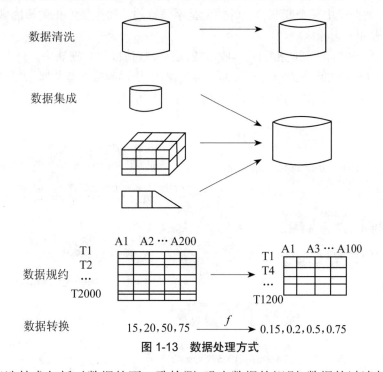

图 1-13　数据处理方式

数据清洗技术包括对数据的不一致检测、噪声数据的识别、数据的过滤与修正等,有利于提高大数据的一致性、准确性、真实性和可用性等。

数据集成则是将多个数据源的数据进行集成,从而形成集中、统一的数据库、数据立方体等,这一过程有利于提高大数据的完整性、一致性、安全性和可用性等。

数据转换处理包括基于规则或元数据的转换、基于模型与学习的转换等技术,可通过转换实现数据统一,这一过程有利于提高大数据的一致性和可用性。

数据规约是在不损害分析结果准确性的前提下降低数据集规模,使之简化,包括维规约、数量规约、数据压缩等技术,这一过程有利于提高大数据的价值密度,即提高大数据存储的价值性。

1. 数据清洗

顾名思义数据清洗就是把"脏"的数据"洗掉",指发现并纠正数据文件中可识别错误的最后一道程序,包括检查数据一致性、处理无效值和缺失值等。

　　因为数据仓库中的数据是面向某一主题的数据集合,这些数据从多个业务系统中抽取而来且包含历史数据,会导致数据中出现错误或数据冲突,这些错误的或有冲突的数据显然是无用的,因此可以按照一定的规则把"脏"数据"洗掉",这就是数据清洗。而数据清洗的任务是过滤那些不符合要求的数据,将过滤后的结果交给业务主管部门,确认是否过滤掉或由业务单位修正之后再进行抽取。不符合要求的数据主要有不完整的数据、错误的数据、重复的数据三大类。录入后的数据清洗一般由计算机完成,而不是人工完成。目前,数据清洗主要包括以下几个方面的内容。

　　(1)缺失值清洗

　　缺失值是指粗糙数据中由于缺少信息而造成的数据的聚类、分组、删失或截断。简单来说,就是指现有数据集中某个或某些属性的值是不完整的。缺失值产生的原因多种多样,主要分为机械原因和人为原因。

　　● 机械原因产生的缺失值指因数据收集或保存失败造成的数据缺失。

　　● 人为原因产生的缺失值指由于人的主观失误、历史局限或有意隐瞒造成的数据缺失。

　　缺失值是最常见的数据问题,处理缺失值也有很多方法,如图1-14所示。

图1-14　处理缺失值的方法

　　缺失值清洗的步骤如下。

　　第一步:确定缺失值范围。

　　对每个字段都计算其缺失比例,然后按照缺失比例和字段重要性,分别制定策略。

　　第二步:去掉不需要的字段。

　　去掉字段只需直接删除即可,在删除字段时建议做好备份或者先在小规模数据上试验,成功后再处理全量数据,防止数据删除错误且无法恢复。

　　第三步:填充缺失内容。

　　当数据文件中含有缺失内容时,可对缺失值进行填充,方法有以下三种。

　　● 以业务知识或经验推测填充缺失值。

　　● 以同一指标的计算结果(均值、中位数、众数等)填充缺失值。

　　● 以不同指标的计算结果填充缺失值。

第四步:重新取数。

如果某些指标非常重要并且缺失率较高,就需要和取数人员或业务人员联系,了解是否有其他渠道可以取得相关数据。

(2)格式内容清洗

如果数据是从系统日志中获取的,那么通常在格式和内容方面,会与元数据的描述一致。而如果数据是由人工收集或用户填写的,则有很大可能在格式和内容上存在一些问题,简单来说,格式内容方面的问题可分为以下几类。

● 时间、日期、数值、全半角等显示格式不一致。

这种问题通常与输入端有关,在整合多来源数据时也有可能遇到,如图 1-15 所示,只需将其处理成一致的某种格式即可。

日期格式
2017年3月20日
20170320
2017.02.20

图 1-15　格式不一致

● 内容中有不该存在的字符。

某些内容可能只包括一部分字符,比如身份证号是由"纯数字"或"数字 + 字母"组成的,如图 1-16 所示。最典型的就是头、尾、中间的空格,也可能出现姓名中存在数字符号、身份证号中出现汉字等问题。这种情况下,需要以半自动校验半人工方式来找出可能存在的问题,并去除不需要的字符。

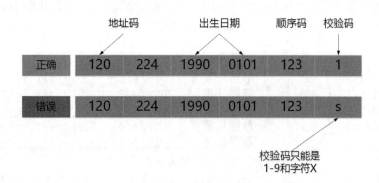

图 1-16　存在不该有的字符

● 内容与该字段应有内容不符。

姓名写成了性别,身份证号写成了手机号等,均属于内容与字段不符。但该问题的特殊性在于:并不能简单地以删除来处理,因为其成因有可能是人工填写错误,也有可能是前端没有校验,还有可能是导入数据时部分或全部存在列没有对齐的问题,因此要详细识别问题类型。

(3)逻辑错误清洗

这部分的工作是去掉一些用简单逻辑推理就可以直接发现问题的数据,防止分析结果走偏。其工作主要包含以下几个方面。

● 去重。

顾名思义，去重就是去掉重复的值，如图 1-17 所示。

1869	碧生源减肥茶多钱	2260000
1870	碧生源减肥茶多少钱	369000
1871	碧玉	78200000
1872	碧玉怎么养	2930000
1873	碧玉怎么养	2570000
1874	壁布	8110000
1875	壁灯图片	44500000
1876	壁挂炉报价	7230000
1877	壁挂炉报价	7230000
1878	壁挂炉价格	6250000
1879	壁挂炉价格	6250000
1880	壁挂式马桶	2330000
1881	壁柜门	1930000
1882	壁柜装修效果图	7210000
1883	壁柜装修效果图	6020000
1884	壁柜装修效果图	6020000
1885	壁柜装修效果图	6020000
1886	壁画价格	53100000
1887	壁画设计	6330000
1888	壁画效果图	46900000

图 1-17 重复值

● 去除不合理值。

去除不合理值就是去除掉与现实不相符的值，如在填写信息表时，年龄 1000 岁，这样的年龄值要么删掉，要么按缺失值处理，如图 1-18 所示。

出生日期	年龄	人群分类代码	发病日期	诊断日期
1990/1/1	29	散居儿童	2019/4/1	2019/4/1 9:00
1991/2/1	28	散居儿童	2019/4/2	2019/4/3 9:00
1990/3/2	29	散居儿童	2019/4/3	2019/4/3 14:00
1980/4/3	39	散居儿童	2019/4/4	2019/4/1 9:00
1990/5/4	29	散居儿童	2019/4/5	2019/4/2 9:00

图 1-18 不合理值

● 修正矛盾内容。

矛盾内容就是指一条数据与另一条数据存在冲突，修正矛盾内容就是在修正这一冲突，如：在 2000 年，填写个人信息时，身份证号是“120224191901010101”，然后年龄填 18 岁，这时年龄就存在冲突，想要修正这个冲突就需要根据字段的数据来源，来判定哪个字段提供的信息更为可靠，之后去除或重构不可靠的字段，如图 1-19 所示。

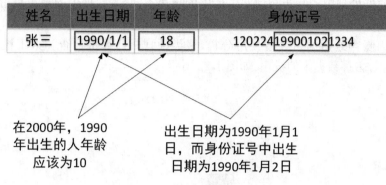

当前为2000年

姓名	出生日期	年龄	身份证号
张三	1990/1/1	18	120224199001021234

在2000年，1990年出生的人年龄应该为10

出生日期为1990年1月1日，而身份证号中出生日期为1990年1月2日

图 1-19　矛盾值

（4）非需求数据清洗

非需求数据清洗是指将不需要或无意义的数据删除。在实际操作中，有如下很多问题。

● 把看上去不需要但实际上对业务很重要的字段删除了。

● 某个字段觉得有用，但又没想好怎么用，很难确定是否需要删除。

● 删错字段。

当数据量没有大到不删字段就没办法处理的程度时通常不会出现该问题，但为了防止删错字段，需及时进行数据备份。

（5）关联性验证

整合多来源数据时，不但要对数据进行转换，还需要处理好数据之间的关联性，如图1-20所示。如当前有商品的线下购买信息，也有电话客服问卷信息，两者通过姓名和手机号关联，那么就要看一下，同一个人线下登记的信息和客服问卷的商品信息是否相同，如果不是，则需要调整或去除数据。

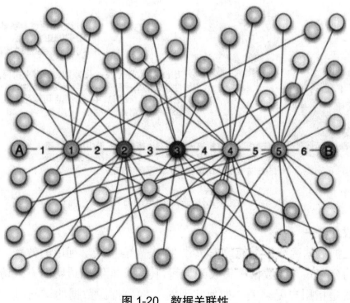

图 1-20　数据关联性

（6）噪声的处理

在大数据处理中的噪声与现实生活中的噪声不同,大数据中的噪声是指一个测量变量中的随机错误和偏差,包括错误值或偏离期望的孤立点值,如图 1-21 所示。

检测出噪声之后即可通过使用分箱、聚类、回归、计算机检查和人工检查结合等方法"光滑"数据,去掉数据中的噪声,如图 1-22 所示。

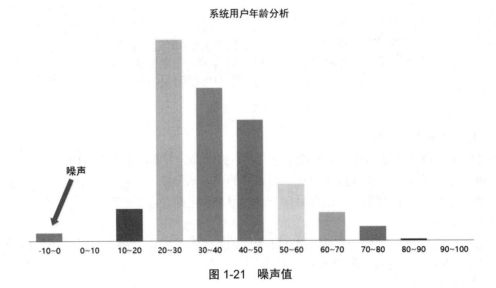

图 1-21　噪声值

图 1-22　去除噪声的方法

2. 数据集成

集成是指维护数据源整体上的数据一致性、提高信息共享利用的效率,而数据集成指的是将互相关联的分布式异构数据源集成到一起,使用户能够以透明的方式访问这些数据源。其中透明的方式是指用户无须关心如何实现对异构数据源数据的访问,只关心以何种方式访问何种数据即可。在现实生活中,可以把能够实现数据集成的一个系统称为数据集成系统,如图 1-23 所示。

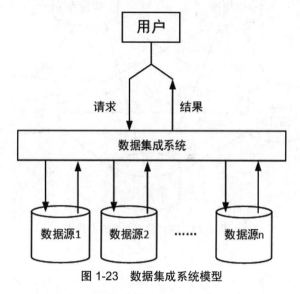

图 1-23　数据集成系统模型

　　数据集成是信息系统集成的基础和关键,其数据源包括各类 XML 文档、HTML 文档、电子邮件、普通文件等结构化、半结构化信息。数据集成的目的是保证用户以低代价、高效率使用异构的数据,但想要实现这个目的还需要克服很多困难,具体表现在以下几个方面。

　　● 异构性:被集成的数据源通常是独立开发的,数据模型异构,给集成带来很大困难。异构性主要表现在数据语义、相同语义数据的表达形式、数据源的使用环境等方面。

　　● 分布性:数据源是异地分布的,依赖网络传输数据,这就存在网络传输的性能和安全性等问题。

　　● 自治性:各个数据源有很强的自治性,它们可以在不通知集成系统的前提下改变自身的结构和数据,向数据集成系统的鲁棒性提出挑战。

　　尽管数据集成的实现说起来就是把数据都集中在一起进行操作,但上面也提到过,在实际的操作中还有着诸多的困难,现在常见的集成方法并不是很多,有联邦数据库、中间件集成、数据仓库等。

　　(1)联邦数据库

　　在联邦数据库中,数据源之间共享自己的一部分数据模式,形成一个联邦模式,如图 1-24 所示。联邦数据库系统按集成度可分为两类:紧密耦合联邦数据库系统和松散耦合联邦数据库系统。紧密耦合联邦数据库系统使用统一的全局模式,将各数据源的数据模式映射到全局数据模式上,解决了数据源间的异构性,集成度较高,用户参与少,但构建一个全局数据模式的算法复杂,扩展性差;松散耦合联邦数据库系统比较特殊,没有全局模式,采用联邦模式,提供统一的查询语言,将很多异常性问题交给用户自己去解决。尽管松散耦合方法对数据的集成度不高,但其数据源的自治性强、动态性能好,集成系统不需要维护一个全局模式。

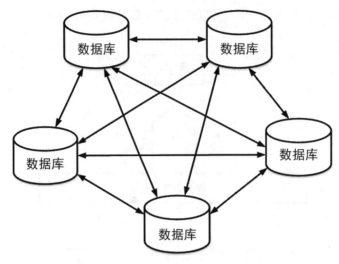

图 1-24　联邦数据库系统结构

（2）中间件集成

中间件集成方法是目前比较流行的数据集成方法,中间件模式通过统一的全局数据模型来访问异构的数据库、遗留系统、Web 资源等,中间件位于异构数据源系统(数据层)和应用程序(应用层)之间,向下协调各数据源系统,向上为访问集成数据的应用提供统一的数据模式和数据访问的通用接口。各数据源的应用仍然完成它们的任务,中间件系统则主要集中为异构数据源提供一个高层次检索服务。通过在中间层提供一个统一的数据逻辑视图来隐藏底层的数据细节,使得用户可以把集成数据源看作一个统一的整体。

G. Wiederhold 最早给出了基于中间件集成方法的构架。与联邦数据库不同,中间件系统不仅能够集成结构化的数据源信息,还可以集成半结构化或非结构化数据源中的信息,有很好的查询性能,自治性强,如 Web 信息。美国斯坦福大学 Garcia Molina 等人在1994 年开发了 TSIMMIS 系统,它就是一个典型的基于中间件的数据集成系统,如图 1-25所示。

（3）数据仓库

数据仓库方法是一种典型的数据复制方法。该方法将各个数据源的数据复制到同一处,即数据仓库,之后用户可像访问普通数据库一样直接访问数据仓库,如图 1-26 所示。

3. 数据转换

在对数据进行统计分析时,要求数据必须满足一定的条件,如在方差分析时,要求试验误差具有独立性、无偏性、方差齐性和正态性,但在实际分析中,独立性、无偏性比较容易满足,方差齐性在大多数情况下能满足,正态性有时不能满足。数据经过适当的转换,如平方根转换、对数转换、平方根反正弦转换,即可满足方差分析的要求,这里所进行的此种数据转换,称为数据转换。

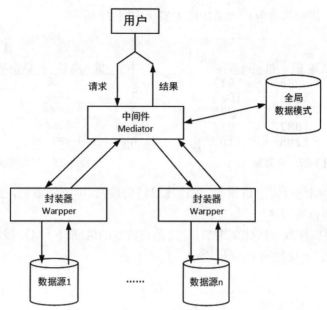

图 1-25 基于中间件的数据集成模型——TSIMMIS 系统

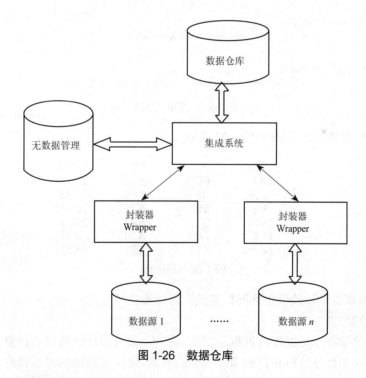

图 1-26 数据仓库

数据转换主要是对数据进行规范化处理,达到适用于挖掘的目的。目前,有很多方法可以实现数据转换,具体如下。

● 光滑:去掉数据中的噪声,包括分箱、回归、聚类。

● 属性构造:指由给定的属性构造和添加新的属性,帮助提高准确率和对高维数据结构的理解。可以构造新的属性并将其添加到属性集中;由给定的属性构造新的属性,并将其添加到属性集中。属性构造前后效果如图 1-27 和图 1-28 所示。

	A	B
1	供入电量	供出电量
2	986	912
3	1208	1083
4	1108	975
5	1082	934
6	1285	1102

图 1-27　原数据

	A	B	C
1	供入电量	供出电量	线损率
2	986	912	0.07505071
3	1208	1083	0.103476821
4	1108	975	0.120036101
5	1082	934	0.136783734
6	1285	1102	0.142412451

图 1-28　属性构造后数据

● 聚集：对数据进行汇总或聚集，如计算日销售数据、年销售数据，通常为多个抽象层的数据分析构造数据立方体。

● 规范化：将属性数据按比例缩放，使之落在特定的区间（[-1,0]），按比例缩放，使之落入特定的小区间内，方法如图 1-29 所示。

最小最大规范化
$$\text{to}\left[\text{new\_min}_A, \text{new\_max}_A\right]$$
$$v' = \frac{v - \min_A}{\max_A - \min_A}\left(\text{new\_max}_A - \text{new\_min}_A\right) + \text{new\_min}_A$$

Z-Score 规范化
$$v' = \frac{v - \mu_A}{\sigma_A}$$
$$\left(\mu : \text{mean}, \sigma : \text{standard deviation}\right)$$

小数定标规范化
$$v' = \frac{v}{10^j}$$
where j is the smallest integer such that $\max\left(|v'|\right) < 1$

图 1-29　规范化方法

规范化前后效果如图 1-30 和图 1-31 所示。

78	521	602	2863
144	-600	-521	2245
95	-457	468	-1283
69	596	695	1054
190	527	691	2051
101	403	470	2487
146	413	435	2571

图 1-30　原数据

● 离散化：属性的原始值用区间标签或概念标签替换。

4. 数据规约

数据规约是指在尽可能保持数据原貌的前提下，最大限度地精简数据量。由于在大数据集上进行复杂的数据分析和挖掘需要很长的时间，使用数据规约可以产生更小且保持源数据完整性的新数据集。在规约后的数据集上进行分析和挖掘将更有效率。数据规约的意义主要有以下几点。

● 降低无效、错误数据对建模的影响，提高建模的准确性。

● 少量且具有代表性的数据将大幅缩减数据挖掘所需的时间。

● 降低存储数据的成本。

```
         0        1        2        3
0  0.074380 0.937291 0.923520 1.000000
1  0.619835 0.000000 0.000000 0.850941
2  0.214876 0.119565 0.813322 0.000000           最小最大规范化
3  0.000000 1.000000 1.000000 0.563676
4  1.000000 0.942308 0.996711 0.804149
5  0.264463 0.838629 0.814967 0.909310
6  0.636364 0.846990 0.786184 0.929571
```

```
          0         1         2         3
0 -0.905383  0.635863  0.464531  0.798149
1  0.604678 -1.587675 -2.193167  0.369390
2 -0.516428 -1.304030  0.147406 -2.078279
3 -1.111301  0.784628  0.684625 -0.456906   Z-Score规范化
4  1.657146  0.647765  0.675159  0.234796
5 -0.379150  0.401807  0.152139  0.537286
6  0.650438  0.421642  0.069308  0.595564
```

```
      0      1      2       3
0  0.078  0.521  0.602  0.2863
1  0.144 -0.600 -0.521  0.2245
2  0.095 -0.457  0.468 -0.1283      小数定标规范化
3  0.069  0.596  0.695  0.1054
4  0.190  0.527  0.691  0.2051
5  0.101  0.403  0.470  0.2487
6  0.146  0.413  0.435  0.2571
```

图 1-31 规范化后数据

目前,实现数据规约的方法可以归为三种,分别为维规约、数量规约和数据压缩,具体内容如下。

(1)维规约

维规约也叫属性规约,不仅可以通过属性合并创建新的属性维数,还可以通过直接对不相关属性的删除减少数据的维数,从而提高数据挖掘的效率,降低计算成本。属性规约常用方法如表 1-1 所示。

表 1-1 属性规约常用方法

方法	描述
合并属性	将一些旧属性合并为新属性
逐步向前选择	从一个空属性集开始,每次从原来的属性集合中选择一个当前最优的属性添加到当前属性子集中,直到无法选择出最优属性或满足一定阈值约束为止
逐步向后删除	从一个全属性集开始,每次从当前属性子集中选择一个当前最差的属性并将其从当前属性的子集中消去,直到无法选择出最差属性或满足一定阈值约束为止
决策树归纳	利用决策树的归纳方法对初识数据进行分类归纳学习,获得一个初始决策树,所有没有出现在这个决策树上的属性均可认为是无关属性,因此将这些属性从初始集合中删除,就可以获得一个较优化的属性子集
主成分分析	用较少的变量去解释原始数据中大部分变量,即将许多相关性很高的变量转化成彼此相互独立或不相关的变量

　　其中,逐步向前选择、逐步向后删除、决策树归纳属于直接删除不相关属性方法;主成分分析是一种用于连续属性的数据降维方法,构造了原始数据的一个正交变换,新空间的基底去除了原始空间基底下数据的相关性,只需要使用少数新变量就能够解释原始数据中的大部分变异。

　　使用属性规约实现数据维度改变的前后效果如图 1-32 和图 1-33 所示。

	A	B	C	D	E	F
1	40.4	24.7	7.2	6.1	8.3	8.7
2	25	12.7	11.2	11	12.9	20.2
3	13.2	3.3	3.9	4.3	4.4	5.5
4	22.3	6.7	5.6	3.7	6	7.4
5	34.3	11.8	7.1	7.1	8	8.9
6	35.6	12.5	16.4	16.7	22.8	29.3
7	22	7.8	9.9	10.2	12.6	17.6
8	48.4	13.4	10.9	9.9	10.9	13.9
9	40.6	19.1	19.8	19	29.7	39.6
10	24.8	8	9.8	8.9	11.9	16.2
11	12.5	9.7	4.2	4.2	4.6	6.5
12	1.8	0.6	0.7	0.7	0.8	1.1
13	32.3	13.9	9.4	8.3	9.8	13.3

图 1-32　原数据

```
[[  1.05001221  -5.51748501  -5.91441212]
 [-22.99722874  -1.97512405  -0.20900558]
 [-13.89767671   3.37263948  -0.79992678]
 [  5.67710353  10.923606    11.64081709]
 [ 25.0534891   -6.9734989    0.85775793]
 [ -2.81280563  -6.07880095  -2.65207248]
 [ 14.1489874   16.43302809  -4.11709058]
 [ 41.83184701 -11.32960529   3.20277843]
 [ -1.00625614  -2.65780713  -0.27401457]
 [-21.33464558  -2.82555148   0.17044138]
 [-35.91396474  -5.99120963   3.78629425]
 [  3.6840302    5.68331179   1.42625345]
 [  6.51710808   6.93649707  -7.11782042]]
```

图 1-33　数据降维后的效果

（2）数量规约

　　数量规约也可以叫作数值规约,可通过使用较小的数据表示形式替换原数据来减少数据量,数量规约分为有参数方法和无参数方法。其中,有参数方法是使用一个模型来评估数据,只需存放参数,而不需要存放实际数据,如回归、对数线性模型等;而无参数方法则需要存放实际数据,如直方图、聚类、抽样等。使用抽样方法实现数量规约的效果如图 1-34 所示。

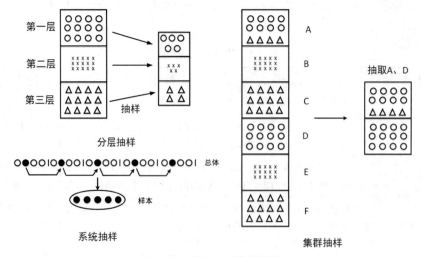

图 1-34　抽样实现数量规约

（3）数据压缩

数据压缩是指在不丢失有用信息的前提下,缩减数据量以节约存储空间,提高其传输、存储和处理效率,或按照一定的算法对数据进行重新组织,减少数据的冗余,节约存储空间的一种技术方法。数据压缩包括有损压缩和无损压缩,无损压缩能从压缩后的数据重构恢复原来的数据,不损失信息;而有损压缩则只能近似重构原数据。

快来扫一扫!

提示:当对数据的采集和处理有所了解后,你是否打算放弃本门课程的学习呢?扫描图中二维码,你的想法是否有所改变呢?

通过以上的学习,可以了解大数据应用中关于数据采集和处理的相关知识。为了更好地理解数据采集与处理在大数据应用中的作用,现通过以下几个步骤,使用 Python 的基础知识实现对职位信息数据的采集、处理、分析及可视化。

第一步:分析页面爬取数据。

使用 Python 中的 Request 模块爬取页面信息,之后使用 Re 模块进行节点数据的获取,最后使用 xlwt 模块将数据保存到 Excel 表中,代码 CORE0101 如下所示,爬取并保存数据效果如图 1-35 所示。

职位	公司	地点	工资	发布日期
美团餐饮生态销售	美团点评	太原	1-1.5万/月	03-01
销售顾问	瓜子二手车	常州-新北区		03-02
六险一金+双休+销售（温州）	重庆猪八戒网络有限公司	温州	6-8千/月	03-03
销售专员	广州陛雅哇客贸易有限公司	广州-天河区	0.6-1万/月	03-04
应届生实习销售	上海链家沪南事业部-源深大区	上海-浦东新区	0.6-1万/月	03-05
大客户销售（高提成+双休+良好晋升空间）		上海-浦东新区	1-1.5万/月	03-06
销售代表/销售工程师	成都德联安科技工程有限公司	成都-武侯区	4-7千/月	03-07
新房销售+职业顾问（链家德祐）直招	郑州链佑（珠江荣景）店	郑州-惠济区	1.5-3万/月	03-08
老村长酒销售经理	南京市雨花台区赢者酒业销售中心	镇江	0.8-1.5万/月	03-09
课程顾问/课程销售综合薪资5K-8K+五险一金	苏州菲鸡健身服务有限公司	苏州	3-5千/月	03-10
销售代表+瓷砖+待遇优厚	沈阳华翼装饰工程有限公司	沈阳-铁西区	0.2-1万/月	03-11
KA销售代表	南通弘益贸易有限公司	南通	6-8万/年	03-12
销售总监	武汉协贝消防工程有限公司	武汉-东西湖区	0.7-1万/月	03-13
区域销售代表	上海丰超机电科技有限公司	上海-宝山区	10-15万/年	03-14
客服专员（无责底薪3000+仅接听+无销售性质）	四川亚骏网络科技有限公司	成都-温江区	3-4.5千/月	03-15
高薪直招销售精英+包住宿	江苏华付网络有限公司		0.6-1.2万/月	03-16
销售工程师	深圳英美达医疗技术有限公司	太原	0.5-1万/月	03-17
销售顾问	华帝股份有限公司浙江经销商	绍兴	4.5-6千/月	03-18
销售业务员/销售代表/业务精英	深圳市世开化工有限公司	异地招聘	1-1.5万/月	03-19
销售专员10K—15K	海风教育-K12 在线一对一	异地招聘	1-1.5万/月	03-20
钢材销售代表	沈阳日恒鑫商贸有限公司	沈阳	0.3-1万/月	03-21
房地产销售	郑州安德房地产营销策划有限公司	郑州-金水区	4.5-6千/月	03-22
房产销售 底薪三千五 铁西地铁口总店 无须经验	沈阳市铁西区东芒果房产中介所	沈阳-铁西区	4-8千/月	03-23
销售主管	上海希谷文化传播有限公司	上海-闵行区	1-1.5万/月	03-24
销售/ 销售代表/出差驻外 月薪8000包住	天津奥锦科技有限公司	天津-南开区	6-8千/月	03-25
门店销售	上海上美汽车有限公司	上海-杨浦区	4.5-6千/月	03-26
销售代表	乐岁（上海）实业有限公司	上海	5-8千/月	03-27

图 1-35　爬取并保存数据效果

代码 CORE0101.py

```python
# 导入模块
from urllib import request
import re
import xlwt
# 增加导入 json 包
import json
# 定义请求信息
def urlPage(url):
    try:
        ua_header = {
            "User-Agent":"Mozilla/4.0 (compatible; MSIE 8.0; Windows NT 5.1; Trident/4.0;
.NET CLR 2.0.50727; 360SE)"}
            url_buf = request.Request(url, headers=ua_header)
        reponse = request.urlopen(url_buf)
        html = reponse.read().decode("gbk")
    except request.URLError as e:
        if hasattr(e, "code"):
            print (e.code)
        if hasattr(e, "reason"):
            print (e.reason)
    return (html)
# 获取需要的信息模块
def dispose(htmlPage):
    html = htmlPage.split('"market_ads":[],"engine_jds":')
    page = html[1].split(',"jobid_count"')
    return page[0]
# 自定义方法获取具体信息
TITLE = []
GONGSI = []
DIQU = []
MONEY = []
TIME = []
def titleName(line):
    title = line["job_name"]
    TITLE.append(title[0])
def gongsiName(line):
```

```
    gongsi = line["company_name"]
    GONGSI.append(gongsi[0])
def diqu(line):
    diqu = line["workarea_text"]
    DIQU.append(diqu[0])
def money(line):
    money = line["providesalary_text"]
    MONEY.append(money[0])
def time(line):
    time = line["updatedate"]
    TIME.append(time[0])
# 调用以上方法
def getContent(url):
    htmlPage = urlPage(url)
    real = dispose(htmlPage)
    tag = r'{(.*?)}'
    m_li = re.findall(tag, real, re.S | re.M)
    for i in range(len(m_li)):
        titleName(m_li[i])
        gongsiName(m_li[i])
        diqu(m_li[i])
        money(m_li[i])
        time(m_li[i])
# 循环请求数据
for x in range(1, 11):
    print (str(x))
    url = 'https://search.51job.com/list/000000,000000,0000,00,9,99,%25E9%2594%2580%
25E5%2594%25AE,2,' + str(x)+ '.html?lang=c&stype=1&postchannel=0000&workyear=
99&cotype=99&degreefrom=99&jobterm=99&companysize=99&lonlat=0%2C0&radius=
-1&ord_field=0&confirmdate=9&from Type=&dibiaoid=0&address=&line=&specialarea=
00&from=&welfare=' getContent(url)
    # 保存数据
    book = xlwt.Workbook(encoding='utf-8', style_compression=0)
    sheet = book.add_sheet('test', cell_overwrite_ok=True)
    for i in range(len(TITLE)):
```

```
sheet.write(0, 0, "职位")
sheet.write(0, 1, "公司")
sheet.write(0, 2, "地点")
sheet.write(0, 3, "工资")
sheet.write(0, 4, "发布日期")
sheet.write(i + 1, 0, TITLE[i])
sheet.write(i + 1, 1, GONGSI[i])
sheet.write(i + 1, 2, DIQU[i])
sheet.write(i + 1, 3, MONEY[i])
sheet.write(i + 1, 4, TIME[i])
book.save('./data.xls')
```

第二步:处理数据。

使用 for 循环进行数据遍历,将空数据、重复数据和不合理数据删除,之后将需要的数据通过设定的条件过滤出来,最后再次使用 xlwt 模块将数据保存到 Excel 表中,代码 CORE0102 如下所示,处理并保存数据效果如图 1-36 所示。

职位	公司	地点	工资	发布日期
销售/在线销售/电商销售/淘宝天猫销售	成都英百励诚科技有限公司	成都-成华区	4000	04-03
销售助理	南京美天诺医疗科技有限公司	南京-建邺区	3750	04-01
诚聘销售助理(双休)	中南昊辉医疗设备(北京)有限公司	郑州	5000	04-02
销售助理/文员	安徽迅达文化投资集团股份公司	合肥-包河区	2500	04-01
销售代表/置业顾问/毕业生实习	北京链家房地产经纪有限公司-BJ154	北京-朝阳区	12500	04-02
课程顾问/英语课程销售	上海甫盛商务咨询有限公司	上海-松江区	12500	04-03
销售储备干部/实习生(底薪3000)	河南链家房地产经纪有限公司	郑州	7000	04-01
销售主管	深圳市天晟源工艺品有限公司	深圳-福田区	9000	04-03
(罗湖底薪5000)英语课程销售	深圳市大海水信息咨询有限公司	深圳	8000	04-01
房产销售代表+包住宿+带薪培训	武汉市学雅房地产顾问有限公司	武汉-洪山区	6500	04-02
销售行政专员	中国平安人寿保险股份有限公司广州电话销售	广州-海珠区	9000	04-03
渠道销售经理(3C数码产品)	北京佳明航电科技有限公司	北京-朝阳区	22500	04-01
房产销售实习	广东众智未来教育科技有限公司	青岛-市北区	3750	04-02
销售助理	广东众智未来教育科技有限公司	广州-天河区	10000	04-01
销售代表	浙江广汇金属材料有限公司	湖州	7000	04-01
客服销售(无责任底薪+双休)	东莞中汽会展有限公司	东莞-南城区	5500	04-02
销售助理(提供住宿)	天津津之华商贸有限责任公司	天津-河西区	5300	04-03
金融贷款销售员 高提成	佛山市小草信息咨询有限公司	佛山-禅城区	10000	04-01
销售经理	深圳市万相源科技有限公司	深圳	13000	04-02
电话销售人员课程销售顾问	广州市荔湾区爱丁堡插花培训中心	广州-荔湾区	6000	04-03
线上销售3000+高提成+社保	武汉思悠悠咨询服务有限公司	武汉-武昌区	12500	04-02
房地产销售员	深圳市豪星屋物业代理有限公司	深圳-福田区	9000	04-03
销售 无责底薪4050+考核绩效600+高	郑州分之合企业管理咨询有限公司	郑州-管城回族区	7000	04-01
销售助理	苏州华泰空气过滤器有限公司	苏州-相城区	4000	04-02
电话销售 客户销售代表 销售	尚品怡园(北京)装饰工程有限公司	广州-荔湾区	6500	04-03
销售督导	永嘉县金地亚皮件服饰有限公司驻杭州办事处	杭州	9000	04-01
销售+光谷10k+高提成	武汉星火石电子商务有限公司	武汉-洪山区	13000	04-02

图 1-36 处理并保存数据效果

```
代码 CORE0102.py
# 导入模块
import xlrd
import xlwt
# 打开 Excel 文件读取数据
data = xlrd.open_workbook('data.xls')
```

```
# 获取一个工作表
table = data.sheet_by_name(u'test')
# 获取行数和列数
nrows=table.nrows
# 获取整列的值
col_values_0=table.col_values(0)
col_values_1=table.col_values(1)
col_values_2=table.col_values(2)
col_values_3=table.col_values(3)
col_values_4=table.col_values(4)
# 自定义空的数组，用于保存 index
repeat_index=[]
null_index=[]
unreasonable_index=[]
need_index=[]
# 去除空值
for x in range(nrows):
    if (col_values_0[x] == '' or col_values_1[x] == '' or col_values_2[x] == '' or col_values
_3[x] == '' or col_values_4[x] == ''):
        null_index.append(x)
num=0
for i in list(set(null_index)):
    del col_values_0[i-num]
    del col_values_1[i-num]
    del col_values_2[i-num]
    del col_values_3[i-num]
    del col_values_4[i-num]
    num=num+1
# 去除重复值
index_long=len(col_values_0)
for x in range(index_long-1):
    y=x+1
    for z in range(y,index_long):
        if (col_values_0[x]==col_values_0[z] and col_values_1[x]==col_values_1[z]) :
            repeat_index.append(z)
num1=0
for i in list(set(repeat_index)):
    del col_values_0[i-num1]
```

```python
        del col_values_1[i-num1]
        del col_values_2[i-num1]
        del col_values_3[i-num1]
        del col_values_4[i-num1]
        num1=num1+1
print (len(col_values_0))
# 去除不合理值
index_long1=len(col_values_0)
for x in range(index_long1-1):
    # 薪资过滤
    if (col_values_3[x+1].split('-')[1].split('/')[0][-1] == '万'):
        max = float(col_values_3[x+1].split('-')[1].split('/')[0][:-1]) * 10000
        max=int(max)
        if(max >= 50000):
            unreasonable_index.append(x+1)
    if (col_values_3[x+1].split('-')[1].split('/')[0][-1] == '千'):
        min = float(col_values_3[x + 1].split('-')[0]) * 1000
        min = int(min)
        if (min <= 1000):
            unreasonable_index.append(x+1)
num2=0
for i in list(set(unreasonable_index)):
    del col_values_0[i-num2]
    del col_values_1[i-num2]
    del col_values_2[i-num2]
    del col_values_3[i-num2]
    del col_values_4[i-num2]
    num2=num2+1
print (col_values_3)
# 获取需求值
# 月份过滤
index_long2=len(col_values_0)
for x in range(index_long2-1):
    if int(col_values_4[x+1][0:2])==4 and int(col_values_4[x+1][3:5])>=1 and int(col_values_4[x+1][3:5])<=3:
        need_index.append(x+1)
print (need_index)
# 保存数据
```

```
book = xlwt.Workbook(encoding='utf-8', style_compression=0)
sheet = book.add_sheet('test1', cell_overwrite_ok=True)
numindex=0
for i in list(set(need_index)):
    sheet.write(0, 0, "职位")
    sheet.write(0, 1, "公司")
    sheet.write(0, 2, "地点")
    sheet.write(0, 3, "工资")
    sheet.write(0, 4, "发布日期")
    if (col_values_3[i].split('-')[1].split('/')[0][-1] == '万'):
        min = float(col_values_3[i].split('-')[0]) * 10000
        min = int(min)
        max = float(col_values_3[i].split('-')[1].split('/')[0][:-1]) * 10000
        max = int(max)
        col_values_3[i] = int((min + max) / 2)
    else:
        min = float(col_values_3[i].split('-')[0]) * 1000
        min = int(min)
        max = float(col_values_3[i].split('-')[1].split('/')[0][:-1]) * 1000
        max = int(max)
        col_values_3[i] = int((min + max) / 2)
    sheet.write(numindex + 1, 0, col_values_0[i])
    sheet.write(numindex + 1, 1, col_values_1[i])
    sheet.write(numindex + 1, 2, col_values_2[i])
    sheet.write(numindex + 1, 3, col_values_3[i])
    sheet.write(numindex + 1, 4, col_values_4[i])
    numindex=numindex+1
    book.save('./data1.xls')
```

第三步：统计数据并可视化。

统计数据可以结合使用 for 循环与 if 条件语句来实现，通过对条件的设置可以统计出符合条件的数据的个数，之后使用 matplotlib 模块实现数据柱状图显示，代码 CORE0103 如下所示。

代码 CORE0103.py
# 导入模块
import xlrd
import matplotlib.pyplot as plt
# 打开 Excel 文件读取数据

```
data = xlrd.open_workbook('data1.xls')
# 获取一个工作表
table = data.sheet_by_name(u'test1')
# 获取列数
nrows=table.nrows
# 获取薪资列数据
col_values_3=table.col_values(3)
# 统计数据个数
num3000=0
num6000=0
num9000=0
num12000=0
nummax=0
arr=[num3000,num6000,num9000,num12000,nummax]
for i in range(1,nrows):
    price=int(col_values_3[i])
    if price< 3000:
        num3000=num3000+1
        arr[0]=num3000
    elif price < 6000:
        num6000 = num6000+1
        arr[1] = num6000
    elif price < 9000:
        num9000=num9000+1
        arr[2] = num9000
    elif price < 12000:
        num12000=num12000+1
        arr[3] = num12000
    else:
        nummax=nummax+1
        arr[4] = nummax
# 定义柱个数
name_list = ['<3k','3k-6k','6k-9k','9k-12k','>12k']
# 柱子高度
num_list = arr
# 可视化数据
plt.bar(range(len(num_list)), num_list,color='rgb',tick_label=name_list)
plt.show()
```

运行以上代码,会出现如图 1-1 所示效果,之后即可通过观察柱状图,分析当前的情况。至此,职位信息数据的采集、处理、分析及可视化完成。

本项目通过职位信息数据的采集、处理、分析及可视化的实现,使读者对数据采集与处理的相关知识有了初步了解,对数据采集与处理的方式及基本流程有所了解并掌握,使其能够通过所学的 Python 基础知识实现大数据采集与处理功能。

scribe	吏	native	本地人
parser	解析器	agent	代理人
referer	引荐	request	请求

1. 选择题

(1)以下不属于传感器的是(　　)。

A. 纸张　　　　　B. 温度计　　　　　C. 麦克风　　　　　D. 手机拍照

(2)日志采集分为(　　)种情况。

A. 一　　　　　B. 二　　　　　C. 三　　　　　D. 四

(3)Python 中网络爬虫主要由(　　)部分组成。

A. 三　　　　　B. 四　　　　　C. 五　　　　　D. 六

(4)缺失值产生的原因多种多样,主要分为(　　)。

A. 机械原因和人为原因　　　　　　　　B. 机械原因和自然原因

C. 自然原因和人为原因　　　　　　　　D. 不可知原因和可知原因

(5)数据变换的方法不包括(　　)。

A. 构造　　　　　B. 光滑　　　　　C. 聚集　　　　　D. 规范化

2. 简答题

(1)简述网络爬虫工作流程。

(2)简述数据清洗流程。

项目二　Flume 日志文件数据采集

通过 Flume 对日志文件数据的采集，了解 Flume 日志采集工具的相关概念，熟悉 Flume 两种文件通道的使用方法，掌握 HDFS 接收器的配置，具备使用 Flume 实现服务器日志和文件数据实时采集的能力，在任务实施过程中做到以下几点：

● 了解 Flume 日志采集工具的相关知识；
● 熟悉 Flume 两种文件通道的基本使用方法；
● 掌握 HDFS 接收器的相关配置；
● 具备实现服务器日志和文件数据实时采集的能力。

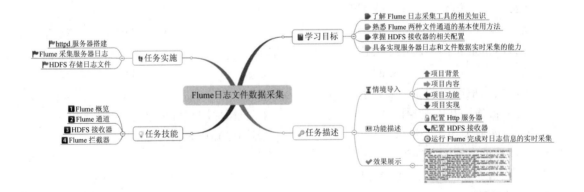

【情境导入】

在大数据项目中数据的采集尤为重要,数据是大数据技术的核心,而数据采集也是不可或缺的一部分,使用人工的方式将数据上传到 HDFS 或发送到 Kafka 比较烦琐,而 Flume 在为日志文件的采集、上传和聚合提供方法的同时,还保持了日志文件发送方和 HDFS 之间的同步更新。本项目通过对 Flume 日志采集工具相关知识的介绍,最终实现将服务器的日志信息采集到 HDFS 分布式文件系统进行存储。

【功能描述】

● 配置 HTTP 服务器。
● 配置 HDFS 接收器。
● 运行 Flume 完成对日志信息的实时采集。

【效果展示】

通过对本项目的学习,能够使用 Flume 相关知识实时采集服务器日志数据到 HDFS 分布式文件系统。效果如图 2-1 所示。

```
master  x
  x64) AppleWebKit/537.36 (KHTML, like Gecko) Chrome/71.0.3578.98 Safari/5
37.36"
192.168.10.222 - - [08/Mar/2019:14:33:22 +0800] "GET / HTTP/1.1" 304 - "-
" "Mozilla/5.0 (Windows NT 10.0; Win64; x64) AppleWebKit/537.36 (KHTML, l
ike Gecko) Chrome/71.0.3578.98 Safari/537.36"
192.168.10.222 - - [08/Mar/2019:14:33:22 +0800] "GET / HTTP/1.1" 304 - "-
" "Mozilla/5.0 (Windows NT 10.0; Win64; x64) AppleWebKit/537.36 (KHTML, l
ike Gecko) Chrome/71.0.3578.98 Safari/537.36"
192.168.10.222 - - [08/Mar/2019:14:33:22 +0800] "GET / HTTP/1.1" 304 - "-
" "Mozilla/5.0 (Windows NT 10.0; Win64; x64) AppleWebKit/537.36 (KHTML, l
ike Gecko) Chrome/71.0.3578.98 Safari/537.36"
192.168.10.222 - - [08/Mar/2019:14:33:23 +0800] "GET / HTTP/1.1" 304 - "-
" "Mozilla/5.0 (Windows NT 10.0; Win64; x64) AppleWebKit/537.36 (KHTML, l
ike Gecko) Chrome/71.0.3578.98 Safari/537.36"
[root@master flume]#
就绪                              ssh2: AES-256-CTR    15, 22  15行,73列 VT100         大写 数字
```

图 2-1　效果图

课程思政

技能点一　Flume 概览

1.Flume 简介

Flume 是由 Cloudera 软件公司推出的高可用的、高可靠的、分布式的海量日志的采集、聚合和传输系统,后来成为 Hadoop 的相关组件之一。随着 Flume 的不断完善和升级版本的推出,Flume 的内部组件也在不断完善,在开发过程中,其遍历性也在不断提高,现已成为 Apache 的顶级项目之一。

Flume 目前共有两个版本:Flume-og(original generation:原始版本)和 Flume-ng(next generation:下一代)。

随着 Flume 功能的逐渐扩展,Flume-og 的缺点逐渐暴露了出来:代码过于臃肿、核心部分设计不合理、核心配置标准不完善等;更为严重的是,在 Flume-og 的最后一个发行版本 0.94.0 中,核心功能之一的"日志传输"出现了不稳定的现象且十分严重。2011 年 10 月 22 日 Cloudera 软件公司推出了 Flume-728,对 Flume 进行了如下改动:

● 重构核心组件;
● 重构核心配置;
● 重构代码架构。

重构后的版本统称为 Flume-ng,重构的原因之一是解决 Flume-og 的问题;另一个原因是 Flume 被纳入了 Apache 旗下,Cloudera Flume 改名为 Apache Flume。

2.Flume 代理架构

图 2-2 为 Flume 代理架构。在 Flume 代理架构中,输入叫作源,输出叫作接收器。通道提供了源与接收器之间的连接,它们都运行在守护(Flume 代理)进程中。

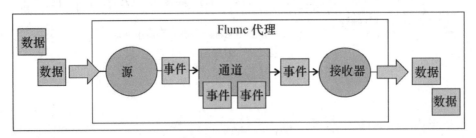

图 2-2　Flume 代理架构

源、通道与接收器的主要特点如下:

● 源将事件写到一个或者多个通道中;
● 通道是事件从源到接收器之间的保留区;

● 接收器只能从一个通道接收事件；

● 代理可能会有多个源、通道与接收器。

3.Flume 事件

Flume 传输中基本的数据负载叫作事件，由 0 个或者多个头与体组成。头是一些键值对，与 HTTP 头有相同的功能——传递与体不同的额外信息；体是一个字节数组，包含类实际的负载，例如输入文件由日志文件组成，那么该数据就类似于包含了单行文本的 UTF-8 编码的字符串。

Flume 可能会自动添加头（比如，源添加了数据来源的主机名或者创建了事件的时间戳），不过基本上不会受影响，除非在中途使用拦截器对其进行编辑。

4. 拦截器、选择器与处理器

拦截器指的是数据流中的一个点，可以在这里检查和修改 Flume 事件，也可以在源创建事件后或接收器发送事件前连接 0 个或者多个拦截器，类似于 SpringAOP 中的 MethodInterceptor 和 Java Servlet 中的 ServletFilter。

通道选择器负责将数据从一个源转向一个或者多个通道。Flume 自带两个通道选择器，分别是复制通道选择器和多路通道选择器，复制通道选择器（默认的）只是将时间事件的副本放到每个通道上，前提是已经配置好了多个通道；多路通道选择器会根据某些头信息将事件写到不同的通道中。

输入处理器为输入器创建故障恢复路径，或者是跨越一个通道的多个输入器创建负载均衡时间。

5. 分层数据收集

分层是数据分析和整理的基本方法，它能够将数据按来源、性质等加以分类，从而将总体分为若干层次分别进行研究或存储。

Flume 可以根据特定的需求来连接代理，如可以使用分层的方式插入代理限制直接连接到 Hadoop 的客户端数量。在源机器没有足够的磁盘空间来处理长时间停机和维护窗口时，可在源与 Hadoop 集群之间创建一个拥有大量磁盘空间的层。

如图 2-3 所示，数据来源分别有两个（左侧），并且分别由两个 HDFS 数据中心存储。例如当前有一台机器分别生成了两种数据即数据 1 和数据 2，此时我们通过 Flume 的多路通道选择器将数据 1 和数据 2 划分到不同的通道中。数据 1 被通道路由传送到右上角代理并与左上角数据合并后统一写到数据中心 1 的 HDFS 中。数据 2 被路由传送到右下角代理，该代理将数据写入数据中心 2 的 HDFS 中。

快来扫一扫！

提示：当对 Flume 有一些了解后，你是否想要知道 Flume 包含了哪些组件呢？扫描图中二维码，你会了解更多。

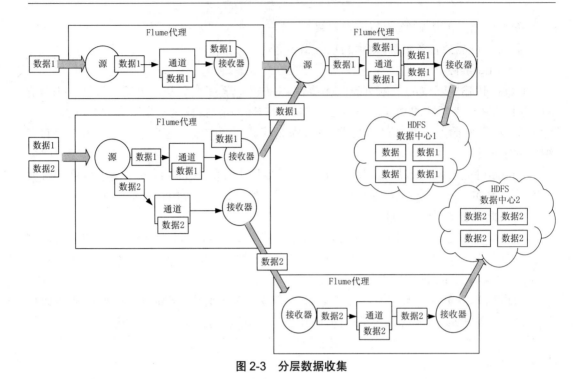

图 2-3　分层数据收集

技能点二　Flume 通道

　　Flume 通道是指位于源与接收器之间的构件,它为事件流提供了一个中间区域,从源中读取数据并写入数据处理管道中(接收器的事件位于这个中间区域)。Flume 常用通道主要有两种,分别为内存通道(非持久化通道)和文件通道(持久化通道)。文件通道会在发送者接收到事件前将所有变化写入磁盘,速度较慢,但能够在系统事件或 Flume 代理重启时进行恢复。内存通道与文件通道相反,速度要快于文件通道,但出现失败时数据易丢失且存储量较低。

　　如果从源到通道的数据存储率大于接收器所能写出的数据率,回执超出通道处理能力并且抛出 ChannelException 异常,因此需要对数据大小进行规划,避免造成通道阻塞。当一段时间内源的数据存储率大于接收器的写出数据率时, Flume 代理会在源数据率较低时将数据全部写出。

1. 内存通道

　　内存通道是指将内存作为源与接收器之间的数据保留区(数据传出的管道),因为内存的速度要比磁盘速度快数倍,所以事件的接收速度也会随之加快,同时降低对硬件的需求量。内存通道的缺点在于代理失败(硬件故障、断电、JVM 崩溃、Flume 重启等)会导致数据丢失。内存通道通常被应用在允许少量数据的场景,如该事件表示购物或用户信息等则不推荐使用内存通道。使用 Flume 内存通道采集数据可以通过创建 Properties 文件来完成,并通过该文件启动 Flume 对目录或文件的实时监控。Properties 通过内存通道采集目录内容到 HDFS 文件系统,需要对 Source(数据来源)、sinks(数据地址)、Channel(数据通道)三个部分进行配置,配置参数如表 2-1、表 2-2、表 2-3 所示。

表 2-1　Flume File Source 配置说明

参数	说明
type	Source 的类型名称,type 值为 spooldir
spooldir	Source 监听的目录
channels	与 Source 连接的通道名称

表 2-2　HDFS sinks 配置说明

参数	说明
hdfs.type	接收器类型(必选)
hdfs.path	写入 HDFS 的路径(必选)
hdfs.channel	与 Source 连接的通道名称(必选)
hdfs.fileType	默认值:SequenceFile 文件格式,包括:SequenceFile, DataStream,CompressedStream
hdfs.writeFormat	写 Sequence 文件的格式,包含:TEXT, WRITABLE(默认)
hdfs.idleTimeout	关闭非活动文件的超时 (0 = 禁用自动关闭空闲文件)

表 2-3　Memory Channel 配置说明

参数	说明
type	memory(内存通道)或 file(文件通道)
capacity	Channel 里存放的最大 Event 数量,默认 100
transactionCapacity	Channel 每次提交的 Event 数量,默认 100

通过以下步骤,使用 Flume 采集"/usr/local/TestDir"目录中的文件,之后通过内存通道将文件保存到 HDFS 分布式文件系统中,具体步骤如下。

第一步:在 /usr/local 目录下创建 /usr/local/TestDir 目录,并在 /flume/conf 目录下创建名为 dir-sink-hdfs.propertie 的文件,命令如下所示。

```
[root@master ~]# mkdir -p /usr/local/TestDir  # 创建被监控的目录
[root@master ~]# cd /usr/local/Test Dir/flume/conf
[root@master conf]# vi dir-sink-hdfs.propertie # 文件内容如下
#a1 表示代理名称
a1.sources=s1
```

```
a1.sinks=k1
a1.channels=c1
# 配置 source1 监控目录是否有文件数据生成
a1.sources.s1.type=spooldir
a1.sources.s1.spoolDir=/usr/local/TestDir
a1.sources.s1.channels=c1
# 配置 sink1 将检测到的数据 sink 到 hdfs 上
a1.sinks.k1.type=hdfs
a1.sinks.k1.hdfs.path=hdfs://master:9000/flume
a1.sinks.k1.hdfs.fileType=Datastream
a1.sinks.k1.hdfs.writeFormat=TEXT
a1.sinks.k1.channel=c1
a1.sinks.k1.hdfs.filePrefix=2019
# 通道是以内存方式存储
# 配置 channel1
a1.channels.c1.type=memory
a1.channels.c1.capacity=10000
a1.channels.c1.transactionCapacity=100
```

结果如图 2-4 所示。

```
[root@master conf]# mkdir /usr/local/TestDir
[root@master conf]# cd /usr/local/flume/conf/
[root@master conf]# vi dir-sink-hdfs.propertie
#a1表示代理名称
a1.sources=s1
a1.sinks=k1
a1.channels=c1
#配置source1  监控目录是否有文件数据生成
a1.sources.s1.type=spooldir
a1.sources.s1.spoolDir=/usr/local/TestDir
a1.sources.s1.channels=c1
#配置sink1  将检测到的数据sink到hdfs上
a1.sinks.k1.type=hdfs
a1.sinks.k1.hdfs.path=hdfs://master:9000/flume
a1.sinks.k1.hdfs.fileType=DataStream
a1.sinks.k1.hdfs.writeFormat=TEXT
a1.sinks.k1.channel=c1
#通道是以内存方式存储
#配置channel1
a1.channels.c1.type=memory
a1.channels.c1.capacity=10000
a1.channels.c1.transactionCapacity=100
```

图 2-4　创建基础文件

第二步:在 Flume 根目录启动 Flume 开始监控,启动 Flume 的命令如下。

在 Flume 根目录下执行启动 Flume
[root@master flume]# bin/flume-ng agent --name a1 --conf conf --conf-file conf/dir-sink-hdfs.propertie -Dflume.root.logger=INFO,console

命令参数说明如表 2-4 所示。

表 2-4　启动 Flume 命令参数

参数	说明
--name	指定 Agent 的名称(必选)
--conf	指定配置文件所在目录
--conf-file	指定配置文件
-Dflume.root.logger=INFO,console	将采集过程实时输出到命令行

结果如图 2-5 所示。

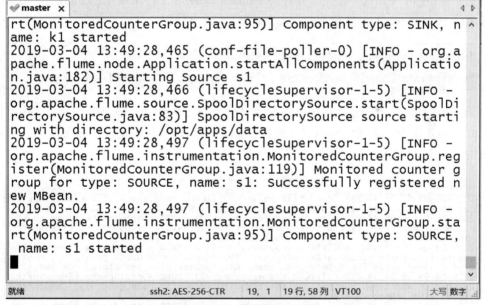

图 2-5　启动 Flume

第三步:将资料包中的日志文件上传到 /usr/local/TestDir 目录下,登录 HDFS 文件系统查看 Flume 是否将其自动采集到 HDFS 文件系统中,结果如图 2-6 所示。

完成以上步骤后,日志文件已经被成功采集到了 HDFS 文件系统,由上述内容可知,使用内存通道在服务重启或意外关闭后会造成数据缺口,下面模拟服务意外中断时再重启服务的情况,具体步骤如下。

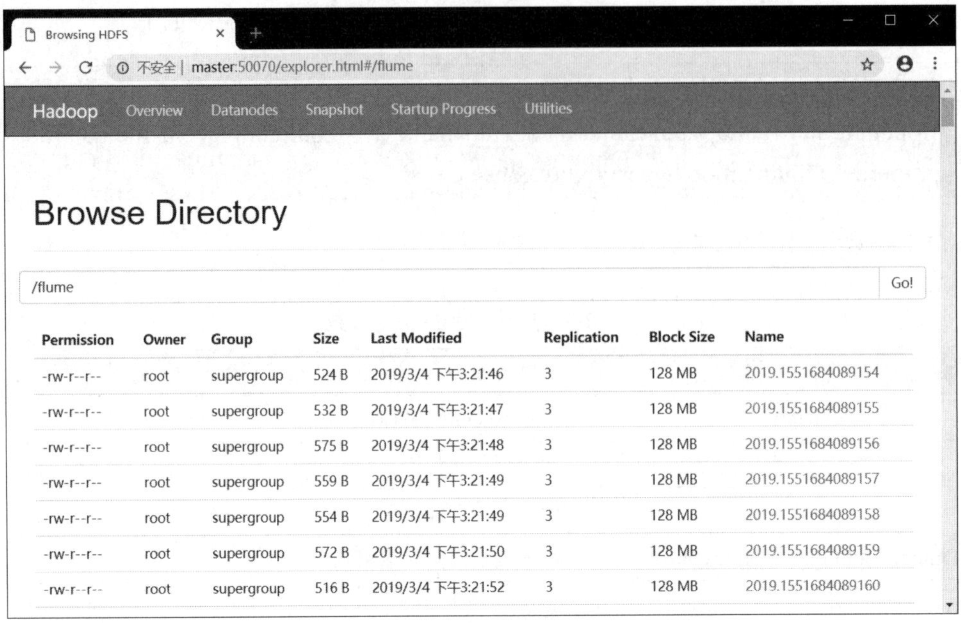

图 2-6　数据采集结果

第一步：使用"Ctrl+C"键关闭并且将 Flume 和 HDFS 文件系统中的 Flume 目录和本地文件系统中 /opt/apps/data 目录下的日志文件删除，命令如下。

```
[root@master flume]# hdfs dfs -rmr /flume
[root@master flume]# rm -rf access_2018_10_10.log.COMPLETED
```

第二步：重新启动 Flume 代理并将日志文件重新上传到 /usr/local/TestDir/，文件上传完成后立即回到命令行按住"Ctrl+C"键直到 Flume 关闭，再重新启动 Flume 发现剩余未采集完成的数据未在继续采集，结果如图 2-7 所示。

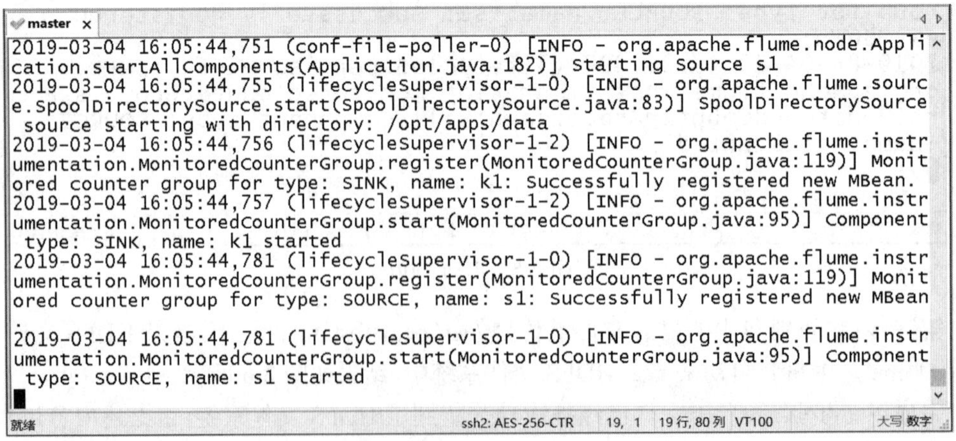

图 2-7　重新启动 Flume

2. 文件通道

文件通道是指将磁盘作为源与接收器之间的数据保留区（数据传出的管道），与内存通道相比,文件通道的速度会因磁盘读写速度的限制受到一定影响,但文件通道为开发者提供了持久化的存储路径,可以在系统死机或重启的情况下保证数据的完整性,可应用到数据流中允许出现缺口的场合。该功能通过 Write Ahead Log(WAL)以及一个或多个文件存储目录实现。WAL 通过使用一种安全的方式追踪来自通道的输入和输出,从而保证在代理重启时不会出现数据丢失的情况。

通过以下步骤,使用文件通道实现将日志文件采集到 HDFS 分布式文件系统,并测试在 Flume 代理重启或意外宕机时数据的完整性,具体步骤如下。

第一步:将 HDFS 文件系统中的 flume 文件夹删除并将内存通道中编辑的 dir-sink-hdfs.propertie 配置文件修改为使用文件通道进行数据获取,命令如下。

```
[root@master flume]# hdfs dfs -rmr /flume
[root@master flume]# cd ./conf/
[root@master conf]# vi dir-sink-hdfs.propertie
# 将 a1.channels.c1.type=memory 修改为 a1.channels.c1.type=file
```

结果如图 2-8 所示。

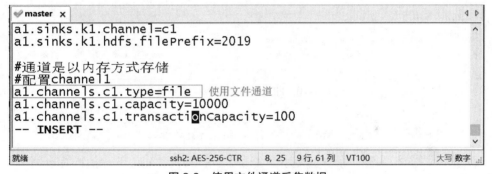

图 2-8　使用文件通道采集数据

第二步:重新启动 Flume 代理并将日志文件上传到 /opt/apps/data 目录下,上传后 Flume 代理开始收集数据并保存到 HDFS 文件系统,此时按住"Ctrl+C"键直到 Flume 代理关闭,命令如下。

```
[root@master flume]# bin/flume-ng agent --name a1 --conf conf --conf-file conf/dir-sink-hdfs.propertie -Dflume.root.logger=INFO,console
```

结果如图 2-9 所示。

第三步:重新执行启动 Flume 代理命令,并访问 50070 端口,查看 HDFS 文件系统中的文件是否还会继续增长或直接通过命令行窗口查看是否有滚动数据正在输出,重新启动后如图 2-10 和图 2-11 所示。

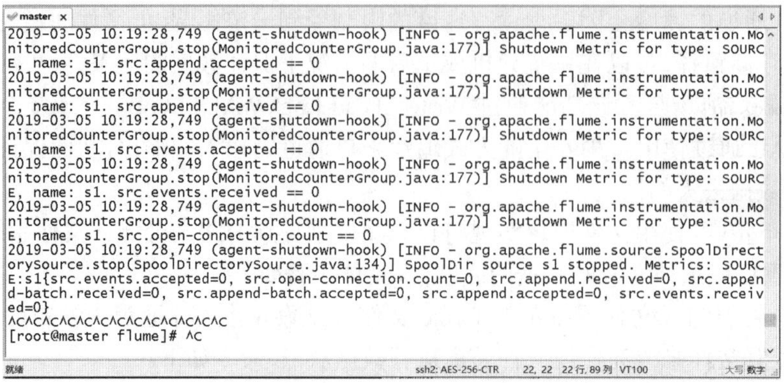

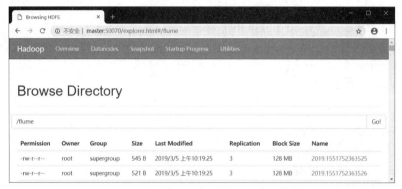

图 2-9　关闭 Flume 代理

图 2-10　HDFS 查看是否继续采集

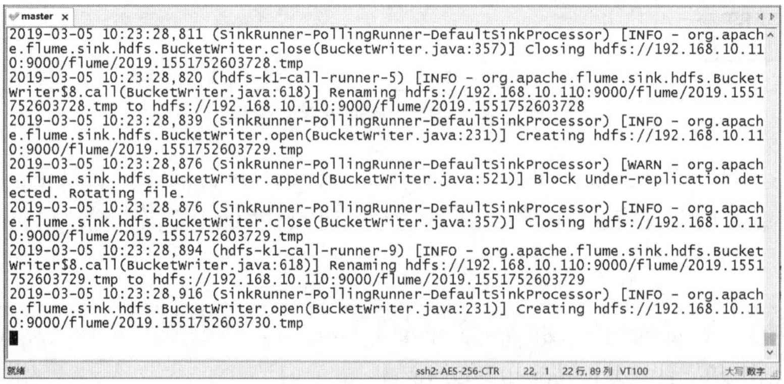

图 2-11　命令行查看是否继续采集

技能点三　HDFS 接收器

在 Flume 中,接收器指采集到的数据的最终存储位置,若要将数据存储到 HDFS 就要使用 HDFS 接收器。Flume 架构支持多种类型的接收器,如 HDFS、HBase、MongoDB、

RabbitMQ、Redis 等,其中最常用到的就是 HDFS 接收器。

1.HDFS 接收器配置

HDFS 接收器的功能是不断打开 HDFS 中的文件并以数据流的方式将数据写入文件,同时根据用户的设置在指定时间段外打开新文件。接收器的设置如下所示:

```
a1.sinks.k1.type=hdfs                 # 设置接收器类型为 HDFS
a1.sinks.k1.hdfs.path=hdfs://master:9000/flume  # 设置 HDFS 路径
```

HDFS 路径可进行三种类型的设置,分别为绝对路径、带有服务器地址的绝对路径以及相对路径,如表 2-5 所示。

表 2-5　设置 HDFS 路径

类型	路径
绝对路径	/flume/access
带有服务器地址的绝对路径	192.168.10.110://flume/access
相对路径	Access

（1）路径设置

采集到的数据一般会按照时间段被保存到不同目录中,当需要对采集的数据按年进行区分时,可使用 %Y,表示由 4 位数字构成的年份,时间转义符如表 2-6 所示。

表 2-6　Flume 的时间序列转义

转义序列	含义
%Y	由 4 位数字构成的年份
%m	由 2 位数字构成的月份
%D	由 2 位数字构成的日期
%H	由 2 位数字构成的小时

Flume 时间序列使用方法如下。

```
a1.sinks.k1.hdfs.useLocalTimeStamp = true   # 在替换转移时间时使用本地时间
a1.sinks.k1.hdfs.path=hdfs://192.168.10.110:9000/flume/%Y/%m/%d/%H/%M
```

通过上述配置,每分钟 Flume 都会在 HDFS 上创建新目录并在目录里打开一个新文件写入数据,目录结构如:"/flume/2019/03/05/13/21",如图 2-12 所示。

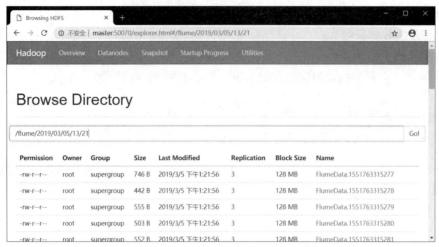

图 2-12　根据时间序列创建目录

（2）文件前后缀设置

采集到 HDFS 中的数据文件名一般分为三部分，每个部分用"."分隔，第一部分为前缀，第二部分为文件名（文件开始的时间戳），第三部分为文件后缀，开发人员可通过 Flume 时间转义符为数据文件设置文件前缀，当 Flume 在 HDFS 分布式文件系统中打开一个文件并写入数据时，在不进行前缀和后缀的设置时文件名会由"FlumeData. + 文件开始的时间戳"构成，文件后缀在不进行指定时是不存在的，如下所示将文件前缀名设置为"access"，后缀名设置为"log"。

access.1551756031113.log

前后缀配置命令参数说明如表 2-7 所示。

表 2-7　前后缀名配置参数说明

参数	说明
hdfs.filePrefix	文件名前缀
hdfs.fileSuffix	文件名后缀

Flume 采集到 HDFS 文件系统中的文件名配置方法如下。

```
a1.sinks.k1.hdfs.useLocalTimeStamp = true　　# 在替换转移时间时使用本地时间
a1.sinks.k1.hdfs.path=hdfs://192.168.10.110:9000/flume/%Y/%m/%d/%H/%M
a1.sinks.k1.hdfs.filePrefix=access
a1.sinks.k1.hdfs.fileSuffix=.log
```

结果如图 2-13 所示。

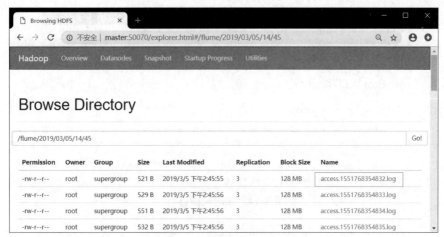

图 2-13　配置文件前缀和后缀

（3）分时间段存储

在大型网站中，单位时间内的用户访问量是相当可观的，这时需要将用户访问数据按访问时间段进行区分，分别将每小时的 00、15、30、45 分钟的数据记录到同一个文件夹中，配置说明如表 2-8 所示。

表 2-8　分时间段进行存储配置说明

参数	说明
hdfs.round	是否应该将时间戳四舍五入
hdfs.roundValue	将其四舍五入到最高倍数
hdfs.roundUnit	向下取整值的单位——秒、分或小时

配置如下。

```
a1.sinks.k1.hdfs.path=/logs/apache/%Y/%m/%D/%H%M
a1.sinks.k1.hdfs.round=true
a1.sinks.k1.hdfs.roundValue=15
a1.sinks.k1.hdfs.roundUnit=minute
```

通过上述配置，可以将当天 17：00 到 17：14 之间的数据保存到 1700 的目录中，并在 HDFS 文件系统中生成类似于"/logs/apache/2019/03/03/05/19/1700"的目录格式，结果如图 2-14 所示。

2. 文件滚动

Flume 在默认情况下每隔 30 秒或 1024 个字节就会打开一个新文件并写入数据。开发人员可根据实际情况对其进行修改，修改参数如表 2-9 所示。

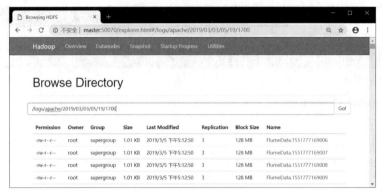

图 2-14　按时间段存储

表 2-9　文件滚动条件

参数	说明
hdfs.minBlockReplicas	设置 HDFS 块的副本数,如果没有特殊设置,默认采用 Hadoop 的配置
hdfs.rollInterval	按时间生成 HDFS 文件,单位:秒
hdfs.rollSize	触发滚动的文件大小,以字节为单位 (0: 从不根据文件大小进行滚动)
hdfs.rollCount	滚动之前写入文件的事件数 (0: 从不根据事件数进行滚动)

在默认情况下,使用 Flume 采集数据会产生大量的小文件,根据 HDFS 的原理会造成大量资源的浪费,加大数据维护和数据处理的难度,这时可根据被采集数据的生成速度和大小对其生成新文件的条件进行修改,达到高效的存储和管理,如果希望每 15 分钟生成一个新文件,配置如下。

```
a1.sinks.k1.hdfs.minBlockReplicas=1
a1.sinks.k1.hdfs.rollInterval=900
a1.sinks.k1.hdfs.rollSize=0
a1.sinks.k1.hdfs.rollCount=0
```

结果如图 2-15 所示。

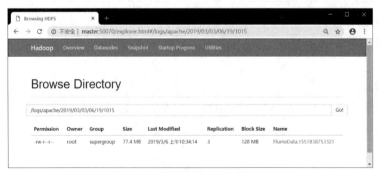

图 2-15　设置新文件生成规则

3. 文件压缩编码

文件压缩是指通过各种文件压缩算法来压缩数据和解压数据。Flume 支持四种压缩格式，分别为 gzip、bzip2、lzo 和 snappy。当数据采集过程中需要对写入的数据进行压缩时，可通过 hdfs.codeC 属性来指定使用哪种压缩算法。该属性还能够实现文件后缀的指定，使用 hdfs.codeC 属性后在无其他需求情况下可省略 hdfs.fileSuffix 属性，配置方法如下。

```
a1.sinks.k1.hdfs.codeC=bzip2
```

4.Flume 负载均衡

Flume 为了避免数据在处理管道中的单点失败提供了通过负载均衡或故障恢复机制将事件发送到不同接收器的功能（接收器组），接收器组用于为接收器创建分组，每个分组中可包含多个接收器。Flume 定义接收器组的属性为 sinkgroups，通过以下配置定义一个名为 sg1 的接收器组，其中包含 k1 和 k2 接收器。

```
a1.sinkgroups=sg1          # 为名为 a1 的代理定义一个 sg1 接收器组
a1.sinkgroups.sg1.sinks=k1,k2
```

通常情况下，接收器组能够将数据写入不同的 Hadoop 集群中，防止因集群宕机造成数据丢失。如果在负载均衡配置中需要对 k1 和 k2 的流量进行配置，配置参数如表 2-10 所示。

表 2-10　负载均衡配置参数

参数	说明
processor.type	组件的名称，必须是：load_balance
processor.selector	选择机制，必须为 round_robin、random 或者自定义的类
processor.backoff	是否以指数的形式退避失败的 Sinks

配置方法如下。

```
a1.sinkgroups.sgl.processor.type = load_balance
a1.sinkgroups.sgl.processor.backoff = true
a1.sinkgroups.sgl.processor.selector = random
```

技能点四　Flume 拦截器

拦截器能够在报文头中插入一些对数据分析和读取有用的信息，它是一个简单的插件式组件，介于 source（源）和 channel（通道）之间，source 接收到事件后，拦截器能够对其进行转换或删除,每个拦截器只能处理同一个 source 接收到的事件。现为名为 a1 的代理的源 s1 定义一个名为 timestamp 的拦截器,定义方法如下。

```
a1.sources.s1.interceptors = timestamp
a1.sources.s1.interceptors.timestamp.type=timestamp        # 设置拦截器类型
```

更多拦截器类型如表 2-11 所示。

表 2-11　拦截器类型

拦截器	说明
timestamp	时间拦截器
host	主机拦截器
static	静态拦截器
regex_filter	正则表达式拦截器

1. 时间拦截器(timestamp)

时间拦截器是 Flume 中一个最常用的拦截器,其主要作用是将时间戳插入 Flume 的事件报头,并根据时间戳将数据写入不同文件,当不使用任何时间拦截器时,Flume 接收到的只有 message。时间拦截器的常用参数如表 2-12 所示。

表 2-12　时间拦截器常用参数

属性	说明
type	设置拦截器类型
preserveExisting	默认值为 false,如果设置为 true,若事件中报头已经存在,则不会替换时间戳报头的值

编写 Flume 配置文件,采集"/usr/local/log"目录下的日志文件后,使用时间拦截器实现数据的保存,步骤如下。

第一步:创建日志文件存放目录并编写日志模拟生成程序,代码如下所示。

```
[root@master ~]# mkdir -p /usr/local/log
[root@master ~]# vi /usr/local/log/20190305.log  # 创建日志文件不输入内容保存退出
[root@master ~]# vi output.sh            # 内容如下
for((i=5612; i<6000; i++));
do
  echo 'When we will see you again. Put a little sunshine in your life.----'+$i >> /usr/local/
log/20190305.log
  done
```

第二步：创建名为"timestamp.properties"的配置文件，加入时间拦截器后，启动 Flume 开始收集数据到 HDFS，代码如下所示。

```
[root@master ~]# cd /usr/local/flume/conf/
[root@master conf]# vi timestamp.properties        # 配置文件内容如下
a1.sources=s1
a1.sinks=k1
a1.channels=c1
# 数据来源配置
a1.sources.s1.type = exec
a1.sources.s1.command = tail -f /usr/local/log/20190305.log
a1.sources.s1.channels=c1
a1.sources.s1.fileHeader = false
a1.sources.s1.interceptors = i1
a1.sources.s1.interceptors.i1.type = timestamp
# 数据目的地
a1.sinks.k1.type=hdfs
a1.sinks.k1.hdfs.path=hdfs://192.168.10.110:9000/tmp4/ds=%Y%m%d
a1.sinks.k1.hdfs.fileType=DataStream
a1.sinks.k1.hdfs.writeFormat=TEXT
a1.sinks.k1.hdfs.rollInterval=10
a1.sinks.k1.channel=c1
#Flume 通道配置
a1.channels.c1.type=memory
a1.channels.c1.capacity=10000
a1.channels.c1.transactionCapacity=100
[root@master flume]# bin/flume-ng agent --name a1 --conf conf  --conf-file conf/time-
stamp.properties -Dflume.root.logger=INFO,console
```

结果如图 2-16 所示。

图 2-16　启动 Flume

第三步：赋予日志生成程序"777"权限并启动模拟日志生成程序查看 HDFS 采集到的数据结果，代码如下所示。

```
[root@master ~]# chmod 777 output.sh
[root@master ~]# source output.sh
```

结果如图 2-17 所示。

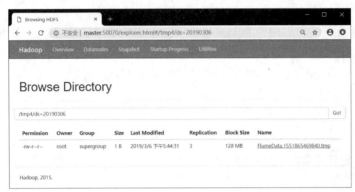

图 2-17　时间拦截器滚动文件

2. 主机拦截器（host）

主机拦截器的原理与时间拦截器类似，它会向事件中添加包含当前 Flume 代理的 IP 地址头，主要表现形式为文件在 HDFS 中的存储名前缀包含 Flume 主机的 IP 地址，使用主机拦截器需要将"interceptors.type"属性设置为 host，主机拦截器设置参数如表 2-13 所示。

表 2-13　主机拦截器配置

属性	说明
type	设置拦截器类型，此处默认为 host（主机拦截器）
hostHeader	要使用的文件头
preserveExistion	如果主机头已存在，是否应保留 - true 或 false
useIP	如果为 true，请使用 IP 地址，否则使用主机名

想在 Flume 采集数据时为每个时间添加包含代理的 DNS 主机名，并查看 HDFS 文件系统中的文件存储结果，步骤如下。

第一步：修改时间拦截器中使用的配置，将时间拦截器的配置属性修改为主机拦截器并将配置文件重命名为"hostinterceptors. properties"或重新创建配置文件，代码如下。

```
[root@master ~]# cd /usr/local/flume/conf/
[root@master conf]# mv ./timestamp.properties hostinterceptors.properties
[root@master conf]# vi hostinterceptors.properties   # 修改内容如下
a1.sources.s1.interceptors=i1                          # 设置拦截器名称
```

```
a1.sources.s1.interceptors.i1.type=host          # 设置拦截器类型
a1.sources.s1.interceptors.i1.hostHeader= agentHost # 数据头中加入 DNS 主机名
a1.sources.s1.interceptors.i1.useIP=false         # 设置使用主机名
a1.sinks.k1.hdfs.useLocalTimeStamp = true        # 使用本机时间
a1.sinks.k1.hdfs.filePrefix = Flume_%{agentHost}
[root@master conf]# cd ..
[root@master flume]# bin/flume-ng agent --name a1 --conf conf  --conf-file conf/ hostinterceptors.properties -Dflume.root.logger=INFO,console
```

结果如图 2-18 和图 2-19 所示。

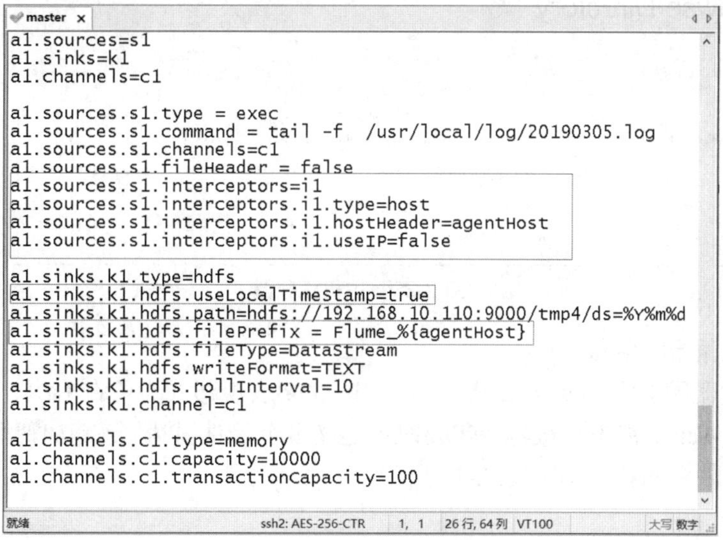
master
a1.sources=s1
a1.sinks=k1
a1.channels=c1
a1.sources.s1.type = exec
a1.sources.s1.command = tail -f /usr/local/log/20190305.log
a1.sources.s1.channels=c1
a1.sources.s1.fileHeader = false
a1.sources.s1.interceptors=i1
a1.sources.s1.interceptors.i1.type=host
a1.sources.s1.interceptors.i1.hostHeader=agentHost
a1.sources.s1.interceptors.i1.useIP=false
a1.sinks.k1.type=hdfs
a1.sinks.k1.hdfs.useLocalTimeStamp=true
a1.sinks.k1.hdfs.path=hdfs://192.168.10.110:9000/tmp4/ds=%Y%m%d
a1.sinks.k1.hdfs.filePrefix = Flume_%{agentHost}
a1.sinks.k1.hdfs.fileType=DataStream
a1.sinks.k1.hdfs.writeFormat=TEXT
a1.sinks.k1.hdfs.rollInterval=10
a1.sinks.k1.channel=c1
a1.channels.c1.type=memory
a1.channels.c1.capacity=10000
a1.channels.c1.transactionCapacity=100
就绪 ssh2: AES-256-CTR 1, 1 26 行, 64 列 VT100 大写 数字

图 2-18 配置主机拦截器

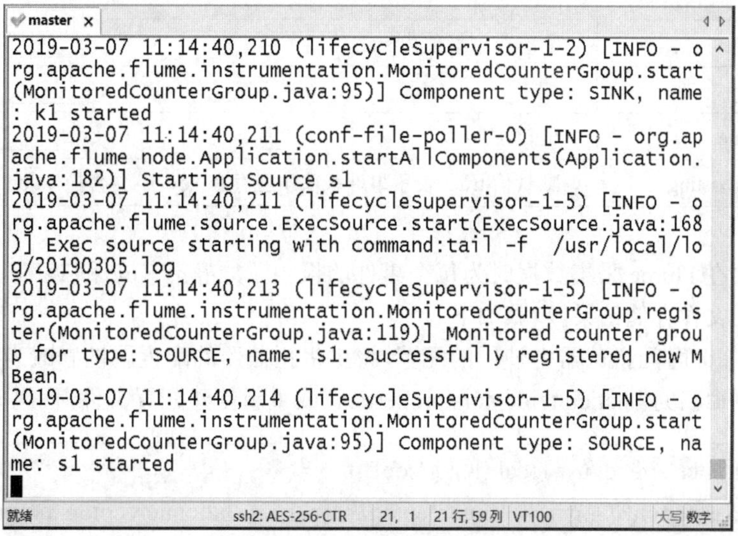
master
2019-03-07 11:14:40,210 (lifecycleSupervisor-1-2) [INFO - org.apache.flume.instrumentation.MonitoredCounterGroup.start(MonitoredCounterGroup.java:95)] Component type: SINK, name: k1 started
2019-03-07 11:14:40,211 (conf-file-poller-0) [INFO - org.apache.flume.node.Application.startAllComponents(Application.java:182)] Starting Source s1
2019-03-07 11:14:40,211 (lifecycleSupervisor-1-5) [INFO - org.apache.flume.source.ExecSource.start(ExecSource.java:168)] Exec source starting with command:tail -f /usr/local/log/20190305.log
2019-03-07 11:14:40,213 (lifecycleSupervisor-1-5) [INFO - org.apache.flume.instrumentation.MonitoredCounterGroup.register(MonitoredCounterGroup.java:119)] Monitored counter group for type: SOURCE, name: s1: Successfully registered new MBean.
2019-03-07 11:14:40,214 (lifecycleSupervisor-1-5) [INFO - org.apache.flume.instrumentation.MonitoredCounterGroup.start(MonitoredCounterGroup.java:95)] Component type: SOURCE, name: s1 started
就绪 ssh2: AES-256-CTR 21, 1 21 行, 59 列 VT100 大写 数字

图 2-19 启动 Flume

第二步:启动根目录的日志模拟生成工具,开始向日志文件中写入数据,并使用 Flume
进行数据的采集,代码如下。

```
[root@master conf]# source ./output.sh
```

结果如图 2-20 所示。

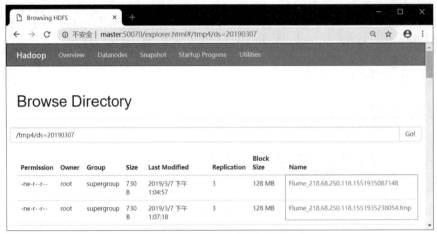

图 2-20　主机拦截器

3. 静态拦截器(static)

静态拦截器用于将 Key-Value 插入报头中,主要表现形式为可在 HDFS 文件前缀显示
所设置的 Key-Value,静态拦截器在需要时可定义多个,该拦截器会默认保留已存在的且具
有相同键的文件头,配置说明如表 2-14 所示。

表 2-14　静态拦截器配置

属性	说明
type	静态类型默值为 static
key	键
value	值
preserveExisting	默认值 true,表示事件报头中已存在 key,不会替换 value 的值

如果想要在 Flume 采集数据时为每个事件的报头添加静态 Key 和 Value,并查看 HDFS
文件系统中的文件存储结果,步骤如下。

第一步:修改时间拦截器中使用的配置,将主机拦截器的配置属性修改为静态拦截器并
将配置文件重命名为"staticinterceptors.properties"或重新创建配置文件,代码如下。

```
[root@master ~]# cd /usr/local/flume/conf/
[root@master conf]# mv ./ hostinterceptors.properties staticinterceptors.properties
[root@master conf]# vi staticinterceptors.properties   # 修改内容如下
```

```
a1.sources.s1.interceptors = i1               # 设置拦截器名称
a1.sources.s1.interceptors.i1.type = static          # 修改拦截器类型
a1.sources.s1.interceptors.i1.key = static_key       # 设置静态拦截器 key 值
a1.sources.s1.interceptors.i1.value = static_value   # 设置静态拦截器 value 值
a1.sinks.k1.hdfs.useLocalTimeStamp = true        # 使用本机时间
a1.sinks.k1.hdfs.filePrefix = Flume_%{static_key}
[root@master conf]# cd ..
[root@master flume]# bin/flume-ng agent --name a1 --conf conf  --conf-file conf/ staticin-
terceptors.properties -Dflume.root.logger=INFO,console
```

第二步: 启动根目录的日志模拟生成工具,开始向日志文件中写入数据,并使用 Flume
进行数据采集,代码如下。

```
[root@master conf]# source ./output.sh
```

结果如图 2-21 所示。

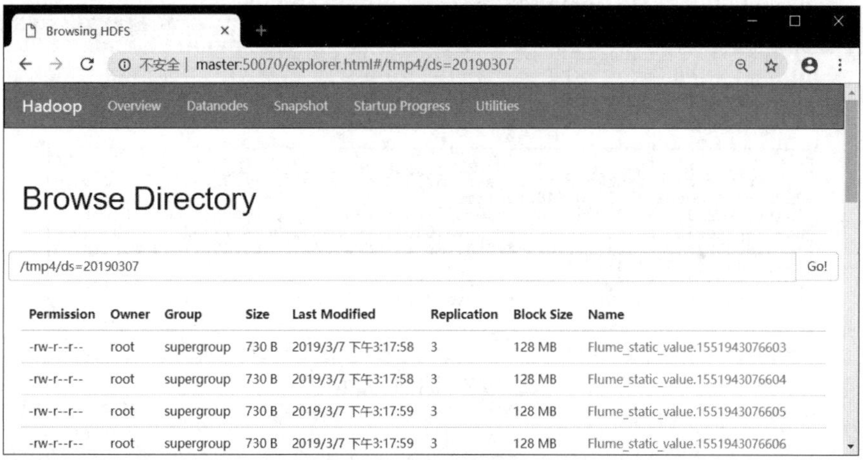

图 2-21　静态拦截器

4. 正则表达式拦截器(regex_filter)

正则表达式能够根据设置内容过滤事件,将符合规则的日志文件或其他数据采集到
HDFS 文件系统或其他数据接收组件。正则表达式过滤分为两种模式,分别为:采集符合规
则的数据和将符合规则的数据进行过滤。正则表达式拦截器属性如表 2-15 所示。

表 2-15　正则表达式拦截器属性

属性	说明
type	设置过滤器类型,正则表达式拦截器默认为 regex_filter
regex	设置正则表达式默认为 .*
excludeEvents	表示保留符合规则的数据或过滤符合规则的数据,默认为 false,保留符合规则的数据

在采集服务器日志或其他数据时经常会出现不符合标准或对数据分析无用的数据,这些数据被采集到 HDFS 或其他存储设备后会占用大量内存空间,所以需要对其进行过滤,或在需要时将数据中不同类型的数据进行分别存储,正则表达式拦截器使用步骤如下。

第一步:修改时间拦截器中使用的配置,将静态拦截器的配置属性修改为正则表达式拦截器并将配置文件重命名为"rfinterceptors.properties"或重新创建配置文件,代码如下。

```
a1.sources.s1.interceptors=i1
a1.sources.s1.interceptors.i1.type=regex_filter
a1.sources.s1.interceptors.i1.regex=^lxw1234.*    # 只采集以 lxw1234 开头的数据
```

第二步:启动 Flume 后,使用 Shell 命令向"20190305.log"文件中插入数据,并在采集完成后使用 hdfs shell 命令查看采集到的结果是否符合正则表达式规则,代码如下。

```
[root@master flume]# bin/flume-ng agent --name a1 --conf conf  --conf-file conf/time-stamp.properties -Dflume.root.logger=INFO,console
[root@master ~]# echo lxw12324,message 4 1  >> ./20190305.log
[root@master ~]# echo message 4 1  >> ./20190305.log
[root@master ~]# hdfs dfs -cat /tmp/ds=20190308/FlumeData.1552011487858
```

结果如图 2-22 和图 2-23 所示。

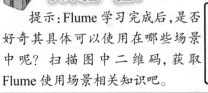

图 2-22　启动 Flume

图 2-23　查看结果

快来扫一扫!

提示:Flume 学习完成后,是否好奇其具体可以使用在哪些场景中呢? 扫描图中二维码,获取 Flume 使用场景相关知识吧。

Flume 在大数据的生产环境中是用来完成数据采集的重要工具,通过 Flume 日志采集工具将 httpd 服务器的日志信息采集到 HDFS 中,并将每天的数据保存到同一文件夹中,步骤如下。

第一步:安装 httpd 服务器并在"/var/www/html"目录下创建一个名为 index.html 的页面,代码如下。

```
[root@master ~]# yum -y install httpd
[root@master ~]# cd /var/www/html/
[root@master html]# vi index.html        # 输入如下内容
Hello Flume
```

效果如图 2-24 所示。

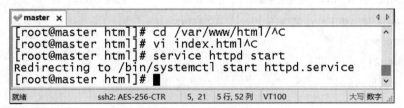

图 2-24　下载 httpd 服务器并创建 html 页面

第二步:启动 httpd 服务器,并通过 Linux 的 IP 地址访问该页面,代码如下。

```
[root@master html]# service httpd start
```

效果如图 2-25 和图 2-26 所示。

```
[root@master html]# cd /var/www/html/^C
[root@master html]# vi index.html^C
[root@master html]# service httpd start
Redirecting to /bin/systemctl start httpd.service
[root@master html]#
```

图 2-25　查找进程号

图 2-26　http 下的静态页面

第三步：查看 httpd 服务器是否生成日志信息，代码如下。

[root@master ~]# cd /var/log/httpd

[root@master httpd]# cat access_log

效果如图 2-27 所示。

```
master ×
[root@master ~]# cd /var/log/httpd
[root@master httpd]# cat access_log          访问日志内容
192.168.10.222 - - [08/Mar/2019:14:31:25 +0800] "GET / HTTP/1.1" 200 12
"-" "Mozilla/5.0 (Windows NT 10.0; win64; x64) AppleWebKit/537.36 (KHT
ML, like Gecko) Chrome/71.0.3578.98 Safari/537.36"
192.168.10.222 - - [08/Mar/2019:14:31:25 +0800] "GET /favicon.ico HTTP/
1.1" 404 209 "http://192.168.10.110/" "Mozilla/5.0 (Windows NT 10.0; Wi
n64; x64) AppleWebKit/537.36 (KHTML, like Gecko) Chrome/71.0.3578.98 Sa
fari/537.36"
192.168.10.222 - - [08/Mar/2019:14:33:22 +0800] "GET / HTTP/1.1" 304 -
就绪                          ssh2: AES-256-CTR    10, 22  10行,71 列  VT100          大写 数字
```

图 2-27　创建网络命名空间的跟踪文件

第四步：创建名为"access_log-HDFS.properties"的配置文件，并设置监控 httpd 服务器的日志信息，将数据采集到 HDFS 分布式文件系统后进行每小时打开一个新文件的配置，代码如下。

[root@master httpd]# cd /usr/local/flume/conf/

[root@master conf]# vi access_log-HDFS.properties # 配置文件内容如下

a1.sources=s1

a1.sinks=k1

a1.channels=c1

a1.sources.s1.type = exec

a1.sources.s1.command = tail -f /var/log/httpd/access_log

a1.sources.s1.channels=c1

a1.sources.s1.fileHeader = false

```
a1.sinks.k1.type=hdfs
a1.sinks.k1.hdfs.useLocalTimeStamp = true
a1.sinks.k1.hdfs.path=hdfs://192.168.10.110:9000/access/log/%Y%m%d
a1.sinks.k1.hdfs.fileType=DataStream
a1.sinks.k1.hdfs.writeFormat=TEXT
a1.sinks.k1.hdfs.minBlockReplicas=1
a1.sinks.k1.hdfs.rollInterval=3600        # 每隔一小时打开一个新文件
a1.sinks.k1.channel=c1


a1.channels.c1.type=memory
a1.channels.c1.capacity=10000
a1.channels.c1.transactionCapacity=100
```

效果如图 2-28 所示。

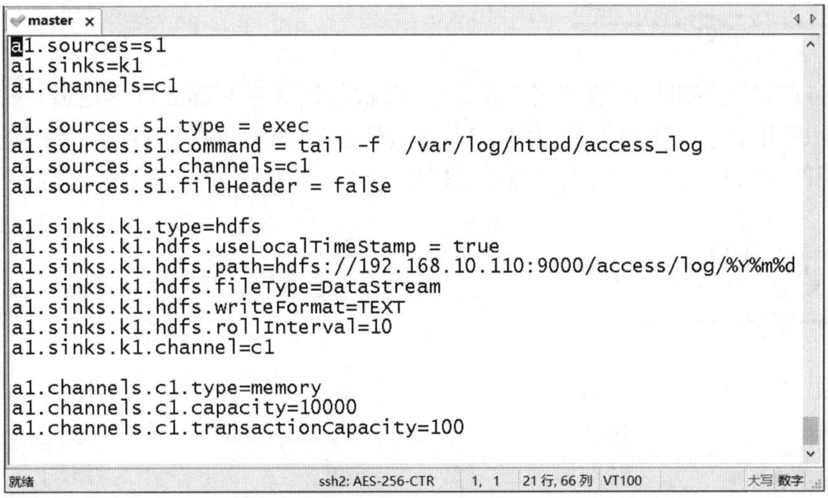

图 2-28　Flume 配置文件

第五步：启动 Flume，监控日志文件并刷新 html，查看 HDFS 中是否已生成数据文件及文件内容，代码如下。

```
[root@master flume]# bin/flume-ng agent --name a1 --conf conf  --conf-file conf/access_
log-HDFS.properties -Dflume.root.logger=INFO,console
[root@master flume]# hdfs dfs -cat
[root@master flume]# hdfs dfs -cat /access/log/20190308/FlumeData.1552029576187
```

效果如图 2-29 和图 2-1 所示。

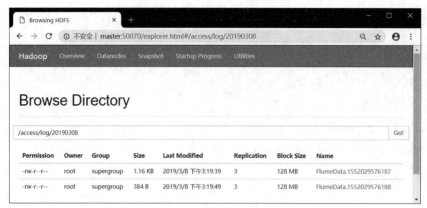

图 2-29　查看采集结果

至此，Flume 服务器日志和文件数据实时采集完成。

本项目通过服务器日志数据采集功能的实现，使读者对 Flume 内存通道与文件通道的基本概念和使用有了一定的了解，对 HDFS 接收器和拦截器的使用方法有所了解并掌握，并能够通过所学的 Flume 相关知识实现服务器日志和文件数据的实时采集。

servlet	监听器	app	应用
properties	性能	minute	分钟
timestamp	时间戳	roll	滚动
static	静态拦截器	groups	群组
cloudera	人造云	selector	选择器

1. 选择题

（1）下列时间转义符中代表由 4 位数据构成的年份的为（　　　）。

A.%Y　　　　　　　　B.%m　　　　　　　　C.%D　　　　　　　　D.%H

（2）下列选项中代表配置接收器类型的为（　　　）。

A.hdfs.writeFormat　　B.hdfs.fileType　　　C.hdfs.type　　　D.hdfs.path

（3）下列选项中代表内存通道的为（　　　）。

A.memory　　　　　　B.file　　　　　　　　C.spooldir　　　　　　D.Event

（4）下列选项中代表时间拦截器的为（　　　）。

A.timestamp　　　　　　　　　　　　B.host

C.static　　　　　　　　　　　　　　D.regex_filter

（5）下列选项中（　　）代表正则表达式拦截器。

A.timestamp　　　　　B.host　　　　　　　C.static　　　　　　D.regex_filter

2. 简答题

（1）什么是 Flume 拦截器？

（2）简述内存通道的特点。

项目三 Kafka 日志文件数据采集

通过使用 Kafka 对日志文件数据进行采集,了解 Kafka 基础架构相关知识,熟悉 Kafka 集群环境配置方法,掌握 Kafka 生产者消费者模型的基本使用方法,具备使用 Kafka 实现日志文件数据采集的能力,在任务实施过程中做到以下几点:

● 了解 Kafka 基础架构知识;

● 熟悉 Kafka 集群环境搭建方法;

● 掌握 Kafka 生产者消费者模型的使用;

● 具备实现日志文件数据采集的能力。

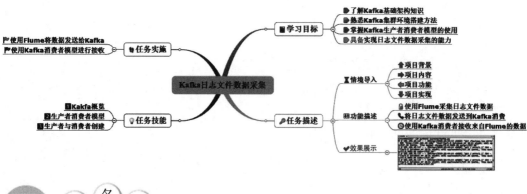

【情境导入】

整个大数据系统是由许多子系统组成的,数据需要在各个子系统中高性能、低延迟地不断流转,传统的消息系统并不适合大规模的数据处理,为了能够同时传出在线数据和离线应用数据文件并高性能地完成数据传输,Kafka 应运而生。Kafka 是一个分布式发布—订阅消息系统,借助高吞吐量、低延迟等性能,其能够实现快速高效的数据传输,本项目通过对Kafka 相关知识的介绍,实现日志信息采集的功能。

【功能描述】

- 使用 Flume 采集日志文件数据;
- 将日志文件数据发送到 Kafka 消费;
- 使用 Kafka 接收来自 Flume 的数据并响应。

【效果展示】

通过对本项目的学习,使用 Kafka 结合 Flume 实现 Apache 日志数据的采集。效果如图3-1 所示。

```
master  ×
[root@master ~]# python3 customerkafka.py
0 b'192.168.10.117 - - [04/Apr/2019:10:44:43 +0800] "GET /favicon.ico HTTP/
 209 "http://192.168.10.110/" "Mozilla/5.0 (Windows NT 10.0; Win64; x64) Ap
t/537.36 (KHTML, like Gecko) Chrome/73.0.3683.86 Safari/537.36"'
1 b'192.168.10.117 - - [04/Apr/2019:10:44:44 +0800] "GET / HTTP/1.1" 304 -
illa/5.0 (Windows NT 10.0; Win64; x64) AppleWebKit/537.36 (KHTML, like Geck
e/73.0.3683.86 Safari/537.36"'
2 b'192.168.10.117 - - [04/Apr/2019:10:44:44 +0800] "GET / HTTP/1.1" 304 -
illa/5.0 (Windows NT 10.0; Win64; x64) AppleWebKit/537.36 (KHTML, like Geck
e/73.0.3683.86 Safari/537.36"'
3 b'192.168.10.117 - - [04/Apr/2019:10:44:44 +0800] "GET / HTTP/1.1" 304 -
illa/5.0 (Windows NT 10.0; Win64; x64) AppleWebKit/537.36 (KHTML, like Geck
e/73.0.3683.86 Safari/537.36"'
就绪                              ssh2: AES-256-CTR    13, 1   13 行, 74 列  VT100        大写 数字
```

图 3-1　效果图

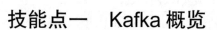

课程思政

技能点一　Kafka 概览

1.Kafka 简介

Kafka 最初是由 LinkedIn 公司开发的分布式发布—订阅消息系统,之后成为 Apache 的顶级开源项目之一。它能够提供一种快速的、可扩展的、分布式的、分区的、可复制的日志提交服务,能够实现对活跃的流式数据的处理。在大数据系统中,常常会碰到一个问题,整个大数据系统是由多个子系统组成的,数据需要在各个子系统中高性能、低延迟地不停流转。传统的企业消息系统并不适合大规模的数据处理。Kafka 的应用非常广泛,除了处理流式

数据外,还可以应用在一些别的方面,具体内容如下。

● 日志收集:Kafka 可以收集各种服务的日志,并通过统一接口服务的方式将其向各种消费者开放,例如 Hadoop、Hbase 等。

● 消息系统:解耦合生产者和消费者、缓存消息等。

● 用户活动跟踪:Kafka 经常被用来记录 Web 用户或者 APP 用户的各种活动,如浏览网页、搜索、点击等,这些活动信息被各个服务器发布到 Kafka 的主题中,然后订阅者通过订阅这些 topic 来做实时监控分析,或者装载到 Hadoop、数据仓库中做离线分析和挖掘。

● 运营指标:Kafka 也经常用来记录运营监控数据,包括收集各种分布式应用的数据,并产生各种操作的集中反馈,比如报警和报告。

既然 Kafka 与 Flume 都能够实现对日志数据的收集,那么 Kafka 的优势有哪些呢?Kafka 的优势表现在以下几方面。

● 高吞吐量、低延迟:Kafka 每秒可以处理几十万条消息,它的延迟最低只有几毫秒,每个主题可以被分为多个分区,消费者组对分区进行消费操作。

● 可扩展性:Kafka 集群支持热扩展。

● 持久性、可靠性:消息可被持久地存储到本地磁盘,并且支持数据备份防止数据丢失。

● 容错性:允许集群中节点失败(若副本数量为 n,则允许 n-1 个节点失败)。

● 高并发:支持数千个客户端同时读写。

2. **基本概念解释**

在以下对 Kafka 的讲解中,会涉及很多 Kafka 的基本概念,包括生产者、消费者、消息、批次、主题、分区等,如果不能理解这些概念,会给学习 Kafka 带来很大的困难,Kafka 包含的基本概念及其描述如表 3-1 所示。

表 3-1 Kafka 包含的基本概念及其描述

概念名称	描述
消息记录 (Record)	由一个 Key,一个 Value 和一个时间戳构成。消息记录在生产者中称为生产者记录(ProducerRecord),在消费者中称为消费者记录(ConsumerRecord)。Kafka 集群保存所有的消息,直到它们过期,在一个可配置的时间段内,Kafka 集群保留所有发布的消息,不管这些消息有没有被消费。生产者记录和消费者记录会根据 Kafka 集群的配置保持,不会因为数据被消费而消失
生产者(Producer)	用于发布(Send)消息
消费者(Consumer)	用于订阅(Subscribe)消息
消费者组 (Consumer group)	具有相同 Group ID 的消费者即属于同一个消费者组且每个消费者都必须设置 Group ID,每条信息不能被属于同一个消费者组的多个消费者消费,但可以被多个消费者组消费
主题(Topic)	消息的逻辑分组,用于对消息进行分类,每一类称之为一个主题,具有相同主题的消息将被放到同一个消息队列中
分区 (Partition)	以物理形式存在的消息分组,主题会被拆成多个分区,每个分区都是一个顺序的、不可变的并且可以持续添加消息的队列。每个分区都有一个 ID 叫作偏移量(Offset),且都是唯一的

概念名称	描述
偏移量（Offset）	代表已经消费的位置，可自动或者手动提交偏移量
代理（Broker）	一台 Kafka 服务器就是一个代理
副本（Replica）	每个副本都是一个分区的备份。副本只用于防止数据丢失，不会读取或写入数据
领导者（Leader）	每个分区都有一个服务器充当领导者，生产者和消费者只跟领导者交互
追随者（Follower）	当领导者发生错误或失败时，追随者将自动成为新的领导者作为正常的消费者，拉取消息并更新其数据存储
分布式应用程序协调服务（Zookeeper）	Kafka 本身代理是无状态的，所以需要借助分布式应用程序协调服务来维护集群状态，用于管理和协调 Kafka 代理
消息	消息是 Kafka 的数据单元，类似于关系型数据库中的"数据行"或是"一条记录"。消息是由字节数组成的，并没有特别的格式或含义。消息中可包含一个可选的键（与消息一样并没有特殊的含义），键能够使消息以一种可控的方式写入不同的分区
批次	批次指为了提高效率，将消息分批次写入 Kafka，一组属于同一个主题和分区的消息成为批次。批次可以解决消息以单独的方式在网络中传输造成的大量网络开销，不过批次会造成高吞吐量或高延迟：批次越大，单位时间内处理的消息越多，单个消息的传输时间就越长

表 3-1 中列出了 Kafka 中的一些基本概念，下面对代理、主题、分区与日志和偏移量进行详细说明。

（1）代理（Broker）

每个 Kafka 服务器为一个 Broker，一个 Kafka 集群由多个 Borker 组成。每台服务器上都可以部署一个或者多个 broker，多个 broker 连接到同一 ZooKeeper 组成 Kafka 集群，如图 3-2 所示。

（2）主题（Topic）

Kafka 通过类属性来划分数据的所属类。若将 Kafka 比作一个数据库，Topic 相当于一张数据库表，Topic 的名即为表名。

单个 Broker 可以创建一个或者多个 Topic。同一个 Topic 可以在同一集群下的多个 Broker 中分布，Topic 与 Broker 关系如图 3-3 所示。

（3）分区（Partition）与日志

一个 Topic 对应多个分区，每个分区均对应一个日志，Kafka 会为每个 Topic 维护一个分区，每个分区最终会映射到一个逻辑日志文件中。每个分区都是一个有序的、不可变的消息序列，新消息不断被追加到其映射的逻辑日志中。

日志分区以分布式的形式存储在 Kafka 集群的多个 Broker 上。为了实现更好的容灾，每个分区都会在不同的 Broker 上存在多个副本，如图 3-4 所示。

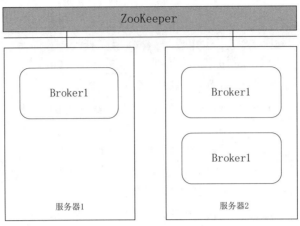

图 3-2　Kafka 集群架构

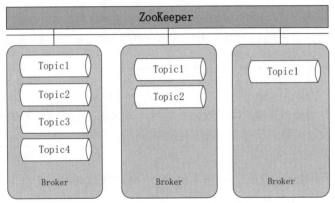

图 3-3　Topic 与 Broker 关系

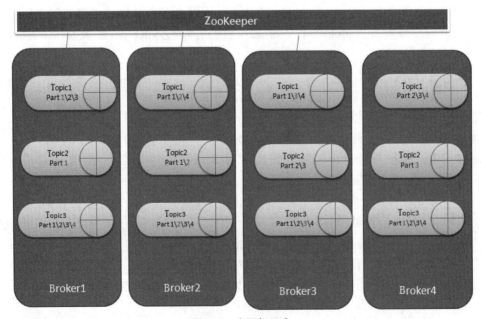

图 3-4　分区与日志

通过图 3-4 可知,Topic1 存在 4 个 Partition,每个 Partition 被复制了 3 场;Topic2 存在 3 个 Part,每个 Partition 被复制了 2 份;Topic3 存在 4 个 Partition,每个 Partition 被复制了 4 份。

(4)偏移量(offset)

偏移量(offset)表示保留在每个消费者源数据中消费者正在处理记录的位置(position),可以由消费者进行控制,会随着消费者对记录的读取线性递增,但由于读取位置由消费者控制,消费者可在任意位置读取记录。偏移量如图 3-5 所示。

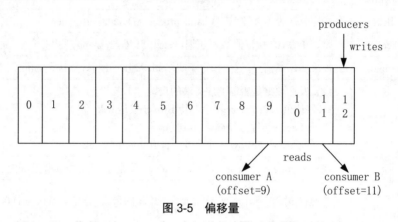

图 3-5 偏移量

3.Kafka Shell 脚本

在 Kafka 的"/bin"目录中,包含了一些操作命令行的 Shell 脚本,其可以帮助开发人员进行 Kafka 的启动、停止等操作,常用 Shell 脚本如表 3-2 所示。

表 3-2 Kafka 常用脚本

脚本名称	功能描述
kafka-server-start.sh	启动 Kafka 服务
kafka-server-stop.sh	停止 Kafka 服务
kafka-topics.sh	Topic 管理脚本
kafka-console-consumer.sh	Kafka 消费者控制台
kafka-console-producer.sh	Kafka 生产者控制台
kafka-verifiable-consumer.sh	可检验的 Kafka 消费者
kafka-verifiable-producer.sh	可检验的 Kafka 生产者

关于 Kafka 中的 Shell 脚本,在 Kafka 的集群配置中会进行使用。

4.Kafka 集群配置

目前,Kafka 想要实现的集群部署有三种情况,分别为单机单 Broker、单机多 Broker、多机多 Broker。

(1)单机单 Broker 部署

单机单 Broker 是指在一个主机上部署 Kafka,并且只有一个 Broker。Kafka 配置文件在 Kafka 根目录下的 config 目录中,分别为 producer.properties(生产端配置文件)、consumer.properties(消费端配置文件)、server.properties(服务端配置文件)配置文件。其中,producer.properties 配置参数说明如表 3-3 所示。

表 3-3　producer.properties 配置参数说明

属性	说明
metadata.broker.list	指定节点列表,默认为 hostname:9092
partitioner.class	指定分区处理类,默认为 kafka.producer.DefaultPartitioner
compression.codec	是否压缩,0(默认值):不压缩,1:gzip 压缩,2:snappy 压缩
compressed.topics	如果要压缩消息,这里指定哪些 Topic 要压缩消息,默认是 empty(不压缩)
request.required.acks	设置发送数据是否需要服务端的反馈 0(默认值):Producer 不会等待 Broker 发送 ack 1:当 Leader 接收到消息后发送 ack -1:当所有的 Follower 都同步消息成功后发送 ack
request.timeout.ms	在向 Producer 发送 ack 之前,Broker 均需等待的最大时间,默认为 10000
queue.buffering.max.messages	在 async 模式下,Producer 端允许 buffer 的最大消息量,默认为 20000
batch.num.messages	在 async 模式下,指定每次批量发送的数据量,默认 200

consumer.properties 配置文件参数说明如表 3-4 所示。

表 3-4　consumer.properties 配置文件参数说明

属性	描述
group.id	Consumer 的组 ID
consumer.id	如果不设置会自动生成
socket.timeout.ms	网络请求的 socket 超时时间
fetch.message.max.bytes	查询 topic-partition 时允许的最大消息的大小
auto.commit.enable	如果此值设置为 true,Consumer 会周期性地把当前消费的 Offset 值保存到 Zookeeper
auto.commit.interval.ms	Consumer 提交 Offset 值到 Zookeeper 的周期

server.properties 配置文件参数说明如表 3-5 所示。

表 3-5　server.properties 配置文件参数

参数	说明
broker.id	每一个 Broker 在集群中的唯一表示,要求是正数
log.dirs	Kafka 数据的存放地址,多个地址的话用逗号分隔

参数	说明
port	Broker server 服务端口,默认为 9092
message.max.bytes	表示消息体的最大大小,单位是字节,默认为 6525000
num.network.threads	Broker 处理消息的最大线程数,一般为 CPU 核心数,默认为 4
num.io.threads	Broker 处理磁盘 IO 的线程数,数值为 CPU 核心数 2 倍,默认为 8
host.name	Broker 的主机地址。
log.segment.bytes	Topic 的分区是以 segment 文件存储的,用于控制每个 segment 的大小
log.roll.hours	设置 segment 自动生成的时间
log.cleanup.policy	日志清理策略选择,值为 delete 和 compact
log.retention.minutes	数据文件保留多长时间,默认为 300
log.cleaner.enable	是否开启日志清理,默认为 false

想要完成单节点单 broker 的 Kafka 部署,需要先安装配置 Zookeeper,之后修改 Kafka 相关的配置文件即可,步骤如下。

第一步:安装配置 Zookeeper,将资料包中的 Kafka 安装包上传到"/usr/local"目录下解压并重命名为 kafka,命令如下。

```
[root@master local]# tar -zxvf kafka_2.11-0.11.0.1.tgz
[root@master local]# mv kafka_2.11-0.11.0.1 kafka
```

结果如图 3-6 所示。

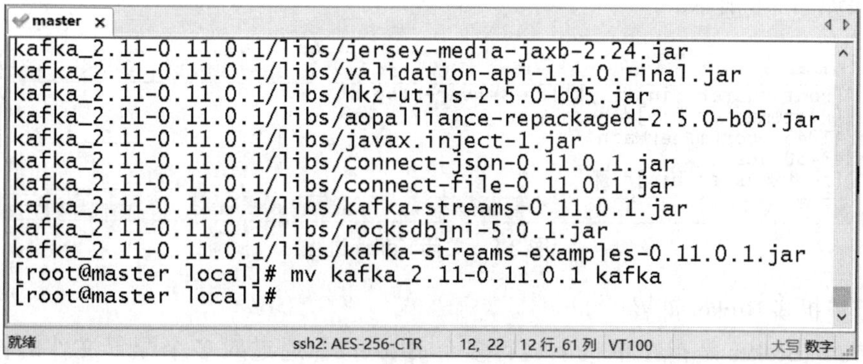

```
♥ master ×                                                    ◁ ▷
kafka_2.11-0.11.0.1/libs/jersey-media-jaxb-2.24.jar
kafka_2.11-0.11.0.1/libs/validation-api-1.1.0.Final.jar
kafka_2.11-0.11.0.1/libs/hk2-utils-2.5.0-b05.jar
kafka_2.11-0.11.0.1/libs/aopalliance-repackaged-2.5.0-b05.jar
kafka_2.11-0.11.0.1/libs/javax.inject-1.jar
kafka_2.11-0.11.0.1/libs/connect-json-0.11.0.1.jar
kafka_2.11-0.11.0.1/libs/connect-file-0.11.0.1.jar
kafka_2.11-0.11.0.1/libs/kafka-streams-0.11.0.1.jar
kafka_2.11-0.11.0.1/libs/rocksdbjni-5.0.1.jar
kafka_2.11-0.11.0.1/libs/kafka-streams-examples-0.11.0.1.jar
[root@master local]# mv kafka_2.11-0.11.0.1 kafka
[root@master local]#

就绪            ssh2: AES-256-CTR    12, 22  12行, 61列  VT100        大写 数字
```

图 3-6　解压重命名 kafka

第二步:启动 Zookeeper 并在 Kafka 的"/bin"目录下,后台启动 Kafka 进程,在 Kafka 的 "/bin"目录下执行以下命令,格式如下。

```
bin/kafka-server-start.sh [-daemon] server.properties
```

该命令后面的 -daemon 为可选参数,该参数可以让当前命令以后台服务的方式执行,

server.properties 是 Kafka 的配置文件的路径,命令如下。

```
[root@master ~]# /usr/local/zookeeper/bin/zkServer.sh start
[root@master ~]# cd /usr/local/kafka/bin/
[root@master bin]# ./kafka-server-start.sh -daemon /usr/local/kafka/config/server.proper-
ties
```

效果如图 3-7 所示。

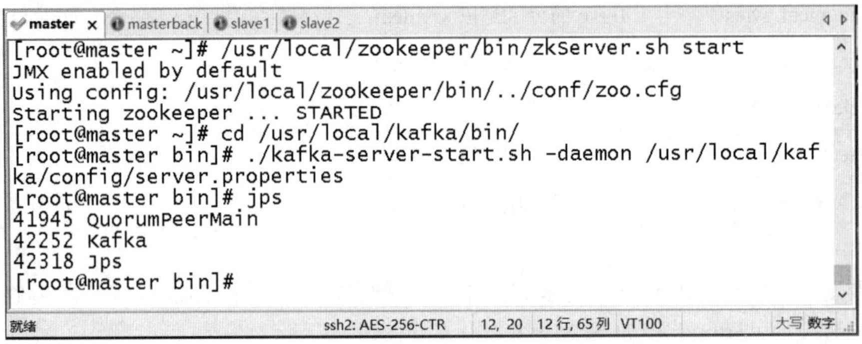

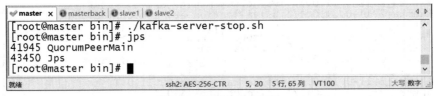

图 3-7　启动单节点单 Broker Kafka

第三步:关闭 Kafka 进程,只需使用 kafka-server-stop.sh 脚本而无须使用其他参数即可完成 Kafka 进程的关闭,命令如下。

```
[root@master bin]# ./kafka-server-stop.sh
[root@master bin]# jps
```

效果如图 3-8 所示。

图 3-8　关闭 Kafka 进程

(2)单机多 Broker 部署

单机多 Broker 是指在单机上运行多个 Broker,并通过对多个配置文件的修改实现 Kafka 的集群功能,步骤如下。

第一步:拷贝 server.properties 文件并将其分别命名为 server-1.properties 和 server-2.properties。命令如下。

```
[root@master ~]# cd /usr/local/kafka/config/
[root@master config]# cp server.properties server-1.properties
[root@master config]# cp server.properties server-2.properties
```

第二步：分别对 server-1.properties 和 server-2.properties 中 Broker 的端口和信息的保存路径进行修改，命令如下。

```
[root@master config]# vi server-1.properties
# 在配置文件中找到以下几项并修改
  broker.id=1
  listeners=PLAINTEXT://:9093
log.dirs=/usr/local/kafka/kafkalogs-1
[root@master config]# vi server-2.properties
# 在配置文件中找到以下几项并修改
  broker.id=2
  listeners=PLAINTEXT://:9094
  log.dirs=/usr/local/kafka/kafkalogs-2
```

第三步：在 Kafka 的"/bin"目录下启动新增的 Broker，命令如下。

```
[root@master config]# cd /usr/local/kafka/bin/
[root@master bin]# ./kafka-server-start.sh -daemon
/usr/local/kafka/config/server-1.properties
[root@master bin]# ./kafka-server-start.sh -daemon
/usr/local/kafka/config/server-2.properties
```

结果如图 3-9 所示。

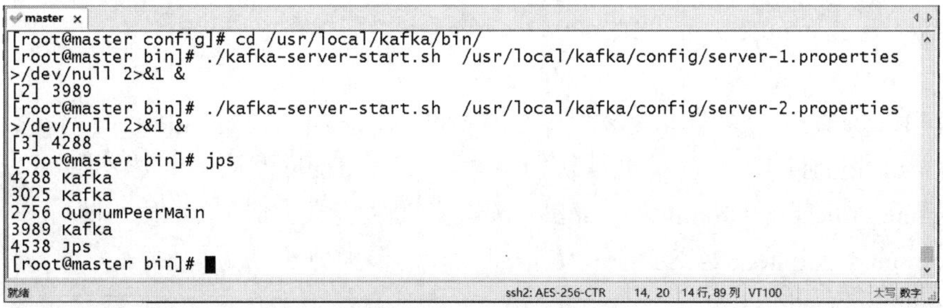

图 3-9　启动单机多 Broker

（3）多机多 Broker 部署

多机多 Broker 的集群部署，需要通过多台主机实现。这里为多机多 Broker 集群部署的实现，准备四台主机，并在每台主机中部署 ZooKeeper，并且四台主机均需做免密操作，四台主机配置如表 3-6 所示。

表 3-6　主机配置

主机名	IP 地址	所需环境
master	192.168.10.110	Jdk1.8.0、Zookeeper
masterback	192.168.10.111	Jdk1.8.0、Zookeeper
slave1	192.168.10.112	Jdk1.8.0、Zookeeper
slave2	192.168.10.113	Jdk1.8.0、Zookeeper

实现多机多 Broker 集群部署的步骤如下。

第一步:将 Kafka 上传到 master 主机的"/usr/local"目录下,解压并修改文件夹名称,之后进行 server.properties 文件的修改,命令如下。

```
[root@master local]# tar -zxvf kafka_2.11-0.11.0.1.tgz
[root@master local]# mv kafka_2.11-0.11.0.1 kafka
[root@master local]# cd ./kafka/config
[root@master config]# vi server.properties        # 配置如下
broker.id=0              # 当前机器在集群中的唯一标识
port=9092               # 当前 Kafka 对外提供服务的端口默认是 9092
host.name=192.168.10.110        # 本机地址
num.network.threads=3         # 这个是 Borker 进行网络处理的线程数
num.io.threads=8            # 这个是 Borker 进行 I/O 处理的线程数
log.dirs=/opt/kafka/kafkalogs/      # 消息存放的目录
socket.send.buffer.bytes=102400      # 发送缓冲区 buffer 大小
socket.receive.buffer.bytes=102400   #Kafka 接收缓冲区大小
socket.request.max.bytes=104857600
# 向 Kafka 发送消息请求的最大数不能超过 Java 的堆栈大小
num.partitions=1             #默认的分区数,一个 Topic 默认 1 个分区数
log.retention.hours=168         #默认消息的最大持久化时间(单位小时)
message.max.byte=5242880        # 消息保存的最大值 5M
default.replication.factor=2       #Kafka 保存消息的副本数
replica.fetch.max.bytes=5242880    # 读取消息的最大直接数
log.segment.bytes=1073741824
# 这个参数是:因为 Kafka 的消息是以追加的形式落地到文件的,当超过这个值的时
# 候,Kafka 会新起一个文件
log.retention.check.interval.ms=300000
# 每隔 300000 毫秒去检查上面配置的 log 失效时间(log.retention.hours=168),到目录
# 查看是否有过期的消息,如果有,则删除
```

```
log.cleaner.enable=false     # 是否启用 log 压缩,启用看提高性能
zookeeper.connect=192.168.10.110:2181,192.168.10.111:2181,192.168.10.112:2181,192.168.10.113:
2181
# 设置 Zookeeper 的连接端口
```

结果如图 3-10 所示。

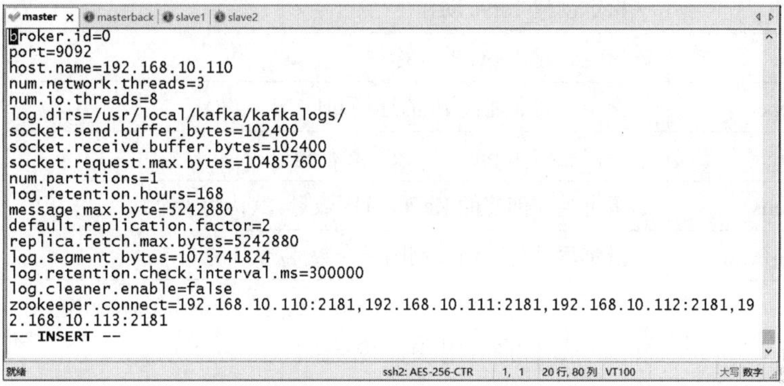

图 3-10　配置 server.properties 文件

第二步：将 Kafka 分别分发到 masterback、slave1、slave2，并以 masterback 为例对 server.properties 文件的 broker.id 和 host.name 进行修改，slave1 和 slave2 节点也需要进行此修改，命令如下。

```
[root@master config]# cd /usr/local
[root@master local]# scp -r /usr/local/kafka/ masterback:/usr/local/
[root@master local]# scp -r /usr/local/kafka/ slave1:/usr/local/
[root@master local]# scp -r /usr/local/kafka/ slave2:/usr/local/
[root@masterback ~]# cd /usr/local/kafka/config/
[root@masterback config]# vi server.properties
# 将 broker.id 改为 1,host.name 改为本机地址
```

结果如图 3-11 所示。

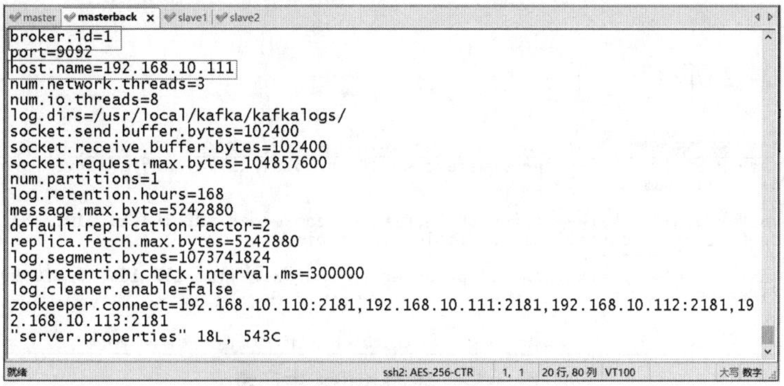

图 3-11　修改 server.properties 文件

第三步：分别在四台主机上启动 Kafka 进行测试，使用 master 创建一个 Topic 并启动一个生产者，创建 Topic 时应使用 kafka-topics.sh 脚本，创建生产者时应使用 kafka-console-producer.sh 脚本，其中，kafka-topics.sh 脚本的常用参数说明如表 3-7 所示。

表 3-7　kafka-topics.sh 脚本创建 topic 的参数说明

参数	说明
--create	指定创建 Topic 动作
--topic	指定新建 Topic 的名称
--zookeeper	指定 Kafka 连接 zk 的连接 url
--config	指定当前 Topic 上有效的参数值
--partitions	指定当前创建的 Kafka 分区数量，默认为 1 个
--replication-factor	指定每个分区的复制因子个数，默认 1 个

kafka-console-producer.sh 脚本的常用参数说明如表 3-8 所示。

表 3-8　kafka-console-producer.sh 脚本参数说明

参数	说明
--broker-lis	表示 Broker 地址，多个地址用逗号分开
--topic	表示向哪个主题生产消息

命令如下。

```
[root@master local]# cd /usr/local/kafka/bin/
[root@master bin]# ./kafka-server-start.sh  /usr/local/kafka/config/server.properties
>/dev/null 2>&1 &
[root@master bin]# ./kafka-topics.sh --create --zookeeper 192.168.10.110:2181 --replica-
tion-factor 2 --partitions 1 --topic firsttopic
[root@master bin]# ./kafka-console-producer.sh --broker-list 192.168.10.110:9092 --topic
firsttopic
```

结果如图 3-12 所示。

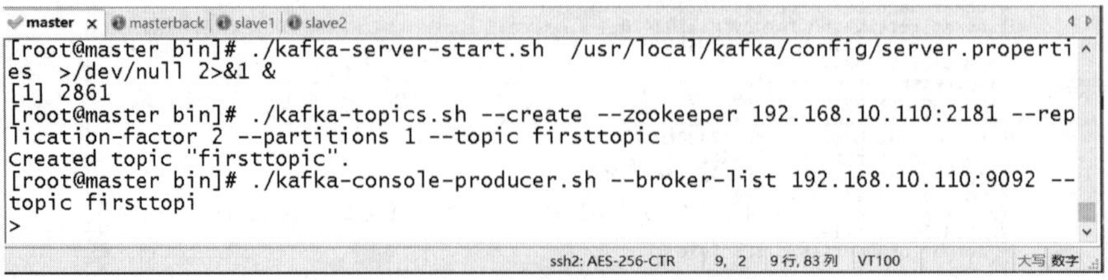

图 3-12　启动 Kafka 生产者

第四步：使用 kafka-console-consumer.sh 脚本在 masterback 节点上启动消费者，并在 master 节点的生产者中输入任意字符，消费者节点能够收到相同信息，kafka-console-consumer.sh 脚本常用参数如表 3-9 所示

表 3-9 kafka-console-consumer.sh 脚本常用参数说明

参数	说明
--from-beginning	可选参数，表示要从头消费消息
--zookeeper	指定 Kafka 连接 zk 的连接 url
--topic	表示从哪个主题接收信息

命令如下。

```
[root@masterback bin]# ./kafka-console-consumer.sh --zookeeper localhost:2181 --topic firsttopic --from-beginning     # 在 masterback 上启动消费者
>This is a producer message     # 在 master 节点发送消息
```

结果如图 3-13 和图 3-14 所示。

```
master × | masterback | slave1 | slave2                            ◀ ▶
[root@master bin]# clear
[root@master bin]# ./kafka-console-producer.sh --broker-list 192.168.1
topic firsttopic
>This is a producer message
>
就绪                    ssh2: AES-256-CTR    5, 2    5行, 69列    VT100        大写 数字
```

图 3-13 生产者发送消息

```
master | masterback × | slave1 | slave2                            ◀ ▶
[root@masterback bin]# ./kafka-console-consumer.sh --zookeeper localho
ic firsttopic --from-beginning
Using the ConsoleConsumer with old consumer is deprecated and will be
future major release. Consider using the new consumer by passing [boot
 instead of [zookeeper].
This is a producer message
就绪                    ssh2: AES-256-CTR    7, 1    7行, 69列    VT100        大写 数字
```

图 3-14 消费者接收消息

快来扫一扫！

提示：通过对 Kafka 的简单了解，可以实现 Kafka 集群的配置，扫描图中二维码，学习更多 Kafka 的相关知识。

技能点二　生产者消费者模型

1. 生产者

很多情况下,应用程序都会在 Kafka 中写入消息,用于实现对用户活动的记录(用于审计和分析)、日志消息的保存、智能设备数据的记录,与其他应用进行通信、缓冲待写入数据库等。

在不同的使用场景中会产生不同的使用需求,例如是否允许出现小部分数据丢失、是否允许少量数据重复、是否对吞吐量有严格要求等,使用场景的不同会对生产者 API 的配置和使用产生直接影响。生产者 API 的消息发送过程如图 3-15 所示。

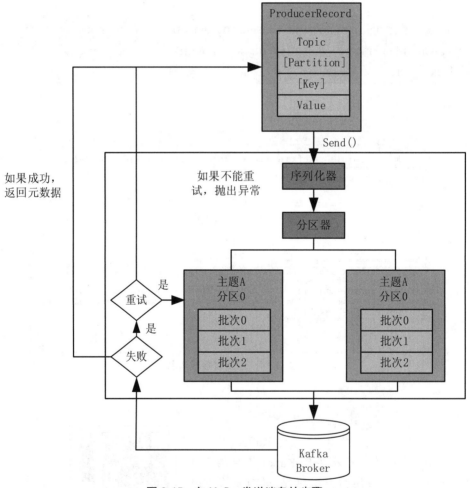

图 3-15　向 Kafka 发送消息的步骤

生产者消息的发送步骤如下。

第一步:创建 ProducerRecord 对象,ProducerRecord 对象中包含目标主题和内容,在 ProducerRecord 对象中还可以指定键或分区。为了使信息能够在网络上传输,发送

ProducerRecord 对象时生产者会将键和值对象序列化为字节数组。

第二步：分区器接收到信息后，若信息在 ProducerRecord 对象里被指定了分区，分区器直接将指定的分区返回。如果没有指定分区，分区器会根据 ProducerRecord 对象的键选择一个分区，从而使生产者明确消息发送目的地。Kafka 会将具有同一目标主题和分区的消息添加到同一个批次，由一个独立的线程负责将这些记录批次发送到相应的 Broker 上。

第三步：消息成功写入 Kafka 后，服务器会返回一个包含主题和分区信息和记录在分区里的偏移量信息的 RecordMetaData 对象；消息写入失败会返回一个错误，生产者在收到错误后会根据设置尝试重新发送消息，若还是失败则返回错误信息。

2. 生产者模型

生产者模型主要分为两种，分别为同步生产模型和异步生产模型，在数据信息不允许出现丢失且对吞吐量等没有要求的情况下则选用同步生产模型。在处理大量日志数据时允许出现少量数据丢失且对吞吐量的要求极高，应采用异步生产模型。

（1）同步生产模型

Kafka 接收到信息后发送一个确认信号，如果没有收到信号，信息将被重新发送，直到重复次数达到配置上线或 Kafka 发出确认收到数据信号才发送下一条数据。同步生产模型工作流程如图 3-16 所示。

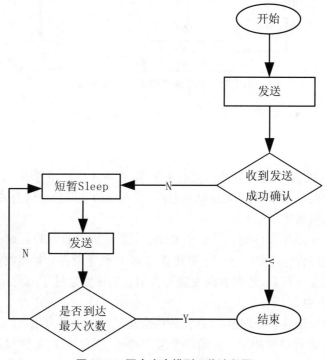

图 3-16 同步生产模型工作流程图

同步生产模型的特点有如下几点。
● 低消息丢失率；
● 高消息重复率；
● 高延迟，低吞吐量，每发送一条数据都要等待确认之后才会继续发送下一条。

（2）异步生产模型

消息被发送到客户端的缓冲队列中，如果队列中条数到了设置的队列最大数或存放时间达到最大值，就把队列中的消息打包并一次性发送给 Kafka 服务。异步生产模型工作流程如图 3-17 所示。

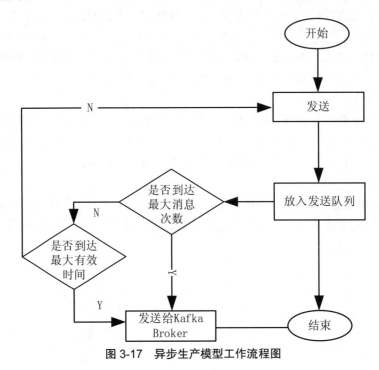

图 3-17　异步生产模型工作流程图

异步生产模型的特点如下。

● 低延迟。

● 高发送性能。

● 由于无确认机制，会造成较高的信息丢失率，在异步生产模型中，Kafka 无须等待确认信息直接进行数据发送，此时若发送队列已满，后发送的数据会全部丢失。

3. 消费者和消费者组

假设我们有一个应用程序需要从一个 Kafka 主题读取消息并验证这些消息，然后再把它们保存起来。应用程序需要创建一个消费者对象，订阅主题并开始接收消息，然后验证消息并保存结果。过了一阵后，生产者向主题写入消息的速度超过了应用程序验证数据的速度，这个时候该怎么办？

如果只是用单个消费者处理消息，应用程序会远远跟不上消息生成的速度。显然，此时很有必要对消费者进行横向伸缩。就像多个生产者可以向相同的主题写入消息一样，可以使用多个消费者从同一个主题读取消息，对消息进行分流。

建设主题 Topic1，其有 4 个分区，创建了消费者 C1，它是群组 G1 里唯一的消费者，用它订阅主题 Topic1。消费者 C1 将收到主题 T1 4 个分区的全部消息，如图 3-18 所示。

若在群组 G1 里新增一个消费者 C2，那么每个消费者将分别从两个分区接收消息。假设消费者 C1 接收分区 0 和分区 2 的消息，消费者 C2 接收分区 1 和分区 3 的消息，如图

3-19 所示。

如果群组 G1 中有 4 个消费者则每个消费者都会对应 1 个分区,如图 3-20 所示。

当向消费者组中添加更多消费者使得消费者的数量超过主题分区数量时,会导致一部分消费者被闲置,不会接收到任何消息,如图 3-21 所示。

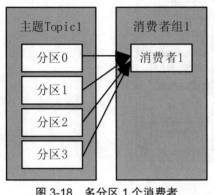

图 3-18　多分区 1 个消费者

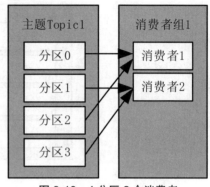

图 3-19　4 分区 2 个消费者

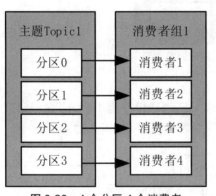

图 3-20　4 个分区 4 个消费者

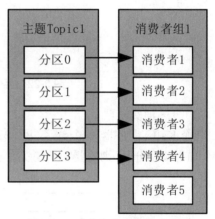

图 3-21　消费者多于分区或主题

Kafka 在进行一些诸如将数据写入数据库或 HDFS 文件系统的高延迟操作时,单个消费者的速度慢于数据生成的速度,需要添加更多消费者来完成均衡负载,每个消费者只处理部分分区的消息,但消费者的数量不能超过分区数量,因为多余的部分会被闲置。

除通过增加消费者横向伸缩单个应用外,还会出现多个应用从同一个主题读取数据的情况,并且要求每个应用程序都可以获得所有消息,这时需要每个应用程序都有自己的消费者组。两个消费者组同时消费主题 Topic1 的数据如图 3-22 所示。

4. 消费者模型

Kafka 中有两种常用的消费者模型,分别为分区模型(queuing)和发布—订阅模型(publish-subscribe)。分区模型是指所有的消费者都在一个消费者组中,发布—订阅模型是指所有的消费者都在不同的组中。每个消费者都接收来自 Topic 的一部分分区的消息,实现对消费者的横向扩展并对消息进行分流。

Kafka 为这两种模型提供了单一的消费者抽象模式——消费者组(Consumer Group)。

拥有同一个消费者组表示的消费者属于同一个消费者组。发布在 Topic 上的消息被分发给一个消费者组中的一个消费者。一个消费者组中的消费者订阅同一个 Topic,每个消费者接受 Topic 的一部分分区的消息,从而实现对消费者的横向扩展及对消息的分流。

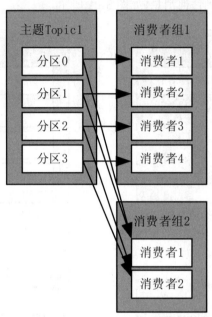

图 3-22　两个消费者组同时消费主题

(1)分区消费模型

两个 Kafka 服务器,4 个分区(P0、P1、P3、P4),分区消费模型为 1 个分区对应 1 个消费实例,如有 4 个分区,则需要 4 个消费者实例从分区中提取数据,如图 3-23 所示。

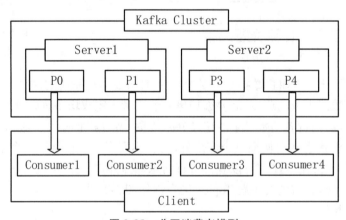

图 3-23　分区消费者模型

(2)发布 - 订阅消费模型

同样有 4 个分区,P0、P1、P2、P3,这里使用 group A,group B 分组,其中 group A 可获取 0,3,1,2 分区的数据,group B 也是。发布 - 订阅消费模型中,每个组都能拿到 Kafka 集群当前全量数据。发布 - 订阅消费模型如图 3-24 所示。

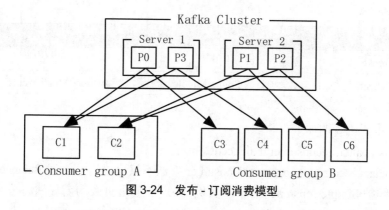

图 3-24　发布 - 订阅消费模型

技能点三　生产者与消费者创建

1.Kafka 接收器配置

在通过 Flume 采集数据到 Kafka 时，需要进行 Kafka 的相关配置，Kafka 接收器的配置与 HDFS 配置类似，只是数据的目的地不同，Flume 将数据采集到 Kafka 的配置属性如表 3-10 所示。

表 3-10　Kafka sinks 配置说明

属性	说明
type	接收器类型（使用 Kafka 接收一般为 org.apache.flume.sink.kafka.KafkaSink）
topic	Kafka 主题（项目三中会详细介绍）
brokerList	Kafka 节点列表（主机名 :Kafka 端口号）
requiredAcks	Flume 信息发送机制 0: 不保证消息的到达确认，只管发送 1: 发送消息，并会等待 Leader 收到确认后才发送下一条消息 -1: 发送消息，等待 Leader 收到确认，并进行复制操作后才返回

Kafka 接收器配置完成后，即可创建生产者与消费者，并进行数据的接收。

2.Pykafka 模块常用模式说明

在 Pykafka 模块中，包含了多种用于实现 Kafka 相关操作的方法，通过使用 class 和操作方法可以定义相关的操作类进行 Pykafka 模块方法的使用，Pykafka 模块包含的常用方法如表 3-11 所示。

表 3-11　Pykafka 模块包含的常用方法

方法	描述
pykafka.balancedconsumer	项目的 Python 模块，将会从这里引用代码

方法	描述
pykafka.broker	创建 broker 实例
pykafka.client	定义项目的 Spider Middlewares 和 Downloader Middlewares

关于方法的详细说明如下。

（1）pykafka.balancedconsumer .balancedConsumer

pykafka.balancedconsumer.balancedConsumer 方法不仅可以用于创建 BalancedConsumer 实例，还可以维护 SimpleConsumer 的单个实例，并定期使用负载均衡算法将分区重新分配给此 SimpleConsumer。pykafka.balancedconsumer.balancedConsumer 使用方式如下。

Class pykafka.balancedconsumer.balancedConsumer(topic,cluster,consumer_group⋯⋯)

balancedConsumer 参数如表 3-12 所示。

表 3-12　balancedConsumer 参数说明

参数	说明
topic(pykafka.topic.Topic)	此消费者应该使用的主题
cluster(pykafka.cluster.Cluster)	此使用者应连接的群集
consumer_group(str)	此使用者应加入的使用者组的名称
fetch_message_max_bytes(int)	尝试使用每个获取请求获取的消息的字节数
num_consumer_fetchers(int)	用于生成 FetchRequests 的 worker 数
auto_commit_enable(bool)	如果为 true，则定期向 Kafka 提交已从 consume（）调用返回的消息的偏移量。要求 consumer_group 不是 None
auto_commit_interval_ms(int)	消费者偏移量提交给 Kafka 的频率（以毫秒为单位）。如果 auto_commit_enable 为 False，则忽略此设置
queued_max_messages(int)	内部缓冲消耗的最大消息数
offsets_channel_backoff_ms(int)	重试失败的偏移提交和提取的退避时间
offsets_commit_max_retries(int)	偏移提交工作程序在引发错误之前应重试的次数
consumer_timeout_ms(int)	在返回 None 之前，消费者可以在没有可用消息的情况下花费的时间（以毫秒为单位）
rebalance_max_retries(int)	重新平衡在引发错误之前应重试的次数
rebalance_backoff_ms(int)	重新平衡期间重试之间的退避时间（以毫秒为单位）
zookeeper_connection_timeout_ms(int)	消费者在建立与 Zookeeper 的连接时等待的最长时间（以毫秒为单位）

（2）pykafka.broker.broker.Broker

pykafka.broker.broker.Broker 主要用于对 Kafka 服务器执行请求并创建一个 Broker 实

例。Pykafka.broker.broker.Broker 的使用方式如下。

> Class pykafka.broker.Broker（id_,host,port,handler,socket_timeout_m……）

pykafka.broker 参数如表 3-13 所示。

表 3-13　pykafka.broker 参数

参数	说明
id(int)	此代理的 ID 号
host(str)	要连接的主机地址。IP 地址或 DNS 名称
port(int)	要连接的端口
handle(pykafka.handlers.Handler)	将用于为请求和响应提供服务的 Handler 实例
socket_timeout_ms（int）	网络请求的套接字超时
offsets_channel_socket_timeout_ms(int)	偏移通道上网络请求的套接字超时
buffer_size(int)	用于接收网络响应的内部缓冲区的大小（字节）
source_host(str)	套接字连接的源地址的主机部分
source_port(int)	套接字连接的源地址的端口部分
ssl_config(pykafka.connection.SslConfig)	用于 SSL 连接的 Config 对象
broker_version(str)	要连接的集群的协议版本。如果此参数与实际代理版本不匹配，则某些 pykafka 功能可能无法正常运行

（3）pykafka.client.KafkaClient

pykafka.client.KafkaClient 方法主要用于实现与 Kafka 集群连接的创建，通过向 pykaf-ka.client.KafkaClient 方法指定 hosts 或 zookeeper_hosts 内容，会返回一个实例化的 Kafka-Client，在这个 KafkaClient 中包含了当前集群的相关信息。pykafka.client.KafkaClient 使用方法如下。

> Class pykafka.client.KafkaClient(hosts='127.0.0.1:9092', zookeeper_hosts=None……)

pykafka.client.KafkaClient 方法参数说明如表 3-14 所示。

表 3-14　pykafka.client 参数说明

参数	说明
hosts(str)	要连接的以逗号分隔的 Kafka 主机列表
zookeeper_hosts(str)	要连接的 KazooClient 格式的 Zookeeper 主机字符串
socket_timeout_ms(int)	网络请求的套接字超时（单位：毫秒）

续表

参数	说明
offsets_channel_socket_timeout_ms(int)	读取偏移量提取请求的响应时的套接字超时（单位：毫秒）
use_greenlets(bool)	是否对 greenlet 执行并行操作而不是 OS 线程
exclude_internal_topics(bool)	来自内部主题的消息（特别是偏移主题）是否应该向消费者公开
source_address(str'host：port')	套接字连接的源地址
ssl_config（pykafka.connection.SslConfig）	用于 SSL 连接的 Config 对象

3.Python 连接 Kafka 操作

通过使用 Python 可以实现对 Kafka 的多种操作，如 Topic 的读取、Brokers 信息的查看、Kafka 消费等，现通过以下几个操作的实现讲解如何使用 Python 操作 Kafka。

（1）读取所有 Topic

使用 Python 操作 Kafka 获取 Topic 非常简单，只需在引入 Pykakfa 模块通过 pykafka.client.KafkaClient 实现集群的连接后，获取需要的 topic 信息即可，步骤如下。

第一步：在 Pycharm 中安装 Pykakfa 模块，打开 Pycharm 后，点击"File"→"Settings"→"Project:Pykafka"→"Project Interpreter"，随后点击如图 3-25 所示的"+"，然后在搜索框中输入"Pykafka"，点击"Install Package"，如图 3-26 所示。

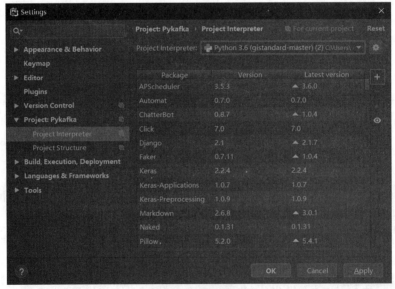

图 3-25　添加模块

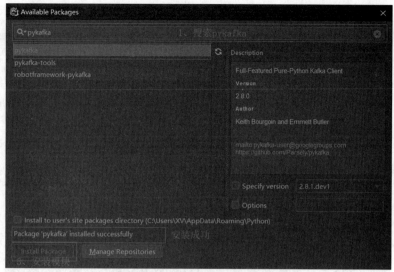

图 3-26 搜索安装 Pykafka 模块

第二步：在本地文件系统中创建一个名为"Pykafka"的目录存放 .py 文件的目录，然后使用 Pycharm 打开这个目录并在该目录中创建名为"readtopic.py"的文件，并编写连接 Kafka 的 Python 程序，代码如下。

```
from pykafka import KafkaClient
client = KafkaClient(hosts="192.168.10.110:9092")
print("topic 信息 :",client.topics)
```

运行代码，效果如图 3-27 所示。

图 3-27 获取所有 Topic

（2）查看 Brokers 信息

查看 Brokers 信息与读取所有 Topic 的操作基本相同，不同之处在于 Brokers 信息包含的内容较多，并且需要遍历才可以进行具体信息的获取。复制"readtopic.py"文件并将其更名为"readbrokers.py"后,修改代码,即可实现 Brokers 信息的查看,代码如下所示。

```python
from pykafka import KafkaClient
client = KafkaClient(hosts="192.168.10.110:9092")
for n in client.brokers:
    host = client.brokers[n].host        # 获取主机地址
    port = client.brokers[n].port
    id = client.brokers[n].id
    print("host=%s | port=%s | broker.id=%s " %(host,port,id))
```

运行结果如图 3-28 所示。

图 3-28　获取 brokers 信息

（3）消费 Kafka 接收消息

直接消费 Kafka 实现消息的接收操作,虽然比以上的操作烦琐,但也不难,只需在获取所有 Topic 的前提下,通过具体的主机相关信息即可实现消息的接收,步骤如下。

第一步:使用 Pykafka 模块,编写接收 Python 程序,接收来自"192.168.10.110"主机的 Topic 为"tp"的数据并输出,运行后处于等待接收信息的状态,代码如下。

```python
from pykafka import KafkaClient
client = KafkaClient(hosts="192.168.10.110:9092")
topic = client.topics['tpic']
consumer = topic.get_simple_consumer(
consumer_group=" tpic",
reset_offset_on_start=True
)
for message in consumer:
if message is not None:
print(message.offset, message.value)
```

运行结果如图 3-29 所示。

图 3-29　等待接收生产这消息

第二步：在 master 节点的终端中能启动一个生产者，开始发送信息，消费者会接收到生产者的消息，代码如下。

```
[root@master bin]# ./kafka-console-producer.sh --broker-list 192.168.10.110:9092 --topic
tpic
```

结果如图 3-30 和图 3-31 所示。

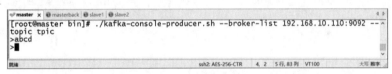

图 3-30　生产者

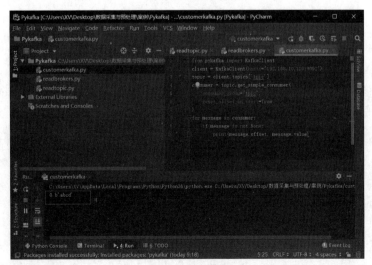

图 3-31　消费者

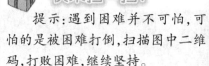

提示：遇到困难并不可怕，可怕的是被困难打倒，扫描图中二维码，打败困难，继续坚持。

通过以上的学习，可以了解 Kafka 的相关知识，为了巩固所学知识，通过以下几个步骤，使用 Flume 采集服务器日志数据并发送给 Kafka 进行消费，之后再使用 MapReduce 进行数据清洗。

第一步：启动项目二中安装的 httpd 服务器，并通过 Linux 的 IP 地址访问该页面，代码如下。

```
[root@master html]# service httpd start
```

效果如图 3-32 所示。

图 3-32　http 下静态页面

第二步：修改项目二中创建的 Flume 配置文件"access_log-HDFS.properties"中的 HDFS sinks，将其修改为 Kafka sinks 配置，代码如下所示。

```
[root@master conf]# vi access_log-HDFS.properties
a1.sources = s1
a1.sinks = k1
a1.channels = c1


# Describe/configure the source
a1.sources.s1.type=spooldir
a1.sources.s1.spoolDir=/usr/local/tmp/flumetokafka/logs
```

```
a1.sources.s1.channels=c1
a1.sources.s1.fileHeader = false
a1.sources.s1.interceptors = i1
a1.sources.s1.interceptors.i1.type = timestamp


#Kafka sink 配置
a1.sinks.k1.type = org.apache.flume.sink.kafka.KafkaSink
a1.sinks.k1.topic = cmcc
a1.sinks.k1.brokerList = master:9092
a1.sinks.k1.requiredAcks = 1


# Use a channel which buffers events in memory
a1.channels.c1.type = memory
a1.channels.c1.capacity = 1000
a1.channels.c1.transactionCapacity = 100


# Bind the source and sink to the channel
a1.sources.s1.channels = c1
a1.sinks.k1.channel = c1
[root@master flume]# bin/flume-ng agent --name a1 --conf conf  --conf-file conf/access_
log-HDFS.properties  -Dflume.root.logger=INFO,console
```

启动 Flume 效果如图 3-33 所示。

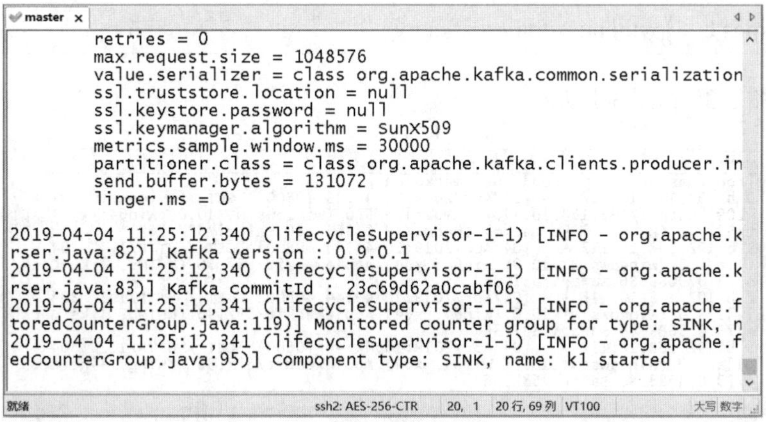

图 3-33　启动 Flume

第三步：再次打开一个新终端启动 Kafka 进程，代码如下。

```
[root@master ~]# cd /usr/local/kafka/bin/
[root@master bin]# ./kafka-server-start.sh -daemon /usr/local/kafka/config/server.proper-
ties
```

效果如图 3-34 所示。

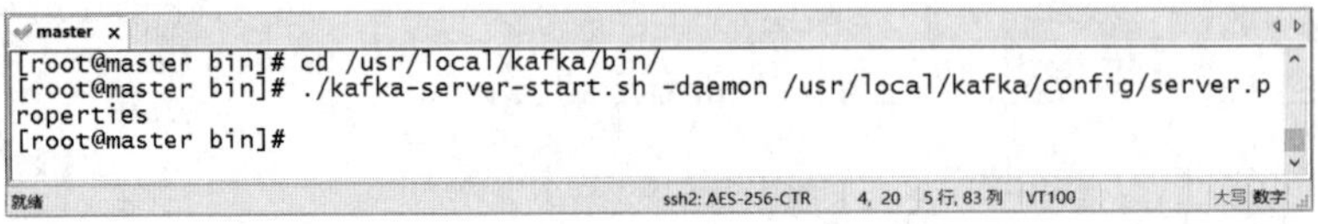

图 3-34 启动 Kafka 进程

第四步：创建一个名为"customerkafka"的 Pykafka 消费者代码接收 Flume 的数据，代码如下。

```
[root@master ~]#vi customerkafka.py
from pykafka import KafkaClient
client = KafkaClient(hosts="192.168.10.110:9092")
topic = client.topics['cmcc']
consumer = topic.get_simple_consumer(
    consumer_group="tpic",
    reset_offset_on_start=True
)
for message in consumer:
    if message is not None:
        print(message.offset, message.value)
[root@master ~]python customerkafka.py
```

效果如图 3-35 和图 3-1 所示。

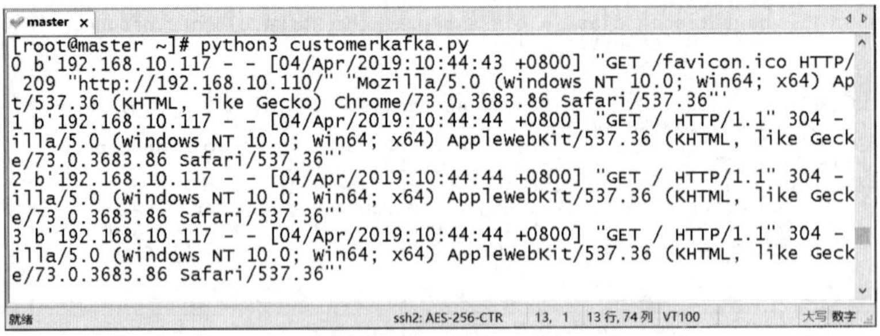

图 3-35　Kafka 接受 Flume 数据

本项目通过 Kafka 消费 Flume 采集 Apache 服务器日志数据的实现,使读者对 Kafka 接收数据知识有了初步了解,对 Kafka 的生产者消费者模型使用有所了解并掌握,并能够通过所学的 Kafka 知识实现 Apache 服务器日志数据的采集。

record	消息记录	broker	代理
producer	生产者	producer	制作人
consumer	消费者	forward	向前
partition	分区		

1. 选择题

(1)以下选项中用于消息发布的是(　　　)。

A. 生产者　　　　　　B. 消费者　　　　　　C. 主题　　　　　　D. 分区

(2)以下 server.properties 配置文件参数中代表 broker server 服务端口的为(　　　)。

A.broker.id　　　　　B.port　　　　　　C.log.dirs　　　　　　D.host.name

(3)下列 consumer.properties 配置文件选项中(　　　)代表 Consumer 的组 ID。

A.consumer.id　　　　　　　　　　B.socket.timeout.ms

C.group.id　　　　　　　　　　　　D.auto.commit.enable

(4)下列 Kafka 常用脚本中用于启动的 Kafka 服务的是(　　　)。

A.kafka-server-start.sh　　　　　　　　B.kafka-topics.sh

C.kafka-server-stop.sh　　　　　　　　D.kafka-verifiable-producer.sh

(5)下列选项中用于订阅消息的为(　　　)。

A.consumer　　　　　B. partition　　　　　C. record　　　　　D. follower

2. 简答题

(1)简述什么是生产者。

(2)描述什么是消息记录。

项目四　Scrapy 网页数据采集

通过使用 Scrapy 对网页数据的采集，了解 Scrapy 框架的相关概念，熟悉 Scrapy 项目的结构，掌握 Scrapy 框架的基本配置及使用，具备使用 Scrapy 框架实现网页数据采集的能力，在任务实现过程中做到以下几点：
- 了解 Scrapy 框架的相关知识；
- 熟悉 Scrapy 项目的组成；
- 掌握 Scrapy 框架配置及使用；
- 具备实现网页数据采集的能力。

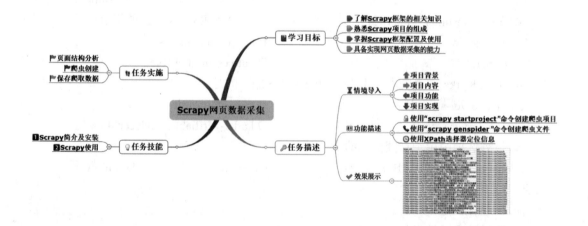

【情境导入】

目前,全球互联网用户数量已超过 40 亿,人们正在以前所未有的速度转向互联网,在互联网上进行频繁的操作,如浏览页面、添加评论等,用户的操作行为产生了大量的"用户数据",采集这些数据给我们带来了极大的困难。本项目通过对 Scrapy 框架相关知识的学习,最终实现网站页面内容的获取。

【功能描述】

- 使用"scrapy startproject"命令创建爬虫项目;
- 使用"scrapy genspider"命令创建爬虫文件;
- 使用 XPath 选择器定位信息。

【功能展示】

通过对本项目的学习,能够使用 Scrapy 框架的相关配置及编辑爬虫代码实现网页内容的抓取,并将信息保存到本地文件,效果如图 4-1 所示。

image_url	introduction	title	url
//img1.mukewang.com/529dc338000	HTML+CSS基础教程8小时带领	初识HTML+CSS	http://www.imooc.com/learn/9
//img1.mukewang.com/57035ff2000	本教程从Java环境搭建、工	Java入门第一季	http://www.imooc.com/learn/85
//img.mukewang.com/574669dc0001	C语言入门视频教程,带你进	C语言入门	http://www.imooc.com/learn/249
//img4.mukewang.com/53e1d047000	JavaScript做为一名Web工	JavaScript入门篇	http://www.imooc.com/learn/36
//img3.mukewang.com/540e5730000	学python入门视频教程,让	初识Python	http://www.imooc.com/learn/177
//img3.mukewang.com/53a28e96000	慕课网推出的PS入门教程,FPS入门教程——新手过	http://www.imooc.com/learn/139
//img1.mukewang.com/5c983dd108a	JDK11、12 新特性的介绍及	JDK11&12 新特性解读	http://www.imooc.com/learn/553
//img1.mukewang.com/5c98c090094	Grid二维网格布局系统,跟	Grid布局基础	http://www.imooc.com/learn/1111
//img3.mukewang.com/5c8a2163087	本课程介绍了如何通过PHP面	PHP开发APP接口	http://www.imooc.com/learn/1107
//img.mukewang.com/5c9ca57a08e9	Python开发上手Web框架的	三小时带你入门Django	http://www.imooc.com/learn/1110
//img3.mukewang.com/5c8f609008b	高仿网易云音乐,从零开始	慕课音乐(中)	http://www.imooc.com/learn/1109
//img3.mukewang.com/5c8b7771088	Spring Ioc和Spring Bean	Spring框架小白的蜕变	http://www.imooc.com/learn/1108
//img4.mukewang.com/5c8710e108a	学习前端开发工具VSCode的	VSCode入门	http://www.imooc.com/learn/1106
//img3.mukewang.com/5c80b987089	高仿网易云音乐,从零开始	慕课音乐(上)	http://www.imooc.com/learn/1104
//img.mukewang.com/5c7c876c08f3	Maya道具98k次世代模型制作	《MAYA-98k次时代建模	http://www.imooc.com/learn/1098
//img2.mukewang.com/5c77ae6409e	手把手带你实操动效案例	APP UI 动效入门案例	http://www.imooc.com/learn/1103
//img1.mukewang.com/5c760767084	技术要与时俱进,探秘MySQL	玩转MySQL8.0新特性	http://www.imooc.com/learn/1102
//img.mukewang.com/5c737d3d08d	通过对Hbase添加权限控制、	HBase高可用及多用户权	http://www.imooc.com/learn/294
//img3.mukewang.com/5c6b7cff08d	【毕业设计】春节抢红包业务	3小时极简春节抢红包之	http://www.imooc.com/learn/1101
//img2.mukewang.com/5c611772085	Maya特效之表皮脱落效果—	Maya特效之表皮脱落效	http://www.imooc.com/learn/1081
//img.mukewang.com/5c60f2e80984	一门课让你学懂软件测试之	学习软件测试的进阶之	http://www.imooc.com/learn/1097
//img1.mukewang.com/5c482149087	本次课程将带领大家掌握Anc	Android中的Http通信	http://www.imooc.com/learn/1094
//img.mukewang.com/5c4af7ee082	快速入门并实战分布式任务	2小时实战Apache顶级项	http://www.imooc.com/learn/1096
//img1.mukewang.com/5c3eaa0a08d	理论实践相结合学习使用	Irnode.js调试入门	http://www.imooc.com/learn/1093
//img4.mukewang.com/5c3dac78080	从宏观和微观两个角度,比较	Go语言框架:Beego vs	http://www.imooc.com/learn/602
//img.mukewang.com/5c242beb08e	深入浅出分析推导逻辑回归	逻辑回归原理与应用	http://www.imooc.com/learn/512
//img2.mukewang.com/5c32b1ca082	教你入门现代化完美体验的	PWA入门	http://www.imooc.com/learn/1092
//img3.mukewang.com/5c10a931000	Maya特效之表皮脱落效果—	Maya特效之表皮脱落效	http://www.imooc.com/learn/1080

图 4-1　效果图

课程思政

技能点一　Scrapy 简介及安装

1.Scrapy 简介

Scrapy 是一个为了实现网站数据爬取,结构性数据提取而设计的 Python 应用框架,其最初是为页面抓取所设计的,也可以应用在数据挖掘、信息处理或历史数据存储等一系列操作中。另外,Scrapy 使用了 Twisted 异步网络库来处理网络通信,架构清晰,模块之间的耦合程度低,可扩展性强,在使用时只需定制开发几个模块即可轻松构建一个爬虫,整体架构如图 4-2 所示。

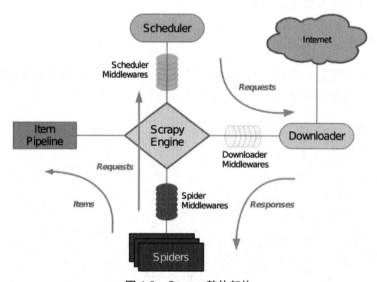

图 4-2　Scrapy 整体架构

通过图 4-2 可知,Scrapy 框架主要包括以下几个部分。

(1)引擎(Scrapy Engine)

引擎主要用来处理整个系统的数据流、触发事务,负责爬虫(Spider)、管道(ItemPipe-line)、下载器(Downloader)、调度器(Scheduler)之间的通信信号、数据传递等。

(2)调度器(Scheduler)

调度器可以用来接收引擎发送过来的 Request 请求,之后将其加入整理排序后的等待队列中,并在引擎需要时,再将其返回给引擎。

(3)下载器(Downloader)

下载器主要负责下载引擎发送的所有 Requests 请求,并将其获取到的 Responses 交还给引擎,由引擎交给 Spider 来处理。简单来说,就是下载网页内容,并将网页内容返回给爬虫。

（4）爬虫（Spider）

爬虫是主要工作者,用于从特定的网页中提取自己需要的信息,即所谓的实体（Item）。用户也可以从中提取链接,让 Scrapy 继续抓取下一个页面。爬虫可以负责处理所有 Responses,并从中分析、提取数据,获取 Item 字段需要的数据,之后将需要跟进的 URL 提交给引擎,再次进入调度器。

（5）管道（Item Pipeline）

管道负责处理爬虫从网页中抽取的实体,主要功能是持久化实体、验证实体的有效性、清除不需要的信息。当页面被爬虫解析后,将被发送到项目管道,并经过几个特定的次序处理数据,其是进行后期处理（详细分析、过滤、存储等）的地方。

（6）下载中间件（Downloader Middlewares）

下载中间件是位于 Scrapy 引擎和下载器之间的框架,主要处理 Scrapy 引擎与下载器之间的请求及响应,被当作一个可以自定义扩展下载功能的组件。

（7）Spider 中间件（Spider Middlewares）

Spider 中间件是介于 Scrapy 引擎和爬虫之间的框架,主要工作是处理爬虫的响应输入和请求输出。

（8）调度中间件（Scheduler Middewares）

调度中间件介于 Scrapy 引擎和调度器之间,用于处理从 Scrapy 引擎发送到调度器的请求和响应。

2.Scrapy 数据流程

通过上面的介绍可知,Scrapy 框架中的数据流主要是由引擎来控制的,但想要完成完整的数据采集过程还需要其他几个部分的相互配合。Scrapy 数据流程如下所示。

第一步:引擎向爬虫请求需要爬取的 URL 路径。

第二步:爬虫将爬取的 URL 提交给引擎。

第三步:引擎通知调度器,有 Requests 请求需要帮忙排序进入队列。

第四步:调度器处理 Requests 请求。

第五步:引擎请求调度器处理好 Requests 请求。

第六步:调度器返回处理好的 Requests 请求给引擎。

第七步:引擎通过下载中间件将 URL 转发给下载器。

第八步:下载器完成 URL 下载后,通过下载中间件将生成页面的 Response 发送给引擎。

第九步:引擎接收 Response,并通过调度中间件将其发送给爬虫处理。

第十步:爬虫处理 Response,返回 Item 和新的 Requests 请求给引擎。

第十一步:引擎将 Item 交给管道进行处理,新的 Requests 请求交给调度器处理。

第十二步:重复第二步到第十一步,直到调度器中不存在 Requests 请求时,程序停止,爬取结束。

通过上面十二个步骤了解了数据的流程,但在数据爬取的实际制作过程中,使用 Scrapy 框架进行数据爬取非常简单,只需要四步即可实现一个 Scrapy 爬虫,步骤如下所示。

第一步:新建项目。

第二步:明确目标,也就是需要明确想要抓取的目标,即数据。

第三步:制作爬虫,编写爬虫代码及进行项目的相关配置,之后就可以爬取网页了。

第四步:存储数据,通过管道的设置实现爬取内容的保存。

提示:Scrapy 框架能够让爬虫更强大、更高效,那么它与 Requests 哪个更有优势呢? 扫描图中二维码,获取更多的知识。

3.Scrapy 安装

尽管 Scrapy 是 Python 的一个框架,但其安装方式与 Python 库、模块的安装方式并没有什么不同,同样可以使用 pip 安装、wheel 安装和源码安装等方式,但 Scrapy 的安装相对而言比较烦琐,需要事先安装 lxml、pyOpenSSL、Twisted、PyWin32 等相关的依赖库,才可以成功安装 Scrapy 框架。Scrapy 框架的安装步骤如下。

第一步:安装 lxml 解析库,在命令窗口输入"pip install lxml"命令即可进行下载安装,如图 4-3 所示。

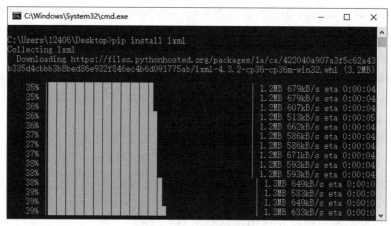

图 4-3　lxml 解析库安装

第二步:安装 pyOpenSSL,在命令窗口输入"pip install pyOpenSSL",效果如图 4-4所示。

第三步:安装 Twisted,在命令窗口输入"pip install Twisted"进行下载安装,但 Twisted 与高版本的 Python 存在兼容性问题,因此通过地址:https://www.lfd.uci.edu/~gohlke/pythonl-ibs/ 找到与 Python 版本兼容的 Twisted 非官方 Windows 二进制文件,并在命令窗口输入"pip install+ 二进制文件名称"进行下载安装,效果如图 4-5 和图 4-6 所示。

第四步:安装 PyWin32,在命令窗口输入"pip install PyWin32",效果如图 4-7 所示。

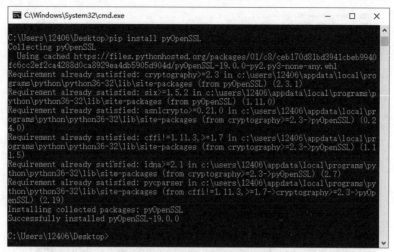

图 4-4　pyOpenSSL 模块安装

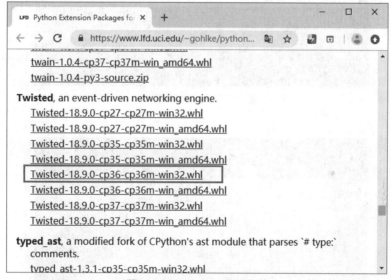

图 4-5　Twisted 二进制文件

第五步：现在 Scrapy 的依赖库已经安装完成，之后就可以进行 Scrapy 的安装了，在命令窗口输入"pip install Scrapy"即可，效果如图 4-8 所示。

第六步：使用 Scrapy 项目的创建命令进行 Scrapy 项目的创建，当创建成功时，说明 Scrapy 框架安装成功，效果如图 4-9 和图 4-10 所示。

4.Scrapy 项目结构

每种语言的项目都有其特定的项目结构，与大多数框架一样，Scrapy 同样有着自己的结构，并且结构较为简单，可以分为三个部分，即项目的整体配置文件、项目设置文件、爬虫代码编写文件，Scrapy 的项目结构如图 4-11 所示。

其中，Scrapy 项目中各个文件的作用如表 4-1 所示。

图 4-6 Twisted 安装

图 4-7 PyWin32 安装

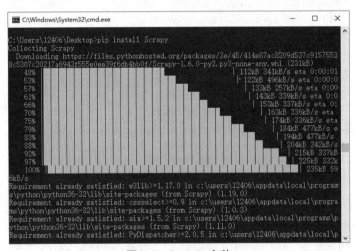

图 4-8 Scrapy 安装

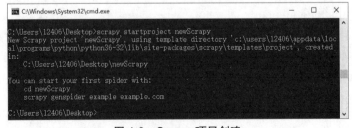

图 4-9 Scrapy 项目创建

图 4-10　项目创建成功效果

图 4-11　Scrapy 项目结构

表 4-1　Scrapy 项目中主要文件的作用

文件	作用
newSpider/	项目的 Python 模块将会从这里引用代码
newSpider/items.py	项目的目标文件
newSpider/middlewares.py	定义项目的 Spider Middlewares 和 Downloader Middlewares
newSpider/pipelines.py	项目的管道文件
newSpider/settings.py	项目的设置文件
newSpider/spiders/	存储爬虫代码目录
scrapy.cfg	项目的配置文件

技能点二　Scrapy 使用

对 Scrapy 框架有了一定了解后就可以学习 Scrapy 的一些基本操作了,下面将按照爬虫项目的制作过程进行 Scrapy 框架使用的相关知识讲解。

1. 操作命令

在进行数据爬取时的一些操作并不能通过内部文件的代码编写或配置实现,还需要依靠外部的一些命令才能实现,如项目的创建、运行等操作,Scrapy 框架中包含的操作命令可以分为两种,一种是全局命令,不论是否在 Scrapy 项目中都可以使用,全局命令如表 4-2 所示。

表 4-2　全局命令

命令	描述
-h	查看可用命令的列表
fetch	使用 Scrapy Downloader 提取的 URL
runspider	未创建项目的情况下,运行一个编写好的 Spider 模块
settings	规定项目的设定值
shell	给定 URL 的一个交互式模块
startproject	用于创建项目
version	显示 Scrapy 版本
view	使用 Scrapy Downloader 提取 URL 并显示浏览器中的内容
genspider	使用内置模板在 spiders 文件下创建一个爬虫文件
bench	测试 Scrapy 在硬件上运行的效率

另一种是项目命令,主要使用在项目中,在项目外使用则无效,项目命令如表 4-3 所示。

表 4-3　项目命令

命令	描述
crawl	用来使用爬虫抓取数据,运行项目
check	检查项目并由 crawl 命令返回
List	显示本项目中可用爬虫(Spider)的列表
edit	可以通过编辑器编辑爬虫
parse	通过爬虫分析给定的 URL

使用以上命令实现 Scrapy 版本信息的查看、项目中可用的爬虫文件的查询,效果如图 4-12 所示。

图 4-12　Scrapy 项目命令使用

其中,"scrapy startproject""scrapy genspider""scrapy crawl"三个命令是 Scrapy 项目中最常用的,"scrapy startproject"命令是一个创建命令,主要用于实现 Scrapy 项目的创建,在命令后面加入项目的名称即可创建项目,"scrapy startproject"命令使用创建项目的效果如图 4-9 所示,这里不再赘述。

"scrapy genspider"命令主要用于爬虫文件的创建。其包含了多个参数用于可用模板的查看、指定创建模板等,在创建模板时,不指定参数会默认使用 basic 模版,"scrapy genspider"命令包含的部分参数如表 4-4 所示。

表 4-4　"scrapy genspider"命令包含的部分参数

参数	描述
-l	列出所有可用模版
-d	展示模板的内容
-t	指定模版创建

使用"scrapy genspider"命令创建模板的效果如图 4-13 和图 4-14 所示。

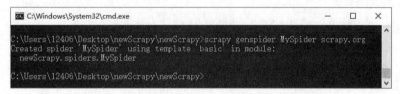

图 4-13　使用"scrapy genspider"命令创建模板

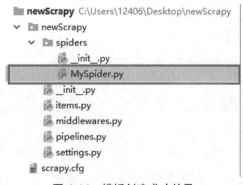

图 4-14　模板创建成功效果

"scrapy crawl"命令主要用于实现 Scrapy 项目的运行,在命令后面加入爬虫文件名称即可运行 Scrapy 项目,效果如图 4-15 所示。

2. 自定义字段

项目创建成功后,就可以进行对抓取页面的分析了,并确定需要抓取哪些信息,如对于招聘网站来说可以抓取职位名称、薪资、工作地点等信息。明确目标是通过项目的 items.py 文件实现的,在 items.py 文件中可以创建一个包含 scrapy.Item 参数的类并使用"scrapy.Field()"即可定义结构化数据字段来实现抓取数据的保存。Scrapy 框架中 items.py 文件代码格式如下。

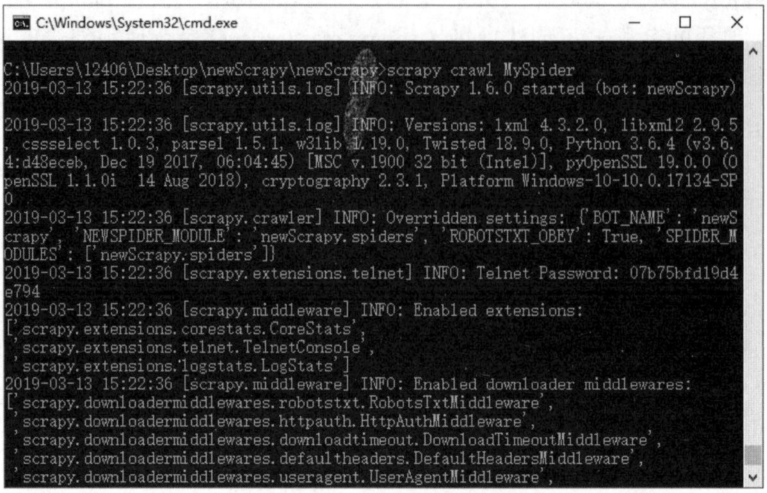

图 4-15 Scrapy 项目运行

```
# -*- coding: utf-8 -*-
# Define here the models for your scraped items
#
# See documentation in:
# https://doc.scrapy.org/en/latest/topics/items.html
# 导入 scrapy 模块
import scrapy
# 定义包含 scrapy.Item 参数的类
class NewscrapyItem(scrapy.Item):
    # define the fields for your item here like:
    # 自定义字段
    name = scrapy.Field()
    # 通过提示
    pass
```

除了以上使用的自定义字段方式外,在 Scrapy 框架中还可以使用另一种方法,代码格式与上面的基本相同,但更为精简,格式如下。

```
# -*- coding: utf-8 -*-
# 导入 scrapy 模块
import scrapy
# 导入 scrapy 的 Item 参数和 Field 方法
from scrapy import Item,Field
```

```
# 定义包含 scrapy.Item 参数的类
class NewscrapyItem(Item):
    # 自定义字段
    name=Field();
```

3. 爬虫设置

爬虫设置主要是通过项目的 settings.py 配置文件完成的,通过 Scrapy 框架提供的多个参数及参数值的定义即可进行所有 Scrapy 组件行为设置,包括核心、扩展、管道、爬虫本身等,Scrapy 框架中常用的设置参数如表 4-5 所示。

表 4-5　Scrapy 框架中常用的设置参数

参数	描述
BOT_NAME	Scrapy 项目的名称
SPIDER_MODULES	Scrapy 搜索 Spider 的模块列表,格式为 [xxx.spiders]
NEWSPIDER_MODULE	使用 genspider 命令创建新 Spider 的模块 , 格式为' xxx.spiders'
USER_AGENT	爬取的默认 User-Agent
ROBOTSTXT_OBEY	是否采用 robots.txt 策略 , 值为 True/False
CONCURRENT_REQUESTS	并发请求的最大值,默认为 16
DOWNLOAD_DELAY	从同一网站下载连续页面之前应等待的时间,默认值为 0,单位秒
CONCURRENT_REQUESTS_PER_DOMAIN	对单个网站进行并发请求的最大值
CONCURRENT_REQUESTS_PER_IP	对单个 IP 进行并发请求的最大值
COOKIES_ENABLED	是否禁用 Cookie,默认启用,值为 True/False
TELNETCONSOLE_ENABLED	是否禁用 Telnet 控制台,默认启用,值为 True/False
DEFAULT_REQUEST_HEADERS	定义并覆盖默认请求头
SPIDER_MIDDLEWARES	启用或禁用爬虫中间件
DOWNLOADER_MIDDLEWARES	启用或禁用下载器中间件
EXTENSIONS	启用或禁用扩展程序
ITEM_PIPELINES	配置项目管道
AUTOTHROTTLE_ENABLED	启用和配置 AutoThrottle 扩展,默认禁用,值为 True/False
AUTOTHROTTLE_START_DELAY	开始下载时限速并延迟时间,单位秒
AUTOTHROTTLE_MAX_DELAY	在高延迟的情况下设置的最大下载延迟时间,单位秒
AUTOTHROTTLE_DEBUG	是否显示所收到的每个响应的调节统计信息,值为 True/False
HTTPCACHE_ENABLED	是否启用 HTTP 缓存,值为 True/False

参数	描述
HTTPCACHE_EXPIRATION_SECS	缓存请求的到期时间,单位秒
HTTPCACHE_DIR	用于存储 HTTP 缓存的目录
HTTPCACHE_IGNORE_HTTP_CODES	是否使用 HTTP 代码缓存响应
HTTPCACHE_STORAGE	实现缓存存储后端的类

settings.py 文件中使用以上参数实现项目的设置,代码如下所示。

```
# -*- coding: utf-8 -*-

# Scrapy settings for demo1 project
#
# For simplicity, this file contains only settings considered important or
# commonly used. You can find more settings consulting the documentation:
#
#     http://doc.scrapy.org/en/latest/topics/settings.html
#     http://scrapy.readthedocs.org/en/latest/topics/downloader-middleware.html
#     http://scrapy.readthedocs.org/en/latest/topics/spider-middleware.html

#Scrapy 项目名称
BOT_NAME = 'newScrapy'

#Scrapy 搜索 spider 的模块列表
SPIDER_MODULES = ['newScrapy.spiders']

# 使用 genspider 命令创建新 spider 的模块
NEWSPIDER_MODULE = 'newScrapy.spiders'

# 爬取的默认 User-Agent
USER_AGENT = 'newScrapy (+http://www.yourdomain.com)'

#Scrapy 采用 robots.txt 策略
ROBOTSTXT_OBEY = True

#Scrapy Downloader 并发请求 (concurrent requests) 的最大值
CONCURRENT_REQUESTS = 32
```

```
# 为同一网站的请求配置延迟
#DOWNLOAD_DELAY = 3

# 设置对单个网站进行并发请求的最大值
CONCURRENT_REQUESTS_PER_DOMAIN = 16

# 设置对单个 IP 进行并发请求的最大值
CONCURRENT_REQUESTS_PER_IP = 16

# 禁用 Cookie
COOKIES_ENABLED = False

# 禁用 Telnet 控制台
TELNETCONSOLE_ENABLED = False

# 覆盖默认请求标头:
DEFAULT_REQUEST_HEADERS = {
  'Accept': 'text/html,application/xhtml+xml,application/xml;q=0.9,*/*;q=0.8',
  'Accept-Language': 'en',
}

# 启用或禁用爬虫中间件
SPIDER_MIDDLEWARES = {
   'demo1.middlewares.NewscrapySpiderMiddleware': 543,
}

# 启用或禁用下载器中间件
DOWNLOADER_MIDDLEWARES = {
   'demo1.middlewares.NewscrapyDownloaderMiddleware': 543,
}

# 启用或禁用扩展程序
EXTENSIONS = {
   'scrapy.extensions.telnet.TelnetConsole': None,
}

# 配置项目管道
ITEM_PIPELINES = {
```

```
    'demo1.pipelines.NewscrapyPipeline': 300,
}

# 启用和配置 AutoThrottle 扩展
AUTOTHROTTLE_ENABLED = True

# 初始下载延迟
AUTOTHROTTLE_START_DELAY = 5

# 在高延迟的情况下设置的最大下载延迟
AUTOTHROTTLE_MAX_DELAY = 60


#Scrapy 请求的平均数量应该并行发送每个远程服务器
AUTOTHROTTLE_TARGET_CONCURRENCY = 1.0

# 启用显示所收到的每个响应的调节统计信息
AUTOTHROTTLE_DEBUG = False


# 启用和配置 HTTP 缓存
# 启用 HTTP 缓存
HTTPCACHE_ENABLED = True
# 定义 HTTP 缓存请求到期时间
HTTPCACHE_EXPIRATION_SECS = 0
# 配置 HTTP 缓存目录
HTTPCACHE_DIR = 'httpcache'
# 使用 HTTP 代码缓存响应
HTTPCACHE_IGNORE_HTTP_CODES = []
# 定义缓存存储的后端类
HTTPCACHE_STORAGE = 'scrapy.extensions.httpcache.FilesystemCacheStorage'
```

4. 爬虫代码编辑

在项目配置完成并且爬取内容定义完成后,即可进行爬取代码的编写。可以通过编辑 spiders 文件夹下的爬虫文件实现,这个爬虫文件在项目创建时并不存在,能够通过手动进行创建,或者通过上面介绍的"scrapy genspider"命令使用模板创建。在爬虫文件中,存在一个类,在这个类中定义了爬取网站的相关操作,包含了爬取路径、如何从网页中提取数据,这些爬虫的操作都是通过多个通用的 spider 参数实现的,爬虫文件中包含的通用 spider 参数如表 4-6 所示。

表 4-6　通用 spider 参数

参数	描述
scrapy.Spider	通用 spider
CrawlSpider	爬取一般网站
XMLFeedSpider	通过迭代节点分析 XML 内容
CSVFeedSpider	与 XMLFeedSpider 类似,但其按行遍历内容
SitemapSpider	通过 Sitemaps 来发现、获取爬取的 URL

（1）scrapy.Spider

scrapy.Spider 是最简单的 spider,在进行爬取网页时,并不存在特殊功能,只需给定 start_urls 即可获取请求结果,并通过返回结果调用 parse(self, response) 方法,在 scrapy.Spider 中,除了包含上面的几个类属性和可重写方法外,还包含一些别的类属性和可重写方法,scrapy.Spider 包含的部分类属性和可重写方法如表 4-7 所示。

表 4-7　scrapy.Spider 包含的部分类属性和可重写方法

类属性、可重写方法	描述
name	spider 名称
allowed_domains	允许爬取的域名列表
start_urls	可以抓取的 URL 列表
start_requests(self)	打开网页并抓取内容,必须返回一个可迭代对象
parse(self, response)	用来处理网页返回的 Response,以及生成 Item 或者 Request 对象
log(self, message[, level, component])	使用 scrapy.log.msg() 方法记录（log）message

使用 scrapy.Spider 爬取页面,效果如图 4-16 所示。

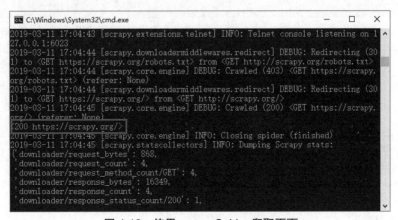

图 4-16　使用 scrapy.Spider 爬取页面

为实现图 4-16 的效果,代码 CORE0401 如下所示。

代码 CORE0401:MySpider.py
| ```
# 导入 scrapy 模块
import scrapy
# 定义包含 scrapy.Spider 参数的类
class MyspiderSpider(scrapy.Spider):
    # 定义 spider 名称
    name = 'MySpider'
    # 定义允许爬取的域名
    allowed_domains = ['scrapy.org']
    # 定义爬取地址
    start_urls = ['http://scrapy.org/']
    #parse 调用 parse() 网页处理方法
    def parse(self, response):
        # 打印返回结果
        print(response)
        pass
``` |

（2）CrawlSpider

CrawlSpider 是爬取网站常用的一个 spider,它在爬取网页时定义了多个规则支持 link 的跟进。在使用 CrawlSpider 时,可能会出现不符合特定网站的状况,但 CrawlSpider 还是可以支持大多数情况的,因此,可以通过少量的更改,使其可以在任意情况下使用。CrawlSpider 除了包含与 scrapy.Spider 相同的类属性和可重写方法外,还包含了一些别的类属性和可重写方法,如表 4-8 所示。

表 4-8　CrawlSpider 包含的部分类属性和可重写方法

类属性、可重写方法	描述
rules	一个包含一个 (或多个) Rule 对象的集合 (List)。 每个 Rule 对爬取网站的动作定义了特定表现。 Rule 对象在下边会介绍。 如果多个 Rule 匹配了相同的链接,则根据它们在本属性中被定义的顺序,第一个会被使用
parse_start_url(response)	当 start_url 的请求返回时,该方法被调用。 该方法分析最初的返回值并必须返回一个 Item 对象或者 一个 Request 对象或者 一个可迭代的包含二者的对象
Rule(link_extractor, call-back=None, cb_kwargs=-None, follow=None, pro-cess_links=None, process_request=None)	定义爬取规则
```

其中，Rule 可重写方法包含的各个参数如表 4-9 所示。

表 4-9　Rule 可重写方法包含的各个参数

参数	描述
link_extractor	指定爬虫如何跟随链接和提取数据
callback	指定调用函数，在每一页提取之后被调用
cb_kwargs	包含传递给回调函数的参数的字典
follow	指定是否继续跟踪链接，值为 True/False
process_links	回调函数，从 link_extractor 中获取链接列表时将会调用该函数，主要用来过滤。
process_request	回调函数，提取到每个 Request 时都会调用该函数，并且必须返回一个 Request 或者 None，可以用来过滤 Request

为了与以上的爬虫文件区分，这里使用"scrapy genspider"命令重新创建一个爬虫文件，并通过 CrawlSpider 进行页面爬取，效果如图 4-17 所示。

图 4-17　通过 CrawlSpider 进行页面爬取

为实现图 4-17 效果，代码 CORE0402 如下所示。

代码 CORE0402：MyCrawlSpider.py

```python
import scrapy
# 从 scrapy.spiders 中导入 CrawlSpider 和 Rule
from scrapy.spiders import CrawlSpider, Rule
# 从 scrapy.linkextractors 中导入 LinkExtractor
from scrapy.linkextractors import LinkExtractor
```

```
# 定义包含 CrawlSpider 参数的类
class MycrawlspiderSpider(CrawlSpider):
  # 定义 spider 名称
  name = 'MyCrawlSpider'
  # 定义允许爬取的域名
  allowed_domains = ['scrapy.org']
  # 定义爬取地址
  start_urls = ['http://scrapy.org/']
  rules = (
    # 提取匹配 'category.php' ( 但不匹配 'subsection.php') 的链接并跟进链接 ( 没有
    # callback 意味着 follow 默认为 True)
    Rule(LinkExtractor(allow=('category\.php',), deny=('subsection\.php',))),

    # 提取匹配所有情况的链接并使用 spider 的 parse_item 方法进行分析
    Rule(LinkExtractor(allow=('',)), callback='parse_item'),
  )
  # 定义调用方法
  def parse_item(self, response):
    # 打印返回结果
    print(response)
```

（3）XMLFeedSpider

在进行数据爬取时，经常会需要处理 RSS 订阅信息，RSS 是一种基于 XML 标准的信息聚合技术，能够更高效、便捷地实现信息的发布、共享。使用以上方式进行信息的获取是非常困难的，Scrapy 框架针对这一问题提供了 XMLFeedSpider 方式，其主要通过迭代器进行各个节点的迭代进而实现 XML 源的分析。XMLFeedSpider 与 CrawlSpider 情况基本相同，都包含与 scrapy.Spider 相同的类属性和可重写方法，并且还包含其他的类属性和可重写方法，如表 4-10 所示。

表 4-10　XMLFeedSpider 部分类属性和可重写方法

类属性、可重写方法	描述
iterator	选择使用的迭代器，值为 iternodes、HTML、XML。默认为 iternodes
itertag	定义迭代时进行匹配的节点名称
adapt_response(response)	接收响应，并在开始解析之前从爬虫中间件修改响应体
parse_node(response,selector)	回调函数，当节点匹配提供标签名时被调用
process_results(response,results)	回调函数，当爬虫返回结果时被调用

同样，为了与以上的爬虫文件区分，可以使用"scrapy genspider"命令创建一个新的爬虫

文件,并通过 XMLFeedSpider 进行页面爬取,效果如图 4-18 所示。

图 4-18 通过 XMLFeedSpider 进行页面爬取

为实现图 4-18 效果,代码 CORE0403 如下所示。

代码 CORE0403:MyXMLFeedSpider.py

```python
# 导入 scrapy 模块
import scrapy
# 从 scrapy.spiders 中导入 XMLFeedSpider
from scrapy.spiders import XMLFeedSpider
# 定义包含 XMLFeedSpider 参数的类
class MyxmlfeedspiderSpider(XMLFeedSpider):
    # 定义 spider 名称
    name = 'MyXMLFeedSpider'
    # 定义允许爬取的域名
    allowed_domains = ['sina.com.cn']
    # 定义爬取地址
    start_urls = ['http://blog.sina.com.cn/rss/1246151574.xml']
    # 选择迭代器
    iterator = 'iternodes'
    # 定义迭代时进行匹配的节点名称
    itertag = 'rss'
    # 回调函数,当节点匹配提供标签名时被调用
    def parse_node(self, response, node):
        # 打印返回结果
        print(response)
```

（4）CSVFeedSpider

CSVFeedSpider 与 CrawlSpider 和 XMLFeedSpider 的功能基本相同,同样是实现数据爬取的一种方式,但不同的是,前面讲解过的这两种方式中一种是用于通用爬虫的,能够适应各种情况;另一种则主要应用于 XML 文件内容的获取。另外, CSVFeedSpider 与 XML-FeedSpider 都是通过迭代的方式进行内容的变量,只不过 XMLFeedSpider 是按节点进行迭代,而 CSVFeedSpider 则是按行迭代并且不需要使用迭代器,其主要应用于 CSV 格式内容的爬虫。CSVFeedSpider 同样是继承 scrapy.Spider 而来的,因此公共部分的类属性和可重写方法此处不再赘述,特有的常用类属性和可重写方法如表 4-11 所示。

表 4-11　CSVFeedSpider 特有的常用类属性和可重写方法

类属性、可重写方法	描述
delimiter	定义区分字段的分隔符
headers	从文件中可以提取字段语句的列表
parse_row(response,row)	回调函数,当爬虫返回结果时被调用,可以接收一个 Response 对象及一个以提供或检测出来的 header 为键的字典

使用"scrapy genspider"命令创建一个新的爬虫文件,并通过 CSVFeedSpider 进行页面爬取,效果如图 4-19 所示。

图 4-19　通过 CSVFeedSpider 进行页面爬取

为实现图 4-19 效果,代码 CORE0404 如下所示。

代码 CORE0404：MyCSVFeedSpider.py

```
# 导入 scrapy 模块
import scrapy
# 从 scrapy.spiders 中导入 CSVFeedSpider
from scrapy.spiders import CSVFeedSpider
```

```
# 定义包含 CSVFeedSpider 参数的类
class MycsvfeedspiderSpider(CSVFeedSpider):
    # 定义 spider 名称
    name = 'MyCSVFeedSpider'
    # 定义允许爬取的域名
    allowed_domains = ['iqianyue.com']
    # 定义爬取地址
    start_urls = ['http://yum.iqianyue.com/weisuenbook/pyspd/part12/mydata.csv']
    # 定义字段分隔符
    delimiter = ','
    # 定义提取字段的行的列表
    headers = ['name','sex','addr','email']
    # 回调函数,可以接收一个 Response 对象及一个以提供或检测出来的 header 为键
    # 的字典
    def parse_row(self, response, row):
        # 打印返回的 response 对象
        print(response)
        # 打印返回的以提供或检测出来的 header 为键的字典
        print(row)
```

（5）SitemapSpider

SitemapSpider 与 XMLFeedSpider 都能够实现对 XML 页面中链接地址的爬取,不同的 SitemapSpider 会通过 Sitemaps 爬取页面中包含的全部链接地址,通过使用 SitemapSpider 还可以从 robots.txt 中实现 Sitemap 的链接地址的获取, SitemapSpider 与以上几种的情况大致相同,相同的类属性和可重写方法不再赘述,特有的部分类属性和可重写方法如表 4-12 所示。

表 4-12 SitemapSpider 中特有的部分类属性和可重写方法

类属性、可重写方法	描述
sitemap_urls	爬取网站的 Sitemap 的 URL 列表
sitemap_rules	定义 URL 路径的过滤条件
sitemap_follow	网站内链接地址的正则表达式跟踪列表
sitemap_alternate_links	指定是否跟进一个 URL 可选的链接

使用"scrapy genspider"命令创建一个新的爬虫文件,并通过 SitemapSpider 进行页面爬取,效果如图 4-20 所示。

图 4-20　通过 SitemapSpider 进行页面爬取

为实现图 4-20 效果，代码 CORE0405 如下所示。

代码 CORE0405：MySitemapSpider.py

```
# 导入 scrapy 模块
import scrapy
# 从 scrapy.spiders 中导入 SitemapSpider
from scrapy.spiders import SitemapSpider
# 定义包含 SitemapSpider 参数的类
class MysitemapspiderSpider(SitemapSpider):
    # 定义 spider 名称
    name = 'MySitemapSpider'
    # 定义爬取的 sitemap 的 url 列表
    sitemap_urls = ['https://imququ.com/sitemap.xml']
    # 调用 parse() 网页处理方法
    def parse(self, response):
        # 打印返回结果
        print(response)
```

5. 选择器

通过对爬虫文件的编写，在运行项目进行爬取之后，会返回一个 Response 对象，这个对象中包含了完整的 HTML 页面信息，之后再根据需求从这个 HTML 源码中提取有用的数据。在 Scrapy 框架中，包含了一套自有的数据提取机制，即选择器，其能够通过特定的 XPath 或 CSS 表达式实现 HTML 中某个部分的选择。在使用选择器之前，需要导入 Selector 进行 Response 对象解析，目前，Scrapy 框架中包含了两种选择器，分别为 XPath 选择器、CSS 选择器。

（1）XPath 选择器

XPath 的全称是"XML Path Language"，即 XML 路径语言，它是一种用来在 XML、HTML 等结构化文件中定位信息的语言，主要通过路径表达式来实现 XML、HTML 文档中的节点或节点集的选取，XPath 路径表达式中包含的符号和方法如表 4-13 所示。

表 4-13 XPath 路径表达式中包含的符号和方法

符号和方法	意义
nodeName	选取此节点的所有节点
/	从根节点选取
//	从匹配选择的当前节点选择文档中的节点,不考虑它们的位置
.	选择当前节点
..	选取当前节点的父节点
@	选取属性
*	匹配任何元素节点
@*	匹配任何属性节点
Node()	匹配任何类型的节点
text()	获取文本信息

对表 4-13 中的符号和方法进行组合，列举出部分路径表达式及意义如表 4-14 所示。

表 4-14 部分路径表达式及意义

表达式	意义
artical	选取所有 artical 元素的子节点
/artical	选取根元素 artical
./artical	选取当前元素下的 artical
../artical	选取父元素下的 artical
artical/a	选取所有属于 artical 的子元素 a 元素
//div	选取所有 div 子元素,无论 div 在任何地方
artical//div	选取所有属于 artical 的 div 元素,无论 div 元素在 artical 的任何位置
//@class	选取所有名为 class 的属性
a/@href	选取 a 标签的 href 属性
a/text()	选取 a 标签下的文本
string(.)	解析出当前节点下所有文字
string(..)	解析出父节点下所有文字
/artical/div[1]	选取所有属于 artical 子元素的第一个 div 元素
/artical/div[last()]	选取所有属于 artical 子元素的最后一个 div 元素
/artical/div[last()-1]	选取所有属于 artical 子元素的倒数第 2 个 div 元素
/artical/div[position()<3]	选取所有属于 artical 子元素的前 2 个 div 元素

续表

表达式	意义
//div[@class]	选取所有拥有属性 class 的 div 节点
//div[@class="main"]	选取所有 div 下 class 属性为 main 的 div 节点
//div[price>3.5]	选取所有 div 下元素值 price 大于 3.5 的节点

使用 XPath 选择器获取节点信息，效果如图 4-21 所示。

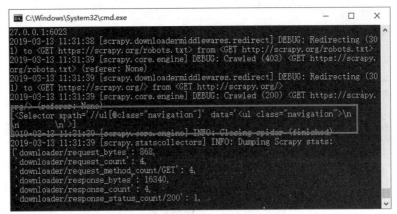

图 4-21　使用 XPath 选择器获取节点信息

为实现图 4-21 效果，代码 CORE0406 如下所示。

```python
# 导入 scrapy 模块
import scrapy
# 从 scrapy.selector 中导入 Selector
from scrapy.selector import Selector
# 定义包含 scrapy.Spider 参数的类
class MyspiderSelectorSpider(scrapy.Spider):
    # 定义 spider 名称
    name = 'MySpider_selector'
    # 定义允许爬取的域名
    allowed_domains = ['scrapy.org']
    # 定义爬取地址
    start_urls = ['http://scrapy.org/']
    # 调用 parse() 网页处理方法
    def parse(self, response):
        # 构造 Selector 实例
        sel=Selector(response)
        # 解析 HTML
```

```
content=sel.xpath('//ul[@class="navigation"]')
# 打印获取部分内容
print(content)
```

使用上面的方式进行数据的获取只能获取部分的全部内容,一般情况下,需要的内容都是存在于获取部分里面的,因此,Scrapy 提供了选择器的嵌套功能,通过从外到里的逐步操作实现信息的精准获取,效果如图 4-22 所示。

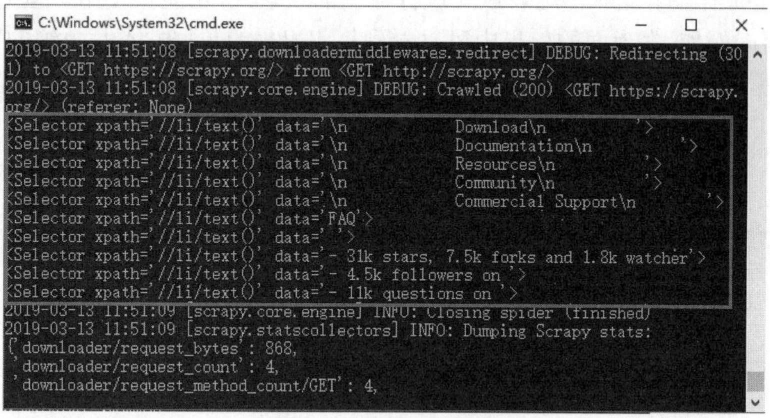

图 4-22　信息精准获取

为实现图 4-22 效果,修改 CORE0406 代码如下所示。

```
# 导入 scrapy 模块
import scrapy
# 从 scrapy.selector 中导入 Selector
from scrapy.selector import Selector
# 定义包含 scrapy.Spider 参数的类
class MyspiderSelectorSpider(scrapy.Spider):
    # 定义 spider 名称
    name = 'MySpider_selector'
    # 定义允许爬取的域名
    allowed_domains = ['scrapy.org']
    # 定义爬取地址
    start_urls = ['http://scrapy.org/']
    # 调用 parse() 网页处理方法
    def parse(self, response):
        # 构造 Selector 实例
        sel=Selector(response)
        # 解析 HTML, 返回全部符合内容的数据
        content=sel.xpath('//ul[@class="navigation"]')
```

```
        for text in content:
            # 继续解析需要的内容
            data = text.xpath('//li/text()')
            for info in data:
                # 打印数据
                print(info)
```

　　XPath 选择器除了能够使用表达式进行数据的获取外，还能够使用一些方法对获取的数据进行操作，例如，在上面的效果中可以看到打印出来的数据并不是单纯的字符串、字典等形式的数据，这时就可以使用相关的方法进行操作得到需要的数据，XPath 选择器中包含的部分操作方法如表 4-15 所示。

表 4-15　XPath 选择器中包含的部分操作方法

方法	描述
extract()	提取文本数据
extract_first()	提取的第一个元素

　　使用 extract() 方法提取文本数据，效果如图 4-23 所示。

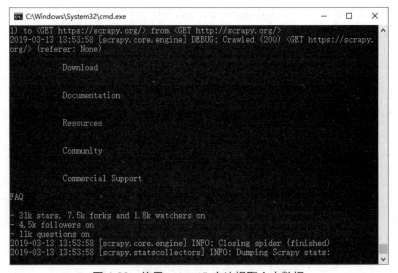

图 4-23　使用 extract() 方法提取文本数据

　　为实现图 4-23 效果，继续修改 CORE0406 代码如下所示。

```
# 导入 scrapy 模块
import scrapy
# 从 scrapy.selector 中导入 Selector
from scrapy.selector import Selector
```

```
# 定义包含 scrapy.Spider 参数的类
class MyspiderSelectorSpider(scrapy.Spider):
    # 定义 spider 名称
    name = 'MySpider_selector'
    # 定义允许爬取的域名
    allowed_domains = ['scrapy.org']
    # 定义爬取地址
    start_urls = ['http://scrapy.org/']
    # 调用 parse() 网页处理方法
    def parse(self, response):
        # 构造 Selector 实例
        sel=Selector(response)
        # 解析 HTML, 返回全部符合内容的数据
        content=sel.xpath('//ul[@class="navigation"]')
        for text in content:
            # 继续解析需要的内容
            data = text.xpath('//li/text()')
            for info in data:
                # 打印数据
                print(info.extract())
```

（2）CSS 选择器

CSS 选择器与 XPath 选择器不管是在用法方面还是在表达式定义方面都有着本质的区别，但都能支持 XPath 选择器中含有的操作方法。其中，XPath 选择器主要通过节点进行定位，CSS 选择器则是通过节点中包含的各种属性以及节点跟节点的关系进行信息的定位。CSS 选择器同样适用于各种结构化文档。常用 CSS 选择器表达式如表 4-16 所示。

表 4-16　常用 CSS 选择器表达式

表达式	意义
*	选择所有节点
#container	选择 id 为 container 的节点
.container	选择所有 class 包含 container 的节点
div,p	选择所有 div 元素和所有 p 元素
li a	选取所有 li 下所有 a 节点
ul + p	选取 ul 后面的第一个 p 元素
div#container > ul	选取 id 为 container 的 div 的第一个 ul 子元素
ul ~p	选取与 ul 相邻的所有 p 元素

续表

表达式	意义
a[title]	选取所有有 title 属性的 a 元素
a[href="http://baidu.com"]	选取所有 href 属性为 http://baidu.com 的 a 元素
a[href*="baidu"]	选取所有 href 属性值中包含 baidu 的 a 元素
a[href^="http"]	选取所有 href 属性值中以 http 开头的 a 元素
a[href$=".jpg"]	选取所有 href 属性值中以 .jpg 结尾的 a 元素
input[type=radio]:checked	选择选中的 radio 的元素
div:not(#container)	选取所有 id 为非 container 的 div 属性
li:nth-child(3)	选取第三个 li 元素
li:nth-child(2n)	选取第偶数个 li 元素
a::attr(href)	选取 a 标签的 href 属性
a::text	选取 a 标签下的文本

使用 CSS 选择器获取节点信息,效果如图 4-24 所示。

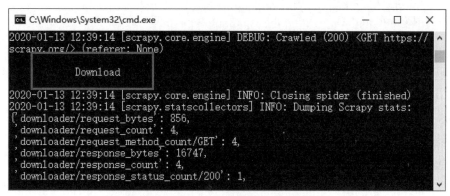

图 4-24　使用 CSS 选择器获取节点信息

为实现图 4-24 效果,代码 CORE0407 如下所示。

代码 CORE0407:MySpider_selector1.py

```
# 导入 scrapy 模块
import scrapy
# 从 scrapy.selector 中导入 Selector
from scrapy.selector import Selector
# 定义包含 scrapy.Spider 参数的类
class MyspiderSelector1Spider(scrapy.Spider):
    # 定义 spider 名称
    name = 'MySpider_selector1'
```

```
# 定义允许爬取的域名
allowed_domains = ['scrapy.org']
# 定义爬取地址
start_urls = ['http://scrapy.org/']
# 调用 parse() 网页处理方法
def parse(self, response):
    # 构造 Selector 实例
    sel=Selector(response)
    # 解析 HTML, 返回第一个符合内容的数据
    content=sel.css('a li::text').extract_first()
    # 打印数据
    print(content)
```

6. 数据保存

单纯的获取数据是没有任何作用的,还需要将获取的数据保存起来,为后期数据的可视化和分析提供支持。Scrapy 中数据的保存可以通过引入数据库的相关库实现,还可以通过项目的运行命令实现,只需在"scrapy crawl"命令后面使用"-o"参数指定导出的文件名称即可将数据保存到指定的文件中,包括 JSON、CSV、XML 等文件格式,还可以使用"-t"参数指定数据的导出类型。还需要注意的一点是,在"scrapy crawl"命令下保存的数据来自"items.py"文件中定义的各个字段,因此,需要在数据爬取成功后给定义的各个字段赋值,之后"scrapy crawl"命令才会进行数据的保存。数据保存效果如图 4-25 和图 4-26 所示。

图 4-25 运行项目

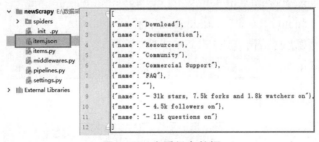

图 4-26 查看保存数据

为实现图 4-25 和图 4-26 效果，爬虫文件代码 CORE0408 如下所示。

代码 CORE0408：MySpider1.py

```python
# 导入 scrapy 模块
import scrapy
# 从 scrapy.selector 中导入 Selector
from scrapy.selector import Selector
# 从项目的 items.py 文件中导入 NewscrapyItem 类
from newScrapy.items import NewscrapyItem
# 定义包含 scrapy.Spider 参数的类
class Myspider1Spider(scrapy.Spider):
    # 定义 spider 名称
    name = 'MySpider1'
    # 定义允许爬取的域名
    allowed_domains = ['scrapy.org']
    # 定义爬取地址
    start_urls = ['http://scrapy.org/']
    # 调用 parse() 网页处理方法
    def parse(self, response):
        # 构造 Selector 实例
        sel=Selector(response)
        # 解析 HTML
        content=sel.xpath('//ul[@class="navigation"]')
        # 实例化 NewscrapyItem 类
        item=NewscrapyItem()
        for text in content:
            # 继续解析需要的内容
            data = text.xpath('//li/text()')
            for info in data:
                # 打印数据
                print(info.extract().strip())
                # 给 name 字段赋值
                item['name'] = info.extract().strip()
                # 迭代处理 item，返回一个生成器
                yield item
```

items.py 文件中代码如下。

```python
import scrapy
```

```
# 包含 scrapy.Item 参数的类
class NewscrapyItem(scrapy.Item):
    # 自定义字段
    name = scrapy.Field()
    pass
```

提示:在 Scrapy 框架中,除了以上的知识,还包含一个叫做管道的内容,扫描图中二维码来学习管道知识吧!

通过以上的学习,可以了解 Scrapy 框架的基本配置及爬虫定义,为了巩固所学知识,通过以下几个步骤,使用 Scrapy 框架实现对一个网站页面内容的爬取。

第一步:打开页面。

打开浏览器,输入网站地址:http://www.imooc.com/course/list,页面内容如图 4-27 所示。

图 4-27　页面效果

第二步：分析页面。

输入"F12"按钮，进入页面代码查看工具，找到图中内容所在区域并展开页面结构代码，如图4-28所示。

第三步：明确获取内容。

这里需要获取的信息分别是课程标题、课程简介、课程路径、标题图片地址。

第四步：创建项目。

打开命令窗口，输出命令"scrapy startproject ScrapyProject"创建名为"ScrapyProject"的爬虫项目，如图4-29所示。

图4-28　查看并分析页面结构

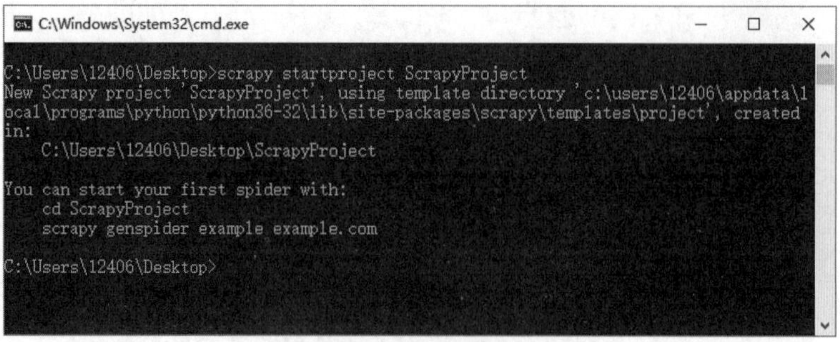

图4-29　创建项目

第五步：自定义爬取字段。

进入项目，打开items.py文件，创建名为"CourseItem"的类并定义相关的字段，代码

CORE0409 如下所示。

代码 CORE0409: items.py

```
# -*- coding: utf-8 -*-
# Define here the models for your scraped items
# See documentation in:
# https://doc.scrapy.org/en/latest/topics/items.html
import scrapy
class ScrapyprojectItem(scrapy.Item):
    # define the fields for your item here like:
    # name = scrapy.Field()
    pass
class CourseItem(scrapy.Item):
    # 课程标题
    title=scrapy.Field();
    # 课程路径
    url=scrapy.Field();
    # 标题图片地址
    image_url=scrapy.Field();
    # 课程简介
    introduction=scrapy.Field();
```

第六步：爬虫文件创建。

在命令窗口，输入"cd ScrapyProject"进入项目，之后输入"scrapy genspider MySpider www.imooc.com/course/list"命令创建爬虫文件，效果如图 4-30 所示，爬虫文件代码 CORE0410 如下所示。

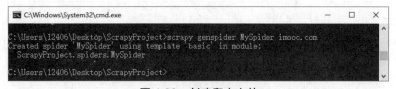

图 4-30　创建爬虫文件

代码 CORE0410: MySpider.py

```
# -*- coding: utf-8 -*-
import scrapy
class MyspiderSpider(scrapy.Spider):
    name = 'MySpider'
    allowed_domains = ['imooc.com']
```

```
start_urls = ['http://imooc.com/']
    def parse(self, response):
        pass
```

第七步：爬取所有列表内容。

编辑 MySpider.py 文件，导入 Selector 并解析 Response 对象，之后使用 XPath 方式选取所有列表内容，代码 CORE0411 如下所示。

代码 CORE0411：MySpider.py

```
# -*- coding: utf-8 -*-
import scrapy
# 导入选择器
from scrapy.selector import Selector
class MyspiderSpider(scrapy.Spider):
    name = 'MySpider'
    allowed_domains = ['imooc.com']
    # 定义爬虫路径
    start_urls = ['http://www.imooc.com/course/list']
    def parse(self, response):
        sel = Selector(response)
        # 使用 xpath 的方式选取所有列表内容
        sels = sel.xpath('//a[@class="course-card"]')
```

第八步：遍历列表获取内容。

继续编辑 MySpider.py 文件，导入 items.py 文件中定义的类并实例化一个信息保存容器，之后遍历列表获取所有内容并赋值给容器进行保存，代码 CORE0412 如下所示。

代码 CORE0412：MySpider.py

```
# -*- coding: utf-8 -*-
import scrapy
# 导入选择器
from scrapy.selector import Selector
# 导入 items.py 文件中定义的类
from ScrapyProject.items import CourseItem
class MyspiderSpider(scrapy.Spider):
    name = 'MySpider'
    allowed_domains = ['imooc.com']
    # 定义爬虫路径
    start_urls = ['http://www.imooc.com/course/list']
```

```
def parse(self, response):
    sel = Selector(response)
    # 使用 xpath 的方式选取所有列表内容
    sels = sel.xpath('//a[@class="course-card"]')
    # 实例一个容器保存爬取的信息
    item = CourseItem()
    # 遍历所有列表
    for box in sels:
        # 获取 div 中的课程标题
        item['title'] = box.xpath('.//h3[@class="course-card-name"]/text()').extract()[0].strip()
        # 获取 div 中的课程简介
        item['introduction'] = box.xpath('.//p/text()').extract()[0].strip()
        # 获取每个 div 中的课程路径
        item['url'] = 'http://www.imooc.com'+ box.xpath('.//@href').extract()[0]
        # 获取 div 中的标题图片地址
        item['image_url'] = box.xpath('.//img/@src').extract()[0]
        # 迭代处理 item，返回一个生成器
        yield item
```

第九步：进行下一个页面爬取。

通过以上几个步骤只能实现单个页面的爬虫，为了爬取整个网站所有的数据，需要添加爬取下一页功能，编辑 MySpider.py 文件，判断当前获取的页面是否存在下一页，如果存在则爬取下一页，之后再重复判断，直到不存在下一页为止，代码 CORE0413 如下所示。

代码 CORE0413：MySpider.py

```
# -*- coding: utf-8 -*-
import scrapy
# 导入选择器
from scrapy.selector import Selector
# 导入 items.py 文件中定义的类
from ScrapyProject.items import CourseItem
pageIndex = 0
class MyspiderSpider(scrapy.Spider):
    name = 'MySpider'
    allowed_domains = ['imooc.com']
    # 定义爬虫路径
    start_urls = ['http://www.imooc.com/course/list']
    def parse(self, response):
```

```
# 实例一个容器保存爬取的信息
item = CourseItem()
# 解析 Response 对象
sel = Selector(response)
# 使用 xpath 的方式选取所有列表内容
sels = sel.xpath('//a[@class="course-card"]')
index = 0
global pageIndex
pageIndex += 1
print(' 第 ' + str(pageIndex) + ' 页 ')
print('----------------------------------------------')
# 遍历所有列表
for box in sels:
    # 获取 div 中的课程标题
    item['title'] = box.xpath('.//h3[@class="course-card-name"]/text()').extract()[0].strip()
    # 获取 div 中的课程简介
    item['introduction'] = box.xpath('.//p/text()').extract()[0].strip()
    # 获取每个 div 中的课程路径
    item['url'] = 'http://www.imooc.com' + box.xpath('.//@href').extract()[0]
    # 获取 div 中的标题图片地址
    item['image_url'] = box.xpath('.//img/@src').extract()[0]
    index += 1
    # 迭代处理 item，返回一个生成器
    yield item
next = u' 下一页 '
url = response.xpath("//a[contains(text(),'" + next + "')]/@href").extract()
if url:
    # 将信息组合成下一页的 url
    page = 'http://www.imooc.com' + url[0]
    # 返回 url
    yield scrapy.Request(page, callback=self.parse)
```

第十步：运行程序保存信息。

在命令窗口，输入"scrapy crawl MySpider -o data.csv"命令运行项目，进行页面信息的爬虫，效果如图 4-31 所示。

信息爬取完成后，将爬取到的信息保存到 data.csv 文件中，打开项目文件夹，查看文件夹内容会发现当前文件夹中生成了一个 data.csv 文件，如图 4-32 所示。

打开 data.csv 文件，查看文件内容，出现如图 4-1 所示的爬取信息，说明页面爬取成功。

至此，Scrapy 框架网页数据采集完成。

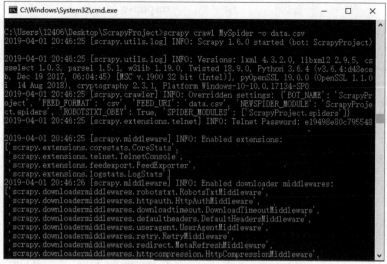

图 4-31　运行项目保存信息

图 4-32　查看文件生成效果

 任务总结

　　本项目通过 Scrapy 框架网页数据采集的实现,使读者对 Scrapy 框架的相关知识有了初步了解,对 Scrapy 项目结构、基本配置及相关使用有所了解并掌握,并能够通过所学的 Scrapy 框架知识实现网页数据的采集。

英语角

twist	扭曲	engine	引擎
scheduler	调度	download	下载
spider	爬虫	middlewares	中间件

| pipeline | 管道 | response | 响应 |

任务习题

1. 选择题

（1）Scrapy Engine 主要用来处理整个系统的数据流、（　　　）。

A. 触发事务　　　　B.Request 请求　　　　C.Response 响应　　　　D. 中间通信

（2）Scrapy Engine 可以负责的内容不包括（　　　）。

A.Spider Middlewares　　　　　　　　B.ItemPipeline

C.Downloader　　　　　　　　　　　　D.Scheduler

（3）以下命令中用于创建爬虫文件的是（　　　）。

A.runspider　　　　B.genspider　　　　C.startproject　　　　D.crawl

（4）爬虫文件中爬取一般网站使用的参数为（　　　）。

A.SitemapSpider　　B.XMLFeedSpider　　C.CSVFeedSpider　　D.CrawlSpider

（5）Scrapy 框架中自带的选择器有（　　　）中。

A. 一　　　　　　B. 二　　　　　　C. 三　　　　　　D. 四

2. 简答题

（1）简述 Scrapy 框架的项目结构。

（2）简述 Scrapy 框架实现页面爬取的流程。

项目五 Requests 客户端数据采集

学习目标

通过对 APP 数据采集的实现，了解 Requests 和 Beautiful Soup 库的相关概念，熟悉 Requests 和 Beautiful Soup 库的安装，掌握 Requests 库的使用，具备使用 Requests 库实现 APP 数据采集的能力，在任务实现过程中做到以下几点：

- 了解 Requests 和 Beautiful Soup 库的相关知识；
- 熟悉 Requests 和 Beautiful Soup 库的简单安装；
- 掌握 Requests 库的相关使用方法；
- 具备实现 APP 数据采集的能力。

学习路径

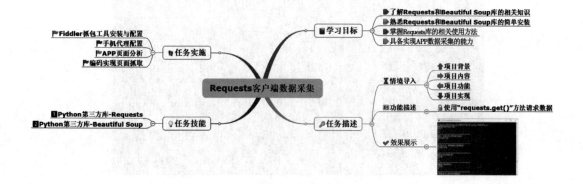

【情境导入】

随着移动互联网的迅速发展,目前,我国移动 APP 数量超过 400 万,如此巨大的 APP 数量产生了海量的数据,包括下载量、评论、页面信息、商品购买信息等,通过获取数据,能为数据分析提供支持,为 APP 运营的持续优化指明方向,使其达到同行业或者高于同行业标准。本项目通过对 Requests 库的使用方法的讲解,最终实现 APP 页面内容的获取。

【功能描述】

● 使用"requests.get()"方法请求数据。

【效果展示】

通过对本项目的学习,能够通过 Fiddler 抓包工具获取 APP 数据内容及相关信息,之后使用 Requests 库的相关方法通过链接地址实现对 APP 内的数据的爬取,效果如图 5-1 所示。

图 5-1 效果图

课程思政

技能点一　Requests 库

在 Python 中,除了使用框架进行信息爬取外,还可以使用 Python 相关的爬虫库——Requests 进行数据的获取。Requests 是一个使用 Python 语言编写的、基于 urllib 并采用 Apache2 Licensed 开源协议(是著名的非营利开源组织 Apache 采用的协议)开发的 HTTP 库。与 urllib 库相比,Requests 更加方便,并且可以大大减少工作量,完全满足开发的需要。

1.Requests 的安装

Requests 库的安装非常简单,包括 pip 安装、wheel 安装和源码安装,本书选用源码方式进行安装,步骤如下所示。

第一步:找到 Requests 源码包的地址 https://github.com/kennethreitz/requests,如图 5-2 所示。

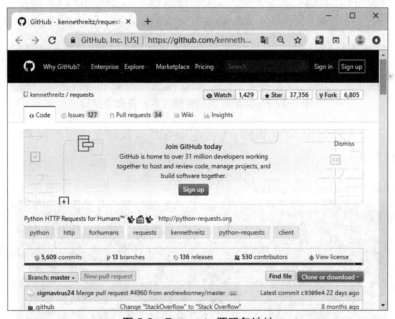

图 5-2　Requests 源码包地址

第二步:点击图中的"Clone or download"按钮,之后再点击"Download ZIP"即可下载 Requests 源码包,效果如图 5-3 所示。

第三步:等待 Requests 源码包下载完成后,对其进行解压,并在命令窗口进入源码包,效果如图 5-4 所示。

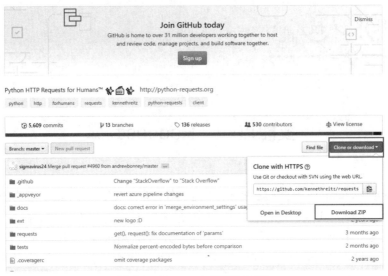

图 5-3　Requests 源码包下载

图 5-4　Requests 源码包解压并打开命令窗口

第四步：在命令窗口输入"python setup.py install"安装命令即可实现 Requests 的安装，效果如图 5-5 所示。

图 5-5　Requests 的安装

　　第五步：进入 Python 交互式命令行，输入"import requests"代码，没有出现错误说明 Requests 库安装成功，效果如图 5-6 所示。

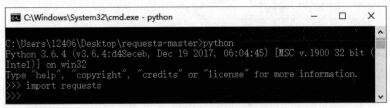

图 5-6　Requests 安装成功

2.Requests 的基本使用

　　Requests 库的使用非常简单，其提供了多种用于实现 URL 相关操作的方法，包括页面获取、信息提交等，只需指定 URL 地址即可根据选择的方法执行相关操作。Requests 库中常用的 URL 操作方法如表 5-1 所示。

表 5-1　Requests 库常用 URL 操作方法

方法	描述
requests.request()	构造一个请求，这是最基础的方法
requests.get()	获取网页
requests.post()	向网页提交信息
requests.head()	获取 html 网页的头信息
requests.put()	向 html 提交信息，原信息被覆盖
requests.delete()	向 html 提交删除请求

　　（1）requests.request()

　　Requests 库中包含了一个构造并发送 Request 对象且返回 Response 对象的 requests.request() 方法，其是获取网页信息、提交数据等操作的基石。requests.request() 方法包含的部分参数如表 5-2 所示。

表 5-2　requests.request() 方法包含的部分参数

参数	描述
method	请求方式，包含：……OPTIONS 等
url	想要获取页面的完整链接
**kwagrs	控制访问的参数

　　其中，method 包含的参数值如表 5-3 所示。

表 5-3　method 包含的参数值

参数值	描述
GET	获取网页
POST	向网页提交信息
HEAD	获取 html 网页的头信息
PUT	向 html 提交信息，原信息被覆盖
DELETE	向 html 提交删除请求

**kwagrs 包含的参数如表 5-4 所示。

表 5-4　**kwagrs 包含的参数

参数	描述
params	格式为字典或字节序列，作为参数添加到 URL 中
data	格式为字典、字节序列或文件对象，作为 Request 的内容
json	格式为 JSON 格式的数据，作为 Request 的内容
headers	格式为字典，作为 HTTP 定制头
cookie	格式为字典、CooKiJar，作为 Request 中的 Cookie
auth	格式为元祖，支持 HTTP 认证功能
files	格式为字典类型，作为传输文件
timeout	设定超时时间，单位为秒
proxies	格式为字典类型，设定访问代理服务器，可以增加登录认证
allow_redirects	重定向开关，值为 True/False，默认为 True
stream	获取内容立即下载开关，值为 True/False，默认为 True
verity	认证 ssl 证书开关，值为 True/False，默认为 Ture
cert	本地 ssl 证书路径

在使用 requests.request() 请求 URL 时，会以 Response 对象形式将状态码、响应内容等信息返回，Requests 提供多个用于查看 Response 对象具体信息的属性，其中常用属性如表 5-5 所示。

表 5-5　Response 对象包含的部分属性

属性	描述
r.states_code	获取返回的状态码
r.text / r.read()	HTTP 响应内容以文本形式返回
r.content	HTTP 响应内容的二进制形式

续表

属性	描述
r.json()	HTTP 响应内容的 JSON 形式
r.raw	HTTP 响应内容的原始形式
r.encoding	从 HTTP header 中猜测的响应内容编码方式
r.apparent_encoding	从内容中分析出的响应内容编码方式（备选编码方式）
r.url	HTTP 访问的完整路径以字符串形式返回
r.encoding = 'utf-8'	设置编码
r.headers	返回字典类型，头信息
r.ok	查看值为 True 还是 False，判断是否登陆成功
r.requests.headers	返回发送到服务器的头信息
r.cookies	返回 cookie
r.history	返回重定向信息，在请求上加上 allow_redirects = false 用来阻止重定向

使用 requests.request() 方法通过设置 method 为 GET 向指定地址请求数据后，输入其请求的完整 URL 路径信息，效果如图 5-7 所示。

图 5-7 使用 requests.request() 方法的效果

为了实现图 5-7 的效果，代码 CORE0501 如下所示。

```
代码 CORE0501.py
# 引入 Requests 库
import requests
# 定义字典
kv={'key1':'value1','key2':'value2'}
# 使用 requests.request() 方法实现 URL 请求
r=requests.request(method='OPTIONS',        url="http://cn.python-requests.org/zh_CN/lat-
est/",params=kv)
# 打印请求的完整 URL 路径
print (r.url)
```

（2）requests.get()

requests.get() 方法的作用与 requests.request(method='GET',url) 方法的作用是相同的，主要用于请求 URL 位置的资源，requests.get() 请求资源的方法包含的部分参数如表 5-6 所示。

表 5-6　requests.get() 方法包含的部分参数

参数	描述
url	访问路径
params	提交数据，以字典或字节序列形式作为参数添加到 URL 中
**kwagrs	控制访问的参数，与 requests.request() 方法中 **kwargs 的参数大部分相同，但只含有 12 个，不包含 params 参数

使用 requests.get() 方法请求 URL 地址的完整页面代码的效果如图 5-8 所示。

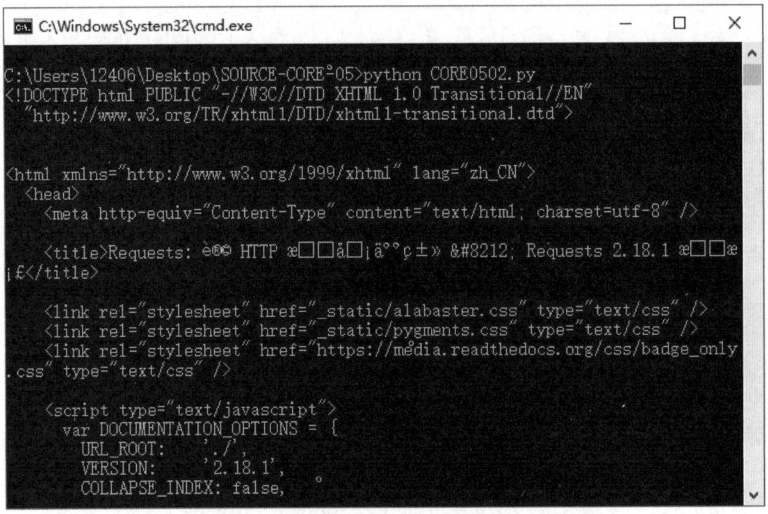

图 5-8　使用 requests.get() 方法的效果

为了实现图 5-8 的效果，代码 CORE0502 如下所示。

代码 CORE0502.py

```
# 引入 Requests 库
import requests
# 定义字典
payload = {'key1': 'value1', 'key2': 'value2'}
# 定义请求
ret = requests.get("http://cn.python-requests.org/zh_CN/latest/", params=payload)
# 打印返回的页面信息
print(ret.text)
```

（3）requests.post()

requests.get() 方法主要用于实现数据的获取，如果想要提交数据，则需要使用 Requests 库中的 requests.post() 方法实现，通过向 requests.post() 方法传递数据，即可发送一些编码为表单形式的数据，requests.post() 方法包含的常用参数如表 5-7 所示。

表 5-7　requests.post() 方法包含的常用参数

参数	描述
url	提交地址
data	提交数据，格式为字典、字节序列或文件
json	提交数据，格式为 JSON
**kwargs	控制访问参数，与 requests.request() 方法中 **kwargs 的参数大部分相同，但只含有 11 个，不包含 data 和 json 参数

使用 requests.post() 方法向指定地址提交数据后，以 JSON 格式输出返回数据，效果如图 5-9 所示。

图 5-9　使用 requests.post() 方法的效果

为了实现图 5-9 的效果，代码 CORE0503 如下所示。

代码 CORE0503.py

```python
# 引入 Requests 库
import requests
# 定义提交数据
data = {'name':'germey','age':'22'}
# 提交数据
r = requests.post("http://httpbin.org/post",data=data)
# 打印 JSON 格式的返回数据
print(r.json())
```

（4）requests.head()

requests.head() 方法主要用于实现访问资源响应的头部信息的获取，该方法包含了两个参数,第一个参数为 url,也就是资源的链接地址;第二个参数是 **kwargs,是控制访问参数,包含了全部的 13 个参数。使用 requests.head() 方法获取指定地址头部的相关信息,效果如图 5-10 所示。

图 5-10　使用 requests.head() 方法的效果

为了实现图 5-10 的效果,代码 CORE0504 如下所示。

代码 CORE0504.py

#引入 Requests 库
import requests
# 请求响应 	
r = requests.head("http://httpbin.org/get")
# 打印响应的头部信息 	
print(r.headers)

(5)requests.put()

requests.put() 方法与 requests.post() 方法都是用来提交数据到指定地址的,但 requests.post() 方法只用来提交数据不会伴随别的操作,而 requests.put() 方法则是提交数据后覆盖全部原有的数据,requests.put() 方法包含的部分参数如表 5-8 所示。

表 5-8　requests.put() 方法包含的部分参数

参数	描述
url	提交地址
data	提交数据,格式为字典、字节序列或文件
**kwagrs	控制访问的参数,只含有 12 个,不包含 data 参数

使用 requests.put() 方法向指定地址以覆盖全部原有数据的方式提交数据,效果如图 5-11 所示。

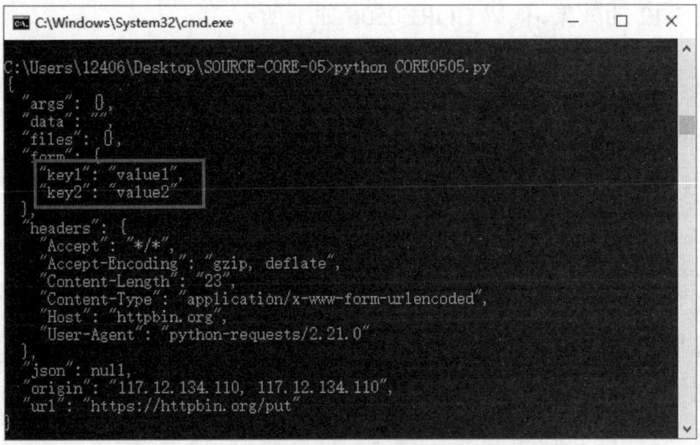

图 5-11 使用 requests.put() 方法的效果

为了实现图 5-11 的效果，代码 CORE0505 如下所示。

代码 CORE0505.py

```
# 引入 Requests 库
import requests
# 定义提交数据
data={'key1': 'value1', 'key2': 'value2'}
# 请求响应
r = requests.put("http://httpbin.org/put",data=data)
# 打印以文本形式返回的数据
print(r.text)
```

（6）requests.delete()

requests.delete() 方法主要用于请求删除链接地址存储的资源，requests.delete() 方法的语法结构及相关参数与 requests.head() 方法基本相同。使用 requests.delete() 方法删除指定地址包含的指定资源，效果如图 5-12 所示。

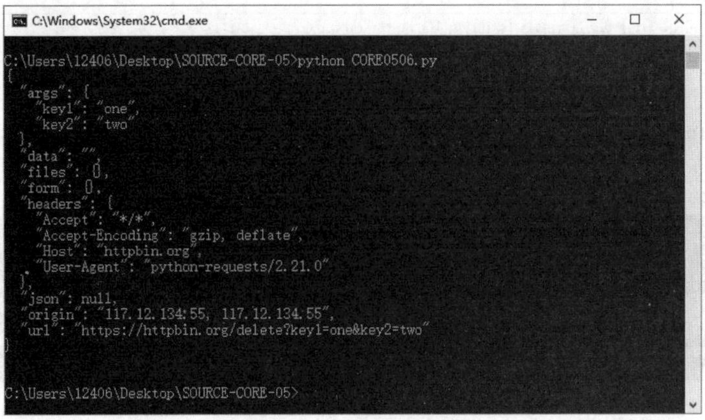

图 5-12 使用 requests.delete() 方法的效果

为了实现图 5-12 的效果，代码 CORE0506 如下所示。

```
代码 CORE0506.py
# 引入 Requests 库
import requests
# 定义字典
payload = {'key1': 'one', 'key2': 'two'}
# 定义删除请求
r= requests.delete('http://httpbin.org/delete', params=payload)
# 打印返回信息
print(r.text)
```

在使用 Response 对象的属性值判断请求响应状态时，通过 Response 对象的 States_code 属性查看当前的状态码可以得到当前的请求是否成功或存在什么问题，在查询时经常遇到的状态码及意义如表 5-9 所示。

表 5-9　状态码及意义

状态码	意义
200	客户端请求成功
301	客户请求的文档在其他地方，新的 URL 在 Location 头中给出，浏览器应该自动访问新的 URL
302	类似于 301，但新的 URL 应该被视为临时性的替代，而不是永久性的
304	客户端有缓冲的文档并发出了一个条件性的请求
400	客户端请求有语法错误，不能被服务器所理解
401	请求未经授权，这个状态代码必须和 WWW-Authenticate 报头域一起使用
403	服务器收到请求，但是拒绝提供服务
404	请求资源不存在，eg：输入了错误的 URL
500	服务器发生不可预期的错误
503	服务器当前不能处理客户端的请求，一段时间后可能恢复正常

使用 Response 对象的 states_code 属性查询请求的状态码，效果如图 5-13 所示。

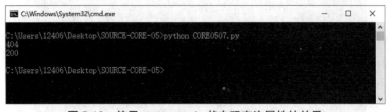

图 5-13　使用 states_code 状态码查询属性的效果

为了实现图 5-13 的效果，代码 CORE0507 如下所示。

```
代码 CORE0507.py
# 引入 Requests 库
import requests
response = requests.get('http://httpbin.org/delete')
# 使用 Requests 内置的字母判断状态码
# 如果 Response 返回的状态码是非正常的就返回 404 错误
if response.status_code != requests.codes.ok:
    print('404')
# 如果页面返回的状态码是 200，就打印下面的状态
response = requests.get('http://cn.python-requests.org/zh_CN/latest/')
if response.status_code == 200:
    print('200')
```

除了状态码的应用外，在进行请求时，会发现获取的内容并不完整或者没有内容，这是由于请求信息的不完整造成的，这就需要在请求信息时添加一个用于传递信息的 headers 参数，添加 headers 参数前后效果如图 5-14 和图 5-15 所示。

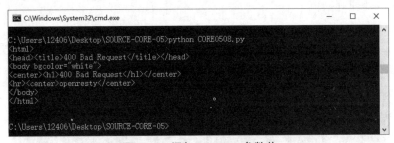

图 5-14　添加 headers 参数前

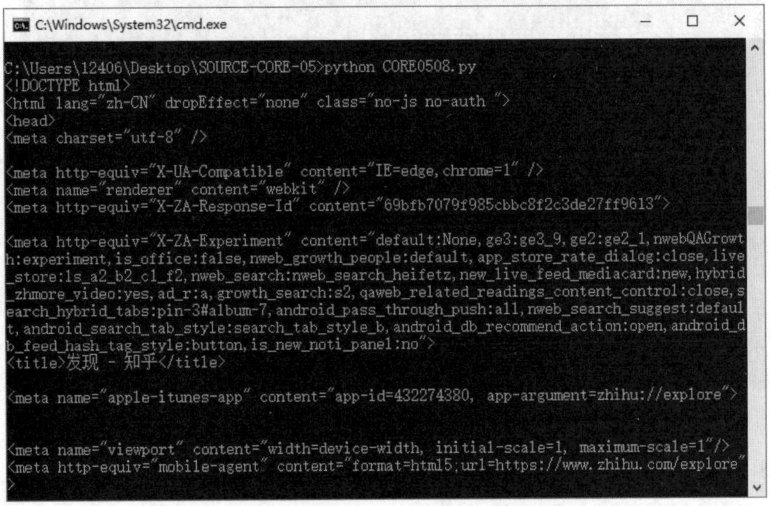

图 5-15　添加 headers 参数后

为了实现图 5-15 的效果,代码 CORE0508 如下所示。

```
代码 CORE0508py
# 引入 Requests 库
import requests
# 定义 headers 内容
headers = {
    'User-Agent':'Mozilla/s.o (Macintosh; Intel Mac OS X 10_11_4) AppleWebKit/537.36
(KHTML, like Gecko) Chrome/52.0.2743.116 Sa ari/537.36'
    }
# 请求
r = requests.get("https://www.zhihu.com/explore",headers=headers)
# 打印返回信息
print(r.text)
```

3.Requests 的高级使用

在上面讲解了一些 Requests 库的简单应用,包括 POST、GET 等请求,除了这些基本操作外,Requests 还有一些高级一点的用法,如文件上传、Cookies 获取、超时设置、证书验证、代理设置、异常处理等操作。

(1)文件上传

通过 requests.post() 方法可以进行一些数据的提交,包括字典、字节序列或文件,而文件上传就属于文件数据的提交,使用 requests.post() 方法将文件数据传递给 files 参数即可实现文件的上传,文件上传效果如图 5-16 所示。

图 5-16　文件上传的效果

为了实现图 5-16 的效果,代码 CORE0509 如下所示。

```
代码 CORE0509.py

# 引入 Requests 库
import requests
# 获取文件
files = {'file':open('CORE0501.py','rb')}
# 数据提交
r = requests.post("http://httpbin.org/post", files=files)
# 打印结果
print(r.text)
```

（2）Cookies 获取

Cookies 是浏览器保存数据的一种方式，可以用来保存一些登录时的账号和密码等信息，在 Requests 库中 Response 对象的属性就包含了获取 Cookies 的方法，获取 Cookies 的效果如图 5-17 所示。

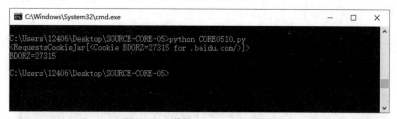

图 5-17　获取 Cookies 的效果

为了实现图 5-17 的效果，代码 CORE0510 如下所示。

```
代码 CORE0510.py

# 引入 Requests 库
import requests
# 定义请求
r = requests.get("https://www.baidu.com")
# 打印返回的 Cookies
print(r.cookies)
# 遍历 Cookies 信息
for key, value in r.cookies.items() :
    print(key + '=' + value )
```

除了可以获取 Cookies，我们还可以通过浏览器中包含的 Cookies 实现页面的登录，首先进行登录，之后对页面 Headers 中的 Cookies 内容进行复制，效果如图 5-18 所示。

最后可以在 Headers 请求头信息中加入刚刚复制的 Cookies 值，然后进行 url 链接的请求，查看返回信息中是否存在登录代码，不存在即说明登录成功，效果如图 5-19 所示。

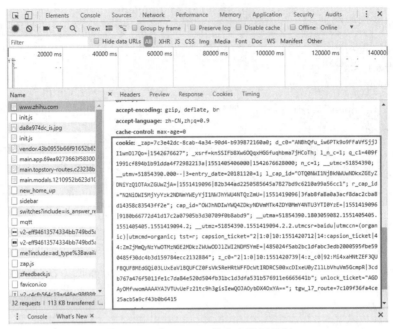

图 5-18　对 Cookies 的内容进行复制

图 5-19　通过 Cookies 实现页面登录的效果

为了实现图 5-19 的效果,代码 CORE0511 如下所示。

代码 CORE0511.py
# 引入 Requests 库
import requests
# 定义 headers 内容

```
headers = {
    'Cookie':'_zap=7c3e42dc-8cab-4a34-90d4-b939872160a0; d_c0="ANBhQfu_iw6PT-
k9o9FFaVfSjjJI1wnDl7Qo=|1542676627"; _xsrf=knSSIFb8Xw6OQqxHGGfuqhbma7jHCoTh;
l_n_c=1; q_c1=409f1991cf894b1b91dda4f72982213a|1551405406000|1542676628000; n_c=1;
__utmc=51854390; __utmv=51854390.000--|3=entry_date=20181120=1; l_cap_id="OTQ0N-
WI1NjBkNWUwNDkxZGEyZDNiYzQ1OTAxZGUwZjA=|1551419096|82b344ad-
2250585645a7827bd
    9c6210a99a56cc1"; r_cap_id="N2NiOWI5MjYyYzk2NDNmYWEyYjI1NWJhY-
WU4NTQzZmU=|1551419096|3fab8fa8a0a3acf8dac2cba8d14358c83543ff2e"; cap_id="OW-
JhNDIwYWQ4ZDkyNDVmMTk4ZDY0MmY4NTU3YTI0YzE=|1551419096|9180b66772d-
41d17c2a07905b3d30709f0b8abd9"; __utma=51854390.1803059082.1551405405.1551405405
.1551419094.2; __
    utmz=51854390.1551419094.2.2.utmcsr=baidu|utmccn=(organic)|utmcmd=organic; tst=r;
capsion_ticket="2|1:0|10:1551420712|14:capsion_ticket|44:ZmZjMmQyNzYwOTMzNGE2M-
DkzZWUwODJlZWI2NDM5YmE=|485024f5ab2bc1dfabc3edb2000595fbe590485f30dc4b-
3d159784ecc2132884"; z_c0="2|1:0|10:1551420739|4:z_c0|92:Mi4xaHNtZEF3QUFBQUFFB-
MEdGQi03LUxE-aVlBQUFFCZ0FsVk5ReHRtWWFDcWtIRDRCCS00xcDIxeU0y-
ZllLbVhuVm5Gcm1pR|3cdb767a476f5011fe1c7da84e520d504fb31b1d3dfa531b576911e66656
41b"; unlock_ticket="AGDAyDMfvwomAAAAYAJVTUvUeFz21tc9h3gisIewQOJAOybDX-
4OxYA=="; tgw_l7_route=7c109f36fa4ce25acb5a9cf43b0b6415', 'Host':'www.zhihu.com ',
'User-Agent': 'Mozilla/s.o (Macintosh; Intel Mac OS X 10_11_4) AppleWebKit/537.36 (KHT-
ML, like Gecko) Chrome/52.0.2743.116 Safari/537.36'
}
# 请求
r = requests.get("https://www.zhihu.com", headers=headers)
# 打印返回信息
print(r.text)
```

（3）超时设置

超时设置，顾名思义就是对超过限定时间的设置，当主机网络状况不好或者服务器网络响应太慢甚至是无响应时，需要很长时间才会有响应，有时甚至因无响应而报错。超时设置就是针对这一问题而进行的设置，它使用的是 timeout 参数，单位为秒，当设置超时时间后，如果超过了设置的时间服务器还没有响应请求，就会抛出异常，效果如图 5-20 所示。

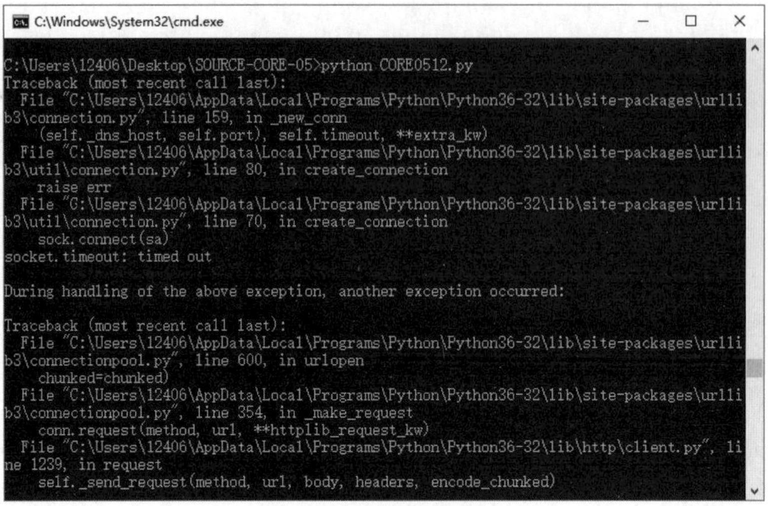

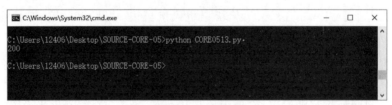

图 5-20　超时异常

为了实现图 5-20 的效果，代码 CORE0512 如下所示。

代码 CORE0512py

# 引入 Requests 库 	
import requests
# 进行超时设置 	
response = requests.get('http://httpbin.org/get', timeout=0.1)
# 打印状态码 	
print(response.status_code)

上面的代码设置了一个 0.1 秒的超时时间，当需要设置一个永久等待的时间时，可以将 timeout 参数值设置为 None 或者不使用 timeout 参数，这样尽管响应特别慢，但只要服务器还在运行，就永远不会返回超时错误，效果如图 5-21 所示。

图 5-21　超时设置

为了实现图 5-21 的效果，代码 CORE0513 如下所示。

代码 CORE0513.py
引入 Requests 库 import requests # 进行超时设置，设置为 None

```
response = requests.get('http://httpbin.org/get', timeout=None)
# 或
# 不使用 timeout 参数
# response = requests.get('http://httpbin.org/get')
# 打印状态码
print(response.status_code)
```

（4）证书验证

在使用 Requests 库进行网页请求时，由于 Requests 库证书验证功能的存在，在发送 HTTP 请求时会自动进行 SSL 证书的检查，当请求链接地址的证书并没有被官方 CA 机构所信任时，就会出现证书验证错误的结果，证书出现问题的页面效果如图 5-22 所示。

图 5-22   证书出现问题的页面效果

这时，如果使用 requests.get() 方法进行对上面链接地址的请求，返回的请求结果如图 5-23 所示。

图 5-23   请求的证书出现问题时的页面效果

为了实现图 5-23 的效果,代码 CORE0514 如下所示。

代码 CORE0514.py

```
# 引入 Requests 库
import requests
# 定义请求
response = requests.get('https://vpn.tute.edu.cn/')
# 打印状态码
print(response.status_code)
```

为了解决网页证书自动验证问题,在进行 HTTP 请求时,可以添加 verify 参数控制证书验证功能的开启和关闭,当不添加 verify 参数或者 verify 参数值为 True 时,会进行证书的验证;当 verify 参数值为 False 时,则关闭证书验证功能,但会抛出警告,效果如图 5-24 所示。

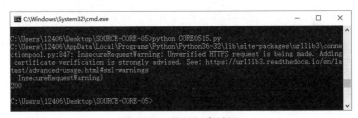

图 5-24　关闭证书验证

为了实现图 5-24 的效果,代码 CORE0515 如下所示。

代码 CORE0515.py

```
# 引入 Requests 库
import requests
# 定义请求并关闭验证功能
response = requests.get('https://vpn.tute.edu.cn/',verify=False)
# 打印状态码
print(response.status_code)
```

---

(5)代理设置

在进行网页请求时,会出现需要多次请求才能获取内容的情况,对于简单的信息爬取来说这只是多运行几次代码,但在进行大规模信息爬取时,频繁的请求会导致网站验证码的弹出或登录认证界面的跳转,甚至是 IP 的直接封禁,造成用户在一段时间不能进行访问。为了防止这种情况的发生,可以通过 proxies 参数进行代理设置来解决这个问题,代理设置代码 CORE0516 如下所示。

代码 CORE0516.py

```
# 引入 Requests 库
```

```
import requests
# 定义代理地址、端口
proxies= {
"http":"http://127.0.0.1:9999",
"https":"http://127.0.0.1:8888"
}
# 定义请求
r = requests.get("https://www.baidu.com",proxies=proxies)
# 打印状态码
print(r.status_code)
```

（6）异常处理

在进行 http 请求的发送时，由于各种各样的原因，以 Requests 库中包含的方法进行请求可能会出现失败而抛出异常的情况，而所有能够见到的 Requests 抛出的异常都是通过 Requests 库中的 requests.exceptions.RequestException 类继承的。目前，常见的异常如表 5-10 所示。

表 5-10　常见的异常

异常	描述
requests.ConnectionError	网络连接错误异常，如 DNS 查询失败、拒绝连接等
requests.HTTPError	HTTP 错误异常
requests.URLRequired	URL 缺失异常
requests.TooManyRedirects	超过最大重定向次数，产生重定向异常
requests.ConnectTimeout	连接远程服务器超时异常
requests.Timeout	请求 URL 超时，产生超时异常

Requests 进行异常处理并抛出请求超时异常的效果如图 5-25 所示。

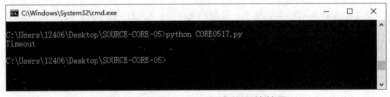

图 5-25　Requests 异常处理的效果

为了实现图 5-25 的效果，代码 CORE0517 如下所示。

代码 CORE0517.py

```
# 引入 Requests 库
import requests
```

```
#方法引入
from requests.exceptions import ReadTimeout, ConnectionError, RequestException
#异常处理
try:
  response = requests.get("http://httpbin.org/get", timeout = 0.5)
  print(response.status_code)
#抛出异常
except ReadTimeout:
  #超时异常
  print('Timeout')
except ConnectionError:
  #连接异常
  print('Connection error')
except RequestException:
  #请求异常
  print('Error')
```

　　提示:通过 Requests 相关知识的学习,了解了多种请求方式,扫描二维码,可以了解更为详细的 HTTP 知识。

技能点二　Beautiful Soup

　　Beautiful Soup 是基于 Python 的一个 HTML 或 XML 解析库,包含了一些简单的 Python 函数,可以用来实现数据的快速获取,并且在不考虑编码方式的前提下,只需要说明原始编码的方式,通过少量代码即可编写出一个完整的应用程序进行文档解析,为用户抓取需要的数据。除 Beautiful Soup 外,常用的 Python 解析器还有 lxml、html6lib 等,尽管 Beautiful Soup 与 lxml、html6lib 相比还是个年轻人,但同样出色,它能够灵活地为用户提供不同的解析策略,通过 Beautiful Soup,用户可以省去很多烦琐的提取工作,提高解析效率。

1.Beautiful Soup 的环境安装

（1）Beautiful Soup 的安装

　　Beautiful Soup 解析库目前有四个版本,其中 Beautiful Soup3 及之前的版本已经停止开发,如今推荐在项目中使用 Beautiful Soup4,但其已经被移植到 BS4 了,也就是说在导入时需要使用"import bs4"方式。Beautiful Soup 同样属于 Python 的库,因此安装方式也基本相同,下面使用 pip 方式对其进行安装,步骤如下所示。

第一步:打开命令窗口,输入"pip install beautifulsoup4"下载命令,进行 Beautiful Soup4 的下载安装,效果如图 5-26 所示。

图 5-26　Beautiful Soup4 下载

第二步:验证 Beautiful Soup4 解析库是否安装成功,不出现错误即说明安装成功,效果如图 5-27 所示。

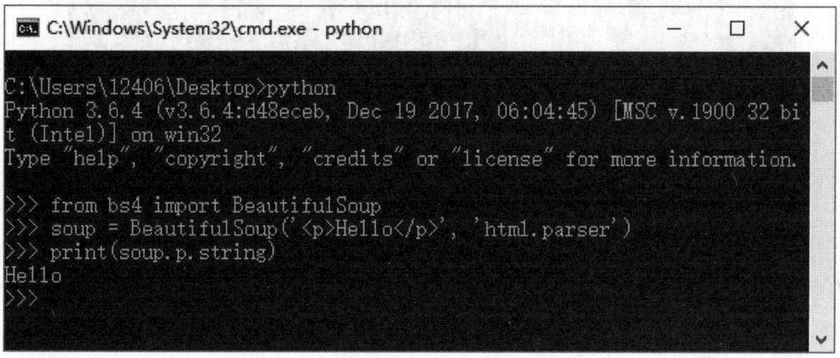

图 5-27　Beautiful Soup4 安装成功

(2)解析器安装

Beautiful Soup 的解析操作依赖于解析器,Beautiful Soup 除了支持 Python 默认的 HTML 解析器,还支持一些第三方的解析器,如 lxml HTM、lxml XML、html5lib 等,Beautiful Soup 支持的解析器及它们的一些优缺点对比如表 5-11 所示。

表 5-11　Beautiful Soup 支持的解析器的优缺点对比

解析器	使用方法	优势	劣势
Python 标准库	BeautifulSoup (markup,"html.parser")	Python 的内置标准库执行速度适中,文档容错能力强	Python 2.7.3 or 3.2.2 前的版本中的,文档容错能力差
lxml HTM 解析器	BeautifulSoup (markup,"lxml")	速度快,文档容错能力强	需要安装 C 语言库

解析器	使用方法	优势	劣势
lxml XML 解析器	BeautifulSoup(markup, ["lxml","xml"]) BeautifulSoup(markup,"xml")	速度快,唯一支持 XML 的解析器	需要安装 C 语言库
html5lib	BeautifulSoup (markup,"html5lib")	容错性最好,以浏览器的方式解析文档,生成 HTML5 格式的文档	速度慢,不依赖外部扩展

通过表 5-11 中多个解析器的对比可知,lxml 解析器更加强大、速度更快,被推荐安装。lxml 解析器的安装步骤如下所示。

第一步:与下载安装 Beautiful Soup4 相同,打开命令窗口,输入"pip install lxml"下载命令,进行 lxml 解析器的下载安装,效果如图 5-28 所示。

图 5-28　lxml 解析器的下载安装

第二步:进行 lxml 解析器的简单使用,修改 Beautiful Soup4 解析库安装检验代码,将默认解析器"html.parser"换成 lxml 解析器,运行结果与默认解析器完全一致,效果如图 5-29 所示。

图 5-29　使用解析器效果

2.Beautiful Soup 的使用

只进行 Beautiful Soup 解析库使用环境的配置是完全不够的,Beautiful Soup 并不能单独用于获取数据,需要与 Requests、Scrapy 等 Python 爬虫库或框架结合使用,Beautiful Soup 的简单使用效果如图 5-30 所示。

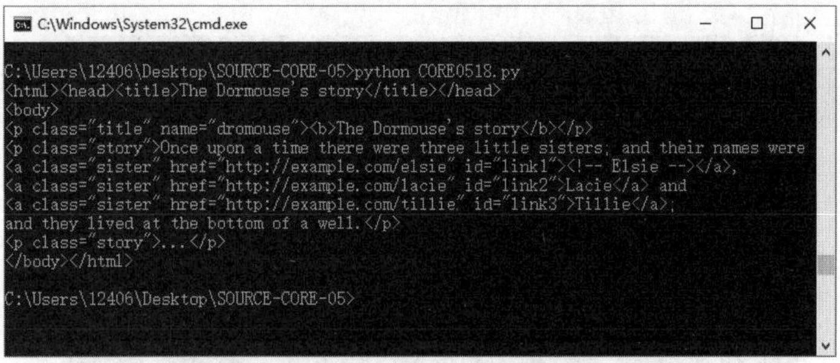

图 5-30 Beautiful Soup 简单使用的效果

为了实现图 5-30 的效果,代码 CORE0518 如下所示。

代码 CORE0518.py

```python
# 引入 BeautifulSoup 库
from bs4 import BeautifulSoup
# 定义 HTML5 页面内容
html = '''
<html><head><title>The Dormouse's story</title></head>
<body>
<p class='title' name='dromouse'><b>The Dormouse's story</b></p>
<p class='story'>Once upon a time there were three little sisters; and their names were
<a href='http://example.com/elsie' class='sister' id='link1'><!-- Elsie --></a>,
<a href='http://example.com/lacie' class='sister' id='link2'>Lacie</a> and
<a href='http://example.com/tillie' class='sister' id='link3'>Tillie</a>;
and they lived at the bottom of a well.</p>
<p class='story'>...</p>
'''
# 使用 lxml 解析器进行页面内容解析
soup = BeautifulSoup(html, 'lxml')
# 打印页面内容
print(soup)
```

通过上面代码得到的页面结构看着比较混乱,在进行分析时不容易观察,为了方便、快捷地找到需要的内容,可以将得到的页面结构进行格式化,Beautiful Soup 解析库提供了一个 prettify(),可以实现页面结构的格式化,效果如图 5-31 所示。

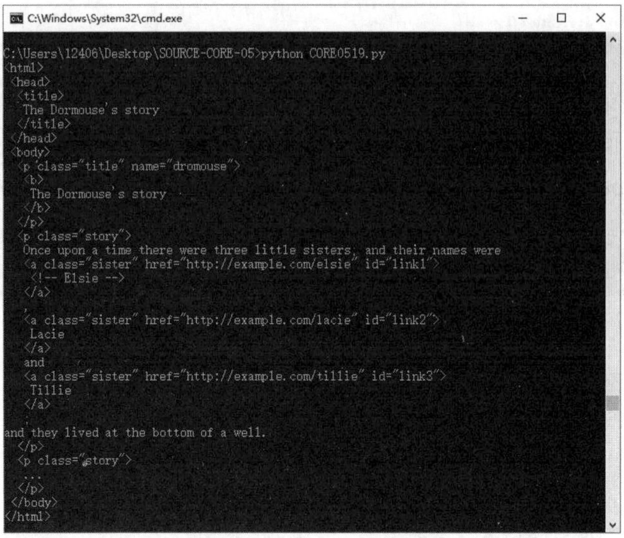

图 5-31　格式化页面结构

为了实现图 5-31 的效果，代码 CORE0519 如下所示。

代码 CORE0519.py

```python
# 引入 BeautifulSoup 库
from bs4 import BeautifulSoup
# 定义 HTML5 页面内容
html = '''
<html><head><title>The Dormouse's story</title></head>
<body>
<p class='title' name='dromouse'><b>The Dormouse's story</b></p>
<p class='story'>Once upon a time there were three little sisters; and their names were
<a href='http://example.com/elsie' class='sister' id='link1'><!-- Elsie --></a>,
<a href='http://example.com/lacie' class='sister' id='link2'>Lacie</a> and
<a href='http://example.com/tillie' class='sister' id='link3'>Tillie</a>;
and they lived at the bottom of a well.</p>
<p class='story'>...</p>
'''
# 使用 lxml 解析器进行页面内容解析
soup = BeautifulSoup(html, 'lxml')
# 使用 prettify() 格式化页面结构
print(soup.prettify())
```

Beautiful Soup 解析库在格式化页面结构之后就能针对需求获取数据了，Beautiful Soup 中包含了多种解析页面、获取数据的方法，包括标签选择器、方法选择器、CSS 选择器。

（1）标签选择器

标签选择器可以直接通过标签的名称进行节点元素的选择,包含普通节点、子节点、子孙节点、父节点、兄弟节点等,然后通过相关属性获取相关信息,并且标签选择器支持嵌套,可以在标签名称后面继续添加标签名称或相关属性进行选择,标签选择器使用的具体格式为 soup.name.node.parameter,其中 name 为节点名称,可以有多个,通过".”连接;node 为节点获取属性,如兄弟节点、父节点等,选用;parameter 为获取相关信息的属性。node 参数包含的节点获取属性如表 5-12 所示。

表 5-12　node 参数包含的节点获取属性

属性	描述
contents	获取直接子节点
children	获取子孙节点
descendants	获取所有子孙节点
parent	获取节点的父节点
parents	获取节点的祖先节点
next_sibling	获取节点下一个兄弟节点
previous_sibling	获取节点上一个兄弟节点
next_siblings	获取节点后面的全部兄弟节点
previous_siblings	获取节点前面的全部兄弟节点

标签选择器中包含的部分获取信息属性如表 5-13 所示。

表 5-13　标签选择器中包含的部分获取信息属性

属性	描述
name	获取节点的名称
attrs	获取节点所有属性
string	获取节点内容

另外,通过节点名称选择元素只能选取第一个节点,使用节点名称、节点属性及信息获取属性选择元素并获取相关信息的效果如图 5-32 所示。

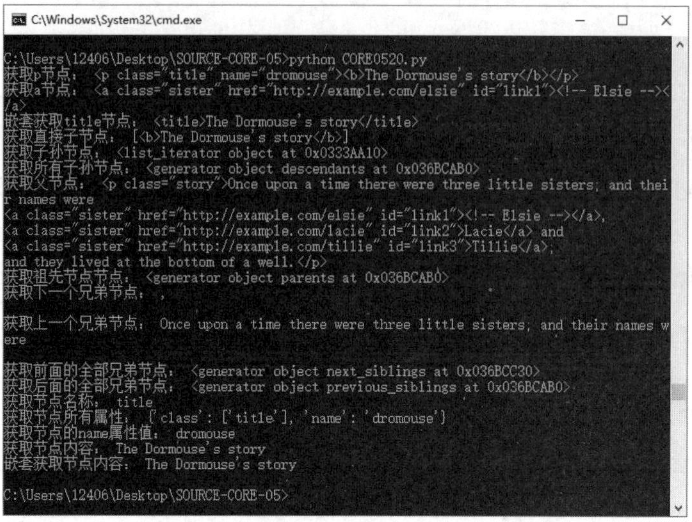

图 5-32 选择元素并获取相关信息的效果

为了实现图 5-32 的效果，代码 CORE0520 如下所示。

代码 CORE0520.py

```python
# 引入 BeautifulSoup 库
from bs4 import BeautifulSoup
# 定义 HTML5 页面内容
html = '''
<html><head><title>The Dormouse's story</title></head>
<body>
<p class='title' name='dromouse'><b>The Dormouse's story</b></p>
<p class='story'>Once upon a time there were three little sisters; and their names were
<a href='http://example.com/elsie' class='sister' id='link1'><!-- Elsie --></a>,
<a href='http://example.com/lacie' class='sister' id='link2'>Lacie</a> and
<a href='http://example.com/tillie' class='sister' id='link3'>Tillie</a>;
and they lived at the bottom of a well.</p>
<p class='story'>...</p>
'''
# 使用 lxml 解析器进行页面内容解析
soup = BeautifulSoup(html, 'lxml')
# 获取 p 节点
print(" 获取 p 节点:",soup.p)
# 获取 a 节点
print(" 获取 a 节点:",soup.a)
# 嵌套获取 title 节点
```

```
print(" 嵌套获取 title 节点：",soup.head.title)
# 获取直接子节点
print(" 获取直接子节点：",soup.p.contents)
# 获取子孙节点
print(" 获取子孙节点：",soup.p.children)
# 获取所有子孙节点
print(" 获取所有子孙节点：",soup.p .descendants)
# 获取父节点
print(" 获取父节点：",soup.a.parent)
# 获取祖先节点
print(" 获取祖先节点：",soup.a.parents)
# 获取下一个兄弟节点
print(" 获取下一个兄弟节点：",soup.a.next_sibling)
# 获取上一个兄弟节点
print(" 获取上一个兄弟节点：",soup.a.previous_sibling)
# 获取前面的全部兄弟节点
print(" 获取前面的全部兄弟节点：",soup.a.next_siblings)
# 获取后面的全部兄弟节点
print(" 获取后面的全部兄弟节点：",soup.a.previous_siblings)
# 获取节点名称
print(" 获取节点名称：",soup.title.name)
# 获取节点所有属性
print(" 获取节点所有属性：",soup.p.attrs)
# 获取节点的 name 属性值
print(" 获取节点的 name 属性值：",soup.p.attrs['name'])
# 获取节点内容
print(" 获取节点内容：",soup.p.string)
# 嵌套获取节点内容
print(" 嵌套获取节点内容：",soup.head.title.string)
```

（2）方法选择器

标签选择器通过属性进行节点的选择，速度快，但进行复杂节点选择时较为烦琐，并且灵活性不高。这时，Beautiful Soup 解析库提供了多种查询的方法，也就是通过方法选择器进行节点选择，只需传入相应的参数即可灵活进行节点查询，Beautiful Soup 提供的查询方法如表 5-14 所示。

表 5-14　Beautiful Soup 提供的查询方法

方法	描述
find_all()	返回所有节点
find()	返回第一个节点
find_parents()	返回所有祖先节点
find_parent()	返回直接父节点
find_next_sibling()	返回后面第一个兄弟节点
find_previous_sibling()	返回前面第一个兄弟节点
find_next_siblings()	返回后面所有的兄弟节点
find_previous_siblings()	返回前面所有的兄弟节点

由于 find_all() 和 find() 方法是最常用的,也是作用范围最广的,而 find_parents()、find_next_sibling()、find_previous_siblings() 等方法只能用于查询特定情况的节点,因此这里主要针对 find_all() 和 find() 两种方法进行介绍。

● find_all() 方法。顾名思义,它主要被用来对所有符合条件的节点进行查询搜索,只需传入一些属性或文本即可得到符合条件的相关元素,功能十分强大,find_all() 方法包含的常用属性如表 5-15 所示。

表 5-15　find_all() 方法包含的常用属性

方法	描述
name	标签名称,如 p、div、title 等
attrs	标签属性,如 name、class 等
recursive	设置是否搜索节点的直接子节点
text	自定义文档中字符串内容的过滤条件
limit	定义返回结果条数
**kwargs	传入属性和对应的属性值,或者一些其他的表达式实现过滤条件定义

通过 find_all() 方法查询节点的效果,如图 5-33 所示。

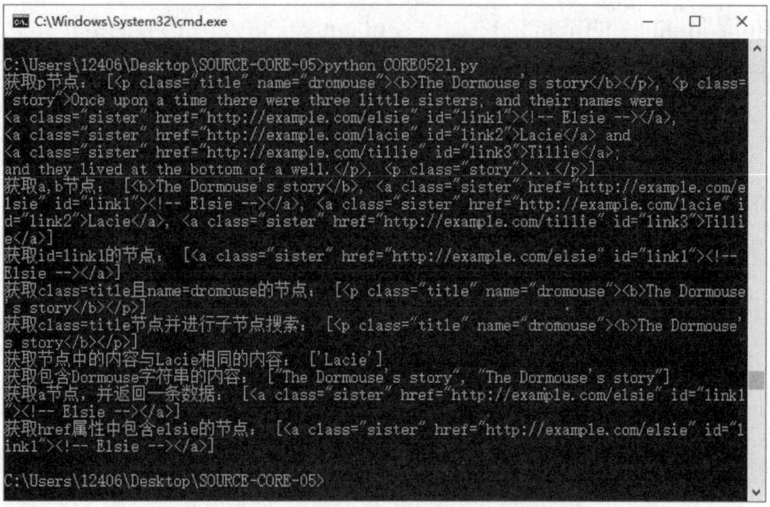

图 5-33　find_all() 方法查询节点的效果

为了实现图 5-33 的效果，代码 CORE0521 如下所示。

代码 CORE0521.py

```python
# 引入 BeautifulSoup 库
from bs4 import BeautifulSoup
# 定义 HTML5 页面内容
html = '''
<html><head><title>The Dormouse's story</title></head>
<body>
<p class='title' name='dromouse'><b>The Dormouse's story</b></p>
<p class='story'>Once upon a time there were three little sisters; and their names were
<a href='http://example.com/elsie' class='sister' id='link1'><!-- Elsie --></a>,
<a href='http://example.com/lacie' class='sister' id='link2'>Lacie</a> and
<a href='http://example.com/tillie' class='sister' id='link3'>Tillie</a>;
and they lived at the bottom of a well.</p>
<p class='story'>...</p>
'''
# 使用 lxml 解析器进行页面内容解析
soup = BeautifulSoup(html, 'lxml')
# 使用 name 参数进行节点获取
# 获取 p 节点
print(" 获取 p 节点:",soup.find_all("p"))
# 获取 a,b 节点
print(" 获取 a,b 节点:",soup.find_all(["a", "b"]))
# 使用 attrs 参数进行节点获取
# 获取 id=link1 的节点
```

```
print(" 获取 id=link1 的节点:",soup.find_all(attrs={'id':'link1'}))
# 另一种获取方式:soup.find_all('id':'link1')
# 获取 class=title 且 name=dromouse 的节点
print(" 获 取 class=title 且 name=dromouse 的 节 点:",soup.find_all(attrs={'class':'ti-
tle','name':'dromouse'}))
# 使用 recursive 参数进行直接子节点搜索设置
# 获取 class=title 节点并进行直接子节点搜索
print(" 获取 class=title 节点并进行子节点搜索:",soup.find_all(attrs={'class':'title'},re-
cursive=True))
# 使用 text 参数设置文档中字符串内容的过滤
# 获取节点中内容与 Lacie 相同的内容
print(" 获取节点中内容与 Lacie 相同的内容:",soup.find_all(text='Lacie'))
# 引入 Re 正则方法
import re
# 获取包含 Dormouse 字符串的内容
print(" 获 取 包 含 Dormouse 字 符 串 的 内 容:",soup.find_all(text=re.compile("Dor-
mouse")))
# 使用 limit 参数设置返回条数
# 获取 a 节点,并返回 1 条数据
print(" 获取 a 节点,并返回一条数据:", soup.find_all("a",limit=1))
# 使用 **kwargs 参数通过传入属性和对应的属性值,或者一些其他的表达式实现过滤
# 条件定义
# 获取 href 属性中包含 elsie 的节点
print(" 获取 href 属性中包含 elsie 的节点:", soup.find_all(href=re.compile("elsie")))
```

● find() 方法。Beautiful Soup 解析库中还含有一个 find() 方法,与 find_all() 方法的不
同之处在于 find_all() 方法返回的是所有符合条件的节点,而 find() 方法只能返回第一个符
合条件的节点, find() 方法包含的参数与 find_all() 方法的基本相同,但不包含 limit 参数。
另外, find() 方法和 find_all() 方法除了使用和节点返回数量的不同外,返回结果的类型也不
相同, find_all() 方法返回的是列表类型,而 find() 方法返回的是节点的原始类型。find() 方
法查询节点的效果如图 5-34 所示。

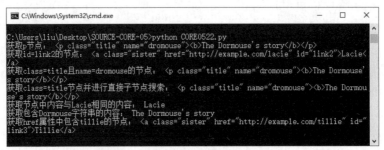

图 5-34　find() 方法查询节点的效果

为了实现图 5-34 的效果，代码 CORE0522 如下所示。

```
代码 CORE0522.py

# 引入 BeautifulSoup 库
from bs4 import BeautifulSoup
# 定义 HTML5 页面内容
html = '''
<html><head><title>The Dormouse's story</title></head>
<body>
<p class='title' name='dromouse'><b>The Dormouse's story</b></p>
<p class='story'>Once upon a time there were three little sisters; and their names were
<a href='http://example.com/elsie' class='sister' id='link1'><!-- Elsie --></a>,
<a href='http://example.com/lacie' class='sister' id='link2'>Lacie</a> and
<a href='http://example.com/tillie' class='sister' id='link3'>Tillie</a>;
and they lived at the bottom of a well.</p>
<p class='story'>...</p>
'''
# 使用 lxml 解析器进行页面内容解析
soup = BeautifulSoup(html, 'lxml')
# 获取 p 节点
print(" 获取 p 节点：",soup.find("p"))
# 获取 id=link2 的节点
print(" 获取 id=link2 的节点：",soup.find(attrs={'id':'link2'}))
# 获取 class=title 且 name=dromouse 的节点
print(" 获取 class=title 且 name=dromouse 的节点：",soup.find(attrs={'class':'ti-
tle','name':'dromouse'}))
# 获取 class=title 节点并进行直接子节点搜索
print(" 获取 class=title 节点并进行直接子节点搜索：",soup.find(attrs={'class':'title'},re-
cursive=True))
# 获取节点中内容与 Lacie 相同的内容
print(" 获取节点中内容与 Lacie 相同的内容：",soup.find(text='Lacie'))
# 引入 Re 正则方法
import re
# 获取包含 Dormouse 字符串的节点的内容
print(" 获取包含 Dormouse 字符串的内容：",soup.find(text=re.compile("Dormouse")))
# 获取 href 属性中包含 tillie 的节点
print(" 获取 href 属性中包含 tillie 的节点：", soup.find(href=re.compile("tillie")))
```

（3）CSS 选择器

Beautiful Soup 还提供了另外一种选择器，那就是 CSS 选择器，如果想要使用 CSS 选择器，只需要调用 select() 方法，之后通过不同的条件设置即可实现相关节点及节点信息的过滤。与上面两种获取方式相比，尽管它们使用方式不同，但都是通过节点名称、包含类名、ID名、包含属性等途径进行节点选择。select() 方法选择节点的效果如图 5-35 所示。

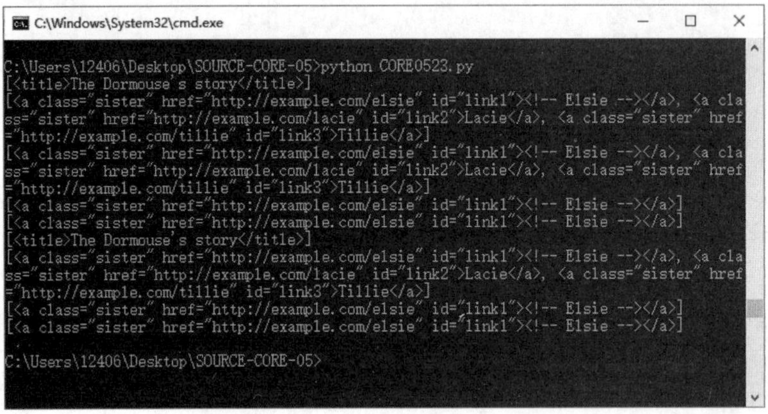

图 5-35　select() 方法选择节点的效果

为了实现图 5-35 的效果，代码 CORE0523 如下所示。

```python
代码 CORE0523.py

# 引入 BeautifulSoup 库
from bs4 import BeautifulSoup
# 定义 HTML5 页面内容
html = '''
<html><head><title>The Dormouse's story</title></head>
<body>
<p class='title' name='dromouse'><b>The Dormouse's story</b></p>
<p class='story' >Once upon a time there were three little sisters; and their names were
<a href='http://example.com/elsie' class='sister' id='link1'><!-- Elsie --></a>,
<a href='http://example.com/lacie' class='sister' id='link2'>Lacie</a> and
<a href='http://example.com/tillie' class='sister' id='link3'>Tillie</a>;
and they lived at the bottom of a well.</p>
<p class='story'>...</p>
'''
# 使用 lxml 解析器进行页面内容解析
soup = BeautifulSoup(html, 'lxml')
# 通过标签获取节点
print (soup.select('title'))
print (soup.select('a'))
```

```
# 通过类名获取节点
print (soup.select('.sister'))
# 通过 ID 名获取节点
print (soup.select('#link1'))
# 组合获取节点
print (soup.select('p #link1'))
print (soup.select("head > title"))
# 通过属性获取节点
print (soup.select('a[class="sister"]'))
print (soup.select('a[href="http://example.com/elsie"]'))
# 组合属性获取节点
print (soup.select('p a[href="http://example.com/elsie"]'))
```

通过以上的学习，可以了解 Requests 库的基本使用及爬虫定义，为了巩固所学知识，通过以下几个步骤，结合使用 Requests 库与抓包工具（拦截查看网络数据包内容的软件）的实现对一个 APP 页面的内容的爬取。

第一步：下载抓包工具。

这里使用 Fiddler 抓包工具。打开浏览器，输入网站地址：https://www.telerik.com/fiddler，点击下载按钮后，根据相关提示信息完成内容填写，即可实现 Fiddler 的下载，效果如图 5-36 所示。

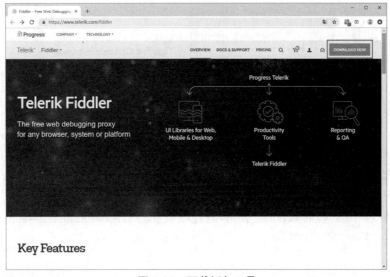

图 5-36　下载抓包工具

第二步：Fiddler 安装。

双击下载好的软件安装包，之后点击"I Agree"→"Install"按钮即可安装 Fiddler 工具。安装完成的效果如图 5-37 所示。

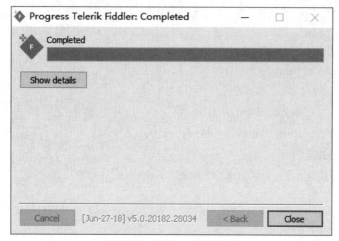

图 5-37　Fiddler 安装完成

第三步：Fiddler 工具配置。

打开刚刚安装完成的 Fiddler 软件，效果如图 5-38 所示。

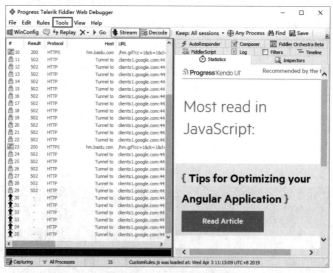

图 5-38　Fiddler 工具配置

点击图 5-38 中"Tools"菜单下的"Options"按钮进入工具配置界面，效果如图 5-39 所示。

点击图 5-39 中的"Connections"按钮，进行端口号的配置，效果如图 5-40 所示。

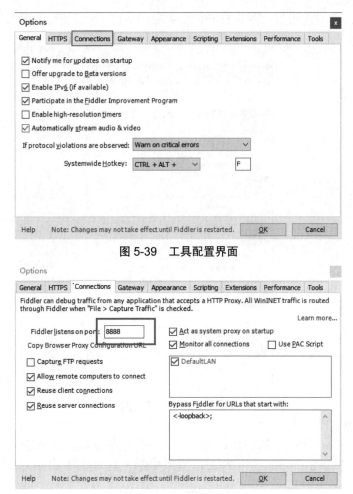

图 5-39　工具配置界面

图 5-40　端口号配置

第四步：手机配置。

由于抓取的是手机 APP 数据，因此需要在同一局域网内进行手机网络的配置，进入手机 Wi-Fi 修改界面，设置手动代理并进行主机 IP 和端口号的配置，效果如图 5-41 所示。

图 5-41　手机配置

第五步：APP 页面分析。

　　配置完成后,即可使用当前手机打开需要爬取的 APP,这里使用的是美团 APP,页面结构如图 5-42 所示。

图 5-42　APP 页面分析

　　第六步:查看 APP 信息。

　　找到需要抓取的页面后,在 Fiddler 抓包工具页面中能获取当前 APP 请求网络的路径,点击路径后即可查看当前 APP 的相关信息,效果如图 5-43 和图 5-44 所示。

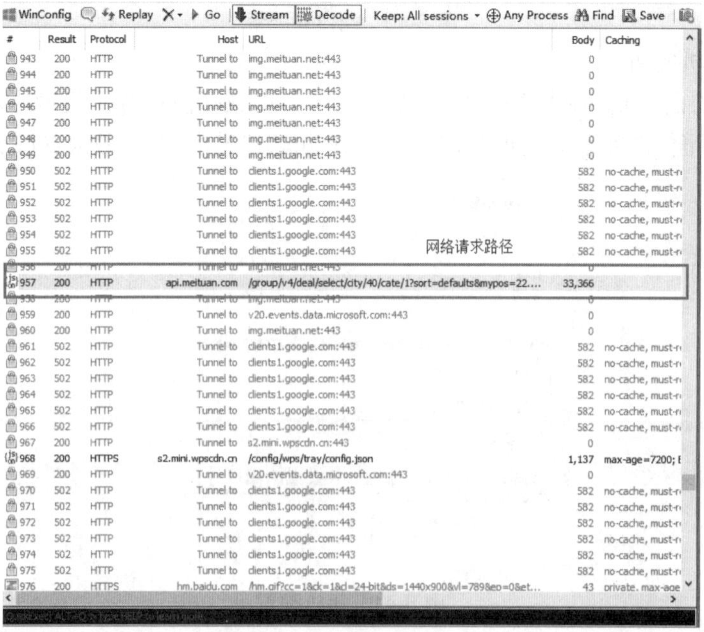

图 5-43　APP 请求网络路径

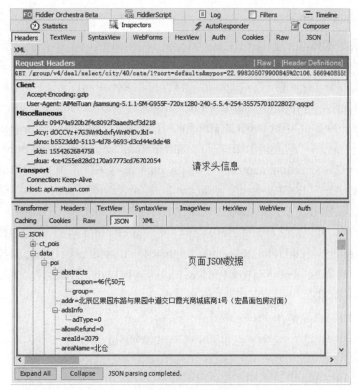

图 5-44　APP 相关信息

第七步：代码编辑。

基本配置和信息获取完成后即可进行代码的编辑，将上面获取的相关请求头信息填入代码相应的位置，之后将爬取路径放入请求方法中进行页面内容的请求，再之后通过 JSON 信息的分析，爬取需要的页面信息，如有需要可将信息保存到本地文件，代码 CORE0524 如下所示，效果如图 5-1 所示。

代码 CORE0524.py

```
# 引入 Requests 库
import requests
def main():
    # 定义请求头
    headers = {
        # 将 Fiddler 右上方的内容填在 headers 中
        "Accept-Charset": "UTF-8",
        "Accept-Encoding": "gzip",
            "User-Agent": "AiMeiTuan /OPPO -5.1.1-OPPO R11-1280x720-240-5.5.4-254-
866174010228027-qqcpd",
        "Connection": "Keep-Alive",
        "Host": "api.meituan.com"
```

```
    }
    # 循环请求数据
    for i in range(0,100,15):
        # 右上方有个 get 请求，将 get 后的网址赋给 heros_url
        heros_url = "http://api.meituan.com/group/v4/deal/select/city/40/cate/1?sort=de-
faults&mypos=33.99958870366006%2C109.56854195330912&hasGroup=true&mpt_
cate1=1&offset="+str(i)+"&limit=15&client=android&utm_source=qqcpd&utm_medium=an-
droid&utm_term=254&version_name=5.5.4&utm_content=866174010228027&utm_cam-
paign=AgroupBgroupC0E0Ghomepage_category1_1__a1&ci=40&uuid=704885BFB717F-
2C01E511F22C00C57BCF67FBCCB6E51D4EE4D012C5BE0DCAFC2&m
    sid=8661740102280271551099952848&__skck=09474a920b2f4c8092f3aaed-
9cf3d218&__skts=1551100036862&__skua=4cc9b4c45a5fd84d9e60e187fabb4428&__sk-
no=6b0f65d3-0573-483c-a0c0-68a16fd1dda7&__skcy=ylVLNnkSr%2BWmTKUf-
gw%2BL6Ms21sg%3D"
        # 美食的列表显示在 JSON 格式下
        res = requests.get(url=heros_url, headers=headers).json()
        # 打印列表
        for i in res["data"]:
            print(i["poi"]["name"])
            print(i["poi"]["areaName"])
            print(i["poi"]["avgPrice"])
            print(i["poi"]["avgScore"])
            print("+++++++++++++++++++++++++++++++++++++++++++=")
    if __name__ == "__main__":
        main();
```

至此，Requests 库对 APP 数据的采集完成。

提示：通过以上的学习已经对抓包工具的使用有了简要了解，扫描二维码，了解更多抓包工具的相关知识。

本项目通过 Requests 库对客户端数据采集的实现，使读者对 Requests 和 Beautiful Soup

库的相关知识有了初步了解，对 Requests 库的相关使用有所了解并掌握，并能够通过所学的 Requests 库知识结合 Fiddler 抓包工具实现 APP 数据的采集。

licensed	合格的	requests	要求
clone	克隆	transfer	传递
protocol	协议	world	世界
wide	款	proxies	代理
verity	真理	history	历史

1. 选择题

（1）HTTP（Hyper Text Transfer Protocol），即（　　　）。

A. 控制协议　　　　　　　　　　　　B. 传输控制协议

C. 文件传输协议　　　　　　　　　　D. 超文本传输协议

（2）以下不属于 Requests 库包含的 URL 操作方法的是（　　　）。

A.put()　　　　　B.get()　　　　　C.post()　　　　　D.push()

（3）超时设置使用的参数是（　　　）。

A.timeout　　　　B.proxies　　　　C.allow_redirects　　　　D.stream

（4）Requests 在发送 HTTP 请求时会自动进行（　　　）证书的检查。

A.SSL　　　　　B.SSH　　　　　C.TLS　　　　　D.Https

（5）Beautiful Soup 中包含（　　　）种解析页面获取数据的方法。

A. 一　　　　　B. 二　　　　　C. 三　　　　　D. 四

2. 简答题

（1）简述完整的 URL 包含的各个部分。

（2）简述 Requests 库包含的各个请求方法及其作用。

项目六　Kettle 学生数据处理

通过对学生数据的处理,了解 ETL 数据分析的流程,熟悉 ETL 开源工具的种类,掌握 Kettle 工具的安装及使用方法,具备使用 Kettle 数据处理工具实现对学生数据进行处理的能力,在任务实现过程中做到以下几点。

- 了解 ETL 数据分析过程;
- 熟悉 ETL 开源工具相关种类;
- 掌握 Kettle 工具的安装和基本使用;
- 具备实现学生数据处理的能力。

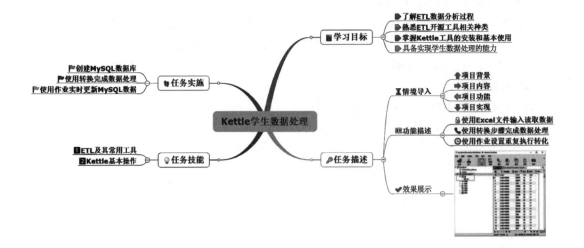

【情境导入】

在大数据项目开发过程中,如果需要对原数据进行简单的数据处理和迁移,为了能够高效地完成任务,很多时候要借助一些数据分析工具。Kettle 支持图形化的 GUI 设计界面,能通过可视化流程图的方式将数据的抽取、清洗呈现出来。本项目通过对 Kettle 工具相关知识的讲解,最终实现对学生数据的处理。

【功能描述】

● 使用 Excel 文件输入读取数据;
● 使用转换步骤完成数据处理;
● 使用作业设置重复执行转化。

【效果展示】

通过对本项目的学习,使用 Kettle 数据处理工具相关的操作方法实现对学生数据的筛选、排序、迁移等操作,并将数据处理结果保存到 MySQL 数据库中,效果如图 6-1 所示。

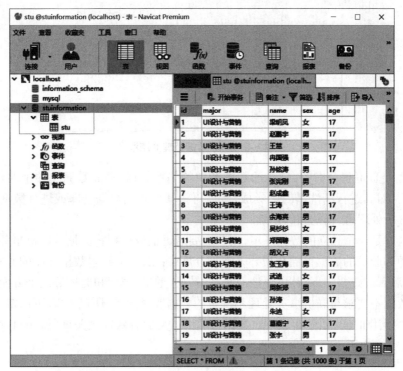

图 6-1　效果图

技能点一　ETL 及其常用工具

课程思政

1.ETL 简介

ETL,全称为 Extract-Transform-Loading,即将数据从源端通过抽取、转换,加载至目的端的过程,目的是将企业中分散、零乱、标准不统一的数据整合到一起,为企业的决策提供分析依据,其经常被用在数据仓库中,但并不局限于数据仓库。ETL 数据处理的流程如图 6-2所示。

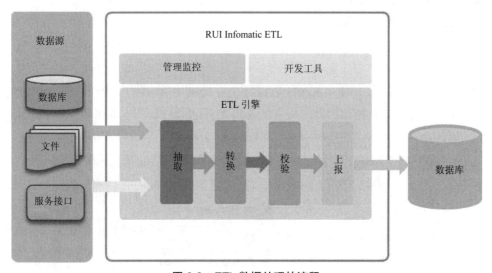

图 6-2　ETL 数据处理的流程

ETL 主要负责将分布的、异构的数据源中的关系数据、平面数据文件中的数据等抽取到中间层后,对其进行清洗、转换、集成,之后再将其加载到数据仓库或进行数据集中,使其成为联机分析处理、数据挖掘的基础。

数据仓库是一个独立的数据环境,用户需要通过抽取过程将数据从联机事务处理环境、外部数据源和脱机的数据存储介质导入数据仓库中;ETL 是构建数据仓库的非常重要的一环,是承前启后的必要一步,其主要涉及关联、转换、增量、调度和监控等几个方面;数据仓库系统中的数据不要求与联机事务处理系统中的数据实时同步,所以 ETL 可以定时进行。但多个 ETL 的操作时间、顺序和成败对数据仓库中信息的有效性至关重要。ETL 在数据仓库中的位置如图 6-3所示。

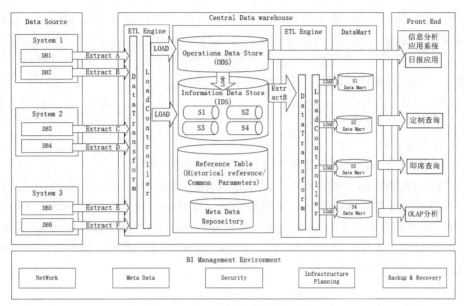

图 6-3　ETL 在数据仓库中的位置

另外，ETL 是 BI（Business Intelligence，商务智能，是一套完整的解决方案，它对企业中的现有数据进行有效整合，快速、准确地提供报表并提出决策依据，帮助企业作出明智的业务经营决策）项目的一个重要环节。通常情况下，在 BI 项目中，ETL 会花掉整个项目至少 1/3 的时间，ETL 设计的好坏直接关系到 BI 项目的成败，ETL 是一个长期的过程，只有经过不断地发现问题、解决问题，才能使 ETL 的运行效率更高，为项目后期开发提供准确数据。

目前，ETL 的设计可以分为三个部分：数据抽取、数据的清洗转换、数据的加载。在设计 ETL 的时候也是从这三部分出发。数据的抽取是将各个不同的数据源中的数据抽取到 ODS（Operational Data Store，操作型数据存储）中，这个过程也可以做一些数据的清洗和转换，在抽取的过程中需要挑选不同的抽取方法，尽可能提高 ETL 的运行效率；ETL 三个部分中，花费时间最长的是"T"（Transform，清洗、转换）的部分，一般情况下这个部分的工作量占整个 ETL 工作量的 2/3；数据的加载一般是在数据清洗完成之后将数据直接写入 DW（Data Warehousing，数据仓库）。

ETL 的实现有多种方法，常用的有三种，一种是借助 ETL 工具实现，一种是用 SQL 方式实现，另外一种是将 ETL 工具和 SQL 结合。前两种方法各有各的优缺点，借助 ETL 工具可以快速建立起 ETL 工程，屏蔽了复杂的编码任务，提高了速度，降低了难度，但是缺少灵活性。SQL 方法的优点是灵活，能提高 ETL 的运行效率，但是编码复杂，对技术要求比较高。第三种综合了前面两种的优点，极大提高了 ETL 的开发速度和效率。

ETL 的主要环节就是数据抽取、数据的清洗转换、数据加载。为了实现这些功能，各个 ETL 工具一般会进行一些功能上的扩充，例如工作流、调度引擎、规则引擎、脚本支持、统计信息等。

（1）数据抽取（Extract）

数据抽取是从数据源中抽取数据的过程。在实际应用中，选取的数据源较多的是关系数据库。这一部分需要在调研阶段做大量的工作，首先要搞清楚数据是从几个业务系统中来,各个业务系统的数据库服务器运行什么 DBMS(Database Management System,数据库管理系统),是否存在手工数据,手工数据量有多大,是否存在非结构化的数据等,当收集完这些信息之后,才可以进行数据抽取设计。从数据库中抽取数据一般有以下几种方式。

● 对于与存放 DW 的数据库系统相同的数据源的处理方法。

这一类数据源在设计上比较容易。一般情况下,DBMS(如 SQLServer、Oracle)都会提供数据库链接功能,在 DW 数据库服务器和原业务系统之间建立直接的链接关系可以写 Select 语句直接访问。

● 对于与存放 DW 的数据库系统不同的数据源的处理方法。

对于这一类数据源,一般情况下可以通过 ODBC(Open Database Connectivity,开放数据库互联的方式建立数据库链接——如 SQL Server 和 Oracle 之间。如果不能建立数据库链接,可以通过两种方式完成,一种是通过工具将源数据导出成".txt"或者是".xls"文件,然后再将这些源系统文件导入 ODS(Operational Data Store,操作型数据存储)中;另外一种方法是通过程序接口来完成。

● 对于文件类型的数据源(.txt、xls)的处理方法。

对于这类数据源,可以培训业务人员利用数据库工具将这些数据导入指定的数据库,然后从指定的数据库中抽取,还可以借助工具实现。

● 对于数据量大的数据源的处理方法。

对于数据量大的系统,必须考虑增量抽取。一般情况下,业务系统会记录业务发生的时间,我们可以用来做增量的标志,每次抽取之前首先判断 ODS 中记录的最大的时间,然后根据这个时间去业务系统取大于这个时间的所有记录。

通过以上几种方式可以实现数据的抽取功能,但在抽取之前,不仅需要检查是否有手工数据、手工数据量大小等,还需要了解数据质量的相关信息,以保证抽取的数据的质量,数据质量主要体现在以下几方面。

● 正确性 (Accuracy): 数据是否正确体现在是否有现实或可证实的来源。

● 完整性 (Integrity): 数据之间的参照完整性是否存在或一致。

● 一致性 (Consistency): 数据是否能被一致定义或理解。

● 完备性 (Completeness): 所有需要的数据是否都存在。

● 有效性 (Validity): 数据是否在企业定义的可接受的范围之内。

● 时效性 (Timeliness): 数据在需要的时间是否有效。

● 可获取性 (Accessbility): 数据是否易于获取、易于理解和易于使用。

既然存储的数据会出现时效性、正确性等相关的数据质量问题,那么产生这些问题的原因是什么呢? 产生数据质量的原因如下。

● 业务系统不同时期数据模型不一致。

● 业务系统不同时期业务过程有变化。

● 各个源系统之间相关信息不一致。

● 遗留系统和新业务、管理系统数据集成不完备带来的不一致性。

● 源系统缺少输入验证过程,不能阻止非法格式的数据进入系统。

● 可以验证但不能改正数据,验证程序不能发现格式正确但内容不正确的错误。

● 源系统不受控制的更改,而这种更改不能及时传播到受影响的系统。

● 数据来源于多个交叉的访问界面，难以统一管理数据质量问题。

● 缺少参照完整性检查低劣的源系统设计。

● 数据转换错误，比如 ETL 过程错误或数据迁移过程的错误。

● 源系统与数据仓库系统的数据组织方式完全不同。

（2）数据清洗转换（Cleaning、Transform）

从数据源中抽取的数据不一定完全满足目的库的要求，例如数据格式的不一致、数据输入错误、数据不完整等，因此有必要对抽取出的数据进行数据清洗和转换。

一般情况下，数据仓库分为 ODS、DW 两部分。通常的做法是从业务系统到 ODS 做清洗，将脏数据和不完整数据过滤掉，再从 ODS 到 DW 的过程中转换，进行一些业务规则的计算和聚合。

● 数据清洗。

数据清洗的任务是过滤掉那些不符合要求的数据，将过滤后的结果交给业务主管部门，确认是否过滤掉无用数据或是由业务单位修正之后再进行抽取。其中，不符合要求的数据主要有不完整数据、错误数据、重复数据三大类。

数据清洗是一个反复的过程，不可能在几天内完成，只能不断发现问题，解决问题。对于是否过滤完成或是否需要修正一般要客户确认，过滤掉的数据应写入 Excel 文件或者将过滤数据写入数据表，在 ETL 开发的初期可以每天向业务单位发送过滤数据的邮件，促使他们尽快修正错误，同时也可以将其作为将来验证数据的依据。数据清洗需要注意的是不能将有用的数据过滤掉，每个过滤规则要认真进行验证，并需要用户确认。

● 数据转换。

数据转换主要对不一致的数据进行转换，以及对一些商务规则进行计算。不同的企业有不同的业务规则、不同的数据指标，这些指标有的时候不是简单的加加减减就能完成的，这个时候就需要对商务规则进行计算，在 ETL 中将这些数据指标计算好了之后存储在数据仓库中，以供分析使用。

（3）数据加载

将清洗和转换后的数据加载到目的库中是 ETL 过程的最后步骤。加载数据的最佳方法取决于所执行操作的类型以及需要装入多少数据。当目的库是关系数据库时，一般来说有以下两种加载方式。

● 直接使用 SQL 语句进行 insert、update、delete 操作。

● 采用批量装载方法，如 bcp、bulk、关系数据库特有的批量装载工具或 api。

大多数情况下会使用第一种方法，因为它们进行了日志记录并且是可恢复的。但是批量装载操作易于使用，并且在装入大量数据时效率较高。具体使用哪种数据装载方法取决于业务系统的需要。

2.ETL 开源工具

由于 ETL 的发展，其相应的处理工具也发展迅速，目前，ETL 工具有 Datastage、ODI、Kettle、Informatica、OWB、微软 DTS、Beeload 等。上面说 ETL 是数据的整合方案，实际上 ETL 就是一个倒数据的工具，就是将不同数据源的数据导入目标数据库的工具。

（1）Datastage

Datastage，全称为 IBM WebSphere DataStage，是能够简单、快捷创建和维护数据仓库和数据集的一个强有力工具。该工具能够为数据仓库的创建和管理提供必需的工具,并根据实际情况对这些工具进行扩展。通过对 Datastage 工具的使用,除了可以快速建立数据仓库解决方案并提供用户所需的数据和报告外,还可以实现以下目标。

● 为数据仓库和数据集设计实现数据抽取、整合、聚集、装载、转换等操作的相关作业。

● 创建和重用原数据和作业组件。

● 执行、监控和定时运行作业。

● 管理开发和生产环境。

（2）ODI

ODI,英文名称为 Oracle Data Integrator,是一个基于 Java 开发的应用程序,主要解决了异构程度日益增加的环境中的数据的集成问题,其不仅可以使用数据库来执行基于集合的数据集成任务,还可以将该功能扩展到多种数据库平台以及 Oracle 数据库中。另外,通过对 ODI 的使用,还可以提取 Web 服务和消息并转换。ODI 的功能非常强大,主要包括以下几点。

● 使用 CDC 作为变更数据捕获的捕获方式。

● 代理支持并行处理和负载均衡。

● 完善的权限控制、版本管理功能。

● 支持数据质量检查、清洗和回收脏数据。

● 支持 JMS 消息中间件集成。

● 支持 Web Service。

（3）Kettle

Kettle 是国外的一款使用 Java 编写的开源 ETL 工具,可在 Windows、Linux 或 UNIX 系统上运行,解压后无须安装即可使用,能够稳定、高效地完成数据抽取任务。

Kettle 使用了图形界面的方式进行可视化的 ETL 过程设置操作,以命令行的形式执行,支持多种类型的数据库、文本格式的输入和输出且支持定时和循环,实现了将各种数据集中到一起的功能,并能够按照用户需要的格式输出,具有可集成、可扩展、可复用、跨平台和高性能等优点。Kettle 由四个组件组成,分别为 Spoon、Pan、Chef 和 Kitchen。

● Spoon:图形化界面,用于设计 ETL 转换过程（Transformation）。

● Pan:是一个后台执行的程序,没有图形界面,用于批量运行由 Spoon 设计的 ETL 转换。

● Chef:用于创建任务（Job）。通过允许转换、任务、脚本等,进行自动化更新数据仓库的复杂工作。

● Kitchen:后台程序,批量使用由 Chef 设计的任务。

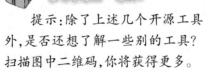

提示:除了上述几个开源工具外,是否还想了解一些别的工具?扫描图中二维码,你将获得更多。

3.Kettle 的安装

在使用 Kettle 处理数据之前,需要进行 Kettle 数据处理工具的下载安装,Kettle 的安装非常简单,直接访问 https://sourceforge.net/projects/pentaho/files/ 地址即可进行 Kettle 软件最新版本的下载,之后安装即可。具体下载安装步骤如下。

第一步:进入下载地址,之后点击"Download Latest Version"按钮,页面会自动跳转至下载页面,在此页面中无须进行其他操作,倒计时结束将自动下载,如图 6-4 和图 6-5 所示。

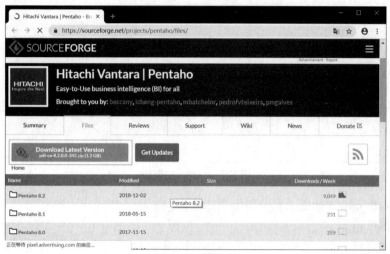

图 6-4 下载地址

图 6-5 Kettle 下载

第二步:下载完成后将压缩包解压到任意位置,之后进入 Kettle 根目录,双击 Spoon.bat 会弹出提示信息,点击关闭 Kettle 即可正常运行(因为 Kettle 使用 Java 编写,使用时需要配置 JDK 环境),无须安装。如图 6-6 所示。

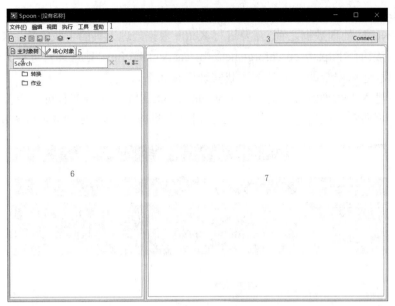

图 6-6　Kettle 主界面

通过图 6-6 可知,Kettle 工具分为七个部分。

①软件菜单栏。

②快捷工具栏。

③透视图功能,包括数据集成、模型和可视化三个组件。

④在使用 Kettle 时设计使用到的对象。

⑤ Kettle 中所有的组件。

⑥根据选择②或③显示响应的结果。

⑦ Kettle 设计界面。

技能点二　Kettle 基本操作

1. 概念模型

　　Kettle 应用于转换或者抽取数据, Kettle 使用资源库的方式整合了所有的工作。在数据抽取过程中首先需要创建一个作业,每个作业可以包含多个由数据库操作、编写和执行的 SQL 语句,配置数据库地址等构成的转换操作。一个完整的作业包括三个节点,开始(根据作业进行编辑)、作业(选择作业所调用的转换)和成功(在转换中配置查询操作)。Kettle 模型如图 6-7 所示。

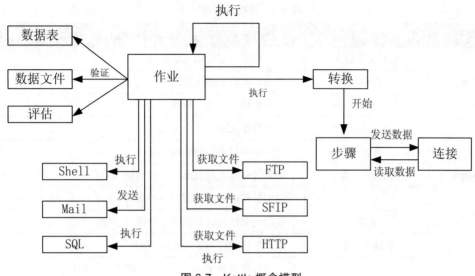

图 6-7　Kettle 概念模型

2. 核心对象

　　Kettle 主要包含两个核心对象,分别为转换和作业,其中转换主要应用于对各种数据的处理,作业是指一些更高级的处理流程。

　　(1)转换

　　转换主要是针对数据的各种处理,若干个步骤(Steps)和连接(Hops)可以组成一个转换,一个转换可以被保存为一个扩展名为".ktr"的文件。其中,关于步骤和连接的解释如下。

　　● 步骤。数据文件的输入或数据表的输出都被称为步骤,步骤是构建转换的模块。步骤按照不同功能可分为输入类、输出类和脚本类等,每个种类都具有特定的功能,通过创建和配置一系列步骤就可以完成相关的数据转换任务。

　　● 连接。连接是步骤与步骤之间的通道,用于实现将元数据从一个步骤传到下一个步骤的操作。步骤和连接能够构成一个完整的转换。转换并非严格按照顺序执行,节点间的连接只是决定了步骤间的数据流,步骤的顺序也不是转换的执行顺序。当转换被执行时每个步骤都会以独立的线程启动,开始不间断接收和推送数据。在转换中,步骤都是同步运行的。

　　图 6-8 为一个转换的例子,是一个从文本文件中读取数据,并将数据分组、排序,然后将数据加载到数据库的过程。

文本文件输入　　　分组　　　排序记录　　　表输出

图 6-8　Kettle 的转换操作

转换常用的流程环节如表 6-1 所示。

表 6-1 转换的常用流程

类别	环节名称	功能说明
Input	文本文件输入	从本地文本文件输入数据
	表输入	从数据库表中输入数据
	获取系统信息	读取系统信息输入数据
Output	文本文件输出	将处理结果输出到文本文件
	表输出	将处理结果输出到数据库表
	插入 / 更新	根据处理结果对数据库表机型插入更新
	更新	根据处理结果对数据库进行更新
	删除	根据处理结果对数据库记录进行删除
Lookup	数据库查询	根据设定的查询条件进行查询
	流查询	将目标表读取到内存,通过查询条件对内存中数据集进行查询
	调用 DB 存储过程	调用数据库存储过程
Transform	字段选择	选择需要的字段,过滤掉不需要的字段,也可进行数据库字段对应操作
	过滤记录	根据条件对记录进行分类
	排序记录	根据某一条件对数据进行排序
	空操作	无操作
	增加常量	增加需要的常量字段
Mapping	映射(子转换)	数据映射
Job	Sat Variables	设置环境变量
	Get Variables	获取环境变量

(2)作业

作业是由作业节点、作业项(Job Entry)和作业设置组成的比转换更高一级的处理流程(文件扩展名为".jkb"),是基于工作流模式协调数据源、执行过程和相关依赖性的 ETL 活动且完成了功能和实体过程的聚合。一个作业包含从 FTP 获取文件、检查数据库表是否存在、执行转换、发送邮件等任务。常见作业流程如表 6-2 所示。

表 6-2 常见作业流程

类别	环节名称	功能说明
Job entries	START	开始
	DUMMY	结束
	Transformation	引用 Transformation 流程
	Job	引用 Job 流程
	Shell	调用 Shell 脚本
	SQL	执行 sql 语句
	FTP	通过 FTP 下载
	Table exists	检查目标表是否存在,返回布尔值
	File exists	检查文件是否存在,返回布尔值
	Javascript	执行 JavaScript 脚本
	Create file	创建文件
	Delete file	删除文件
	Wait for file	等待文件,文件出现后继续下一个环节
	File Compare	文件比较,返回布尔值
	Wait for	等待时间,设定一段时间,Kettle 流程处于等待状态
	Zip file	压缩文件为 ZIP 包

3. 转换步骤

通过随机数生成、文本文件输出、表输入、字段选择、排序记录、表输出、Excel 文件输入、插入 / 更新等相关操作的实现对转换相关步骤进行讲解。

（1）随机数生成

通过在设计界面创建一个"生成随机数步骤"和"文本文件输出"步骤,完成以生成随机数作为输入,并以文本方式输出到本地的功能,步骤如下。

第一步:Kettle 程序成功运行后,在软件菜单栏中选择"文件"→"新建"→"转换",创建一个转换操作,如图 6-9 所示。

第二步:转换创建完成后,在左侧输入功能组,找到"生成随机数"步骤,按住鼠标左键将其拖动到设计界面,在设计界面中双击"生成随机数"步骤,设置名称"n"的类型为随机数字,名称"m"的类型为随机字符串,生成随机数设置如图 6-10 所示。

生成随机数步骤设置说明如下。

● 步骤名称:默认为"生成随机数",可根据实际进行修改。

● 名称:随机数变量名。

● 类型:随机数的类型,可生成随机数字、随机整数、随机字符串等。

（2）文本文件输出

文本文件输出能够将经过转换处理的数据以指定的文本格式进行输出,输出时还能够进行分隔符添加、是否去掉空格选择和字段长度设置等相关操作,文本文件输出的实现步骤如下。

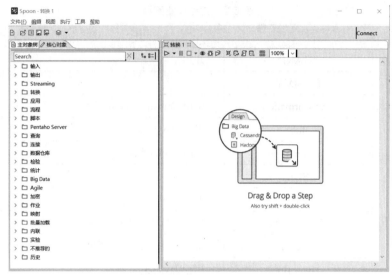

图 6-9　创建转换操作

图 6-10　生成随机数设置

第一步:在设计界面中创建一个"文本文件输出",文本文件输出配置如图 6-11 所示。

图 6-11　文本文件输出配置

文本文件输出步骤常用设置说明如下。

● 文件名称：输出文件的保存路径和文件名称。

● 创建父目录：勾选该选项时，Kettle 在执行转换时会根据设置创建目录。

● 从字段中获取文件名：勾选该选项能够在文件中选择一个字段作为文件名。

● 扩展名：选择输出文件的格式。

第二步：为生成随机数和文本文件输出两个步骤建立连接，用鼠标左键按住"生成随机数"的同时按住键盘的"Shift"键，向文本文件输出拖动，建立连接，然后点击"运行这个转换"按钮开始执行，结果如图 6-12 和图 6-13 所示。

图 6-12　软件执行

图 6-13　文件生成结果

（3）表输入

在上述步骤中创建了一个简单的转换操作，以"生成随机数"作为数据输入并以文本文件的形式输出到了本地文件系统，除了"生成随机数"输入外，数据库表输入同样是较为常用的输入方式，具体步骤如下。

第一步：在设计界面创建一个"表输入"步骤，表输入步骤配置如图 6-14 所示。

图 6-14　选择表输入

表输入步骤配置说明如下。

● 数据库连接：选择用户创建的连接数据库的字符创建。

● SQL：用以选择使用哪些表作为输入并进行初步的数据筛选。

● 记录数量限制：设置输入数据的最大行数。

第一次使用数据库表作为输入时需要创建一个数据库的连接，设置数据库的主机地址、数据库用户名、密码和所使用的数据库等，Kettle 支持多种数据库连接类型，常用的有 MySQL、Oracle 等，这里以 MySQL 数据库配置为例说明连接配置属性，如表 6-3 所示。

表 6-3　数据库连接属性说明

属性	说明
连接名称	为当前配置的数据库连接定义一个名字
主机名称	连接数据的 IP 地址或映射的主机名
数据库名称	所要连接的数据库的名称
端口号	连接数据库的端口号
用户名	连接数据库的用户名
密码	数据库的连接密码

以上属性配置完成后可点击"测试"按钮测试数据库是否能够正常连接，配置数据库连接和测试结果如图 6-15 和图 6-16 所示。

数据库连接配置成功后，设置 Kettle 的数据库连接编码和客户端编码为 UTF-8，设置编码可以保存正常输出的内容，不会出现乱码字符。点击"高级"，在如图 6-17 所示的位置输入"set names utf8"，设置客户端编码，点击"选项"在命令参数列输入"characterEncoding"，在值列输入"utf8"，如图 6-18 所示。

数据库输入步骤讲解使用的数据库为"starter"，数据库表为"core_role"，表结构如图 6-19 所示。

第二步：返回表输入配置页面，在数据库连接的下拉菜单中选择名为"first"的数据库进行连接，再选择"core_user"表和"获取 SQL 查询语句"按钮后点击确定，结果如图 6-20 和图 6-21 所示。

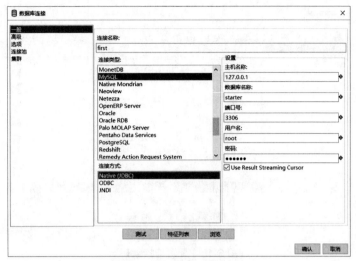

图 6-15 创建数据库连接

图 6-16 测试结果

图 6-17 客户端编码

图 6-18　配置连接编码

名	类型	长度	小数点	不是 null	
ID	int	20	0	☑	🔑1
CODE	varchar	16	0	☐	
NAME	varchar	16	0	☐	
PASSWORD	varchar	64	0	☐	
CREATE_TIME	datetime	6	0	☐	
ORG_ID	int	65	0	☐	
STATE	varchar	16	0	☐	
JOB_TYPE1	varchar	16	0	☐	
DEL_FLAG	tinyint	6	0	☐	
update_Time	datetime	0	0	☐	
JOB_TYPE0	varchar	16	0	☐	
attachment_id	varchar	128	0	☐	

图 6-19　数据表结构

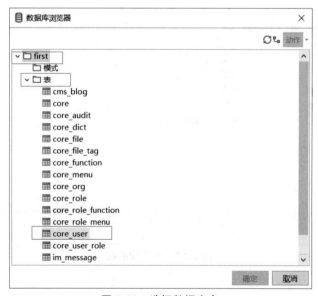

图 6-20　选择数据库表

图 6-21　自动生成查询语句

（4）字段选择

字段选择主要是为了去除不需要的字段，但它除了能够对字段进行过滤外，还能够对数据库中的原字段进行名称、长度和精度等的修改。字段选择操作的实现步骤如下。

第一步：在设计界面中创建一个"字段选择"步骤，并创建其与"表输入"的连接，在字段选择步骤中将除"NAME"字段以外的字段全部过滤掉，"字段选择"步骤常用属性如表 6-4 所示。

表 6-4　字段选择常用属性说明

属性	说明
字段名称	数据库表中的原字段名
改成名	将要改为的新字段名
长度	字段值的长度
精度	在数值类型中指小数位数

字段选择界面如图 6-22 所示。

图 6-22　字段选择

第二步：在选择和修改选项卡中点击"获取选择的字段"，能够获取"表输入"步骤中选择的数据库表的全部字段，结果如图 6-23 所示。

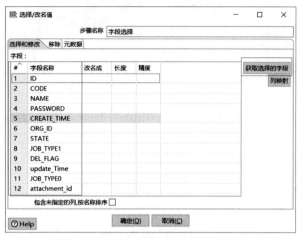

图 6-23　获取全部字段

第三步：点击移除选项卡，移除选项卡的主要功能是将不需要的字段进行剔除，注意存在于移除列表的字段将会被移除，不存在的将会被保留。点击"获取移除的字段"，将"NAME"从移除列表中删除并点击确定，如图 6-24 所示。

图 6-24　选择要移除的字段

（5）排序记录

排序记录能够根据指定字段对数据进行升序或降序排序，以提高数据的可读性。排序记录的实现步骤如下。

第一步：在设计界面中创建"排序记录"并创建其与字段选择的连接。

第二步：使用"排序记录"对记录进行排序，"排序记录"通常应用于简单的字段的排序，让记录更为有序，下面按照"NAME"字段的值进行升序排序，如图 6-25 所示。

（6）表输出

表输出与文本文件输出功能类似，都是对经过处理的数据进行输出，他们的区别在于输出的位置不同。表输出操作的实现步骤如下。

图 6-25 排序记录

第一步：在设计界面中创建"表输出"并与"排序记录"创建连接，使用"表输出"将经过字段选择和排序记录的字段输出到新表中，新表结构如图 6-26 所示。

图 6-26 输出的表结构

第二步：输出的表创建完成后，双击设计页面中的"表输出"，配置数据输出的目标数据库和目标表以及要输出的字段。选择数据库连接名为"localhost"的数据库连接，之后在目标表选择名为"core"的表，配置如图 6-27 所示。

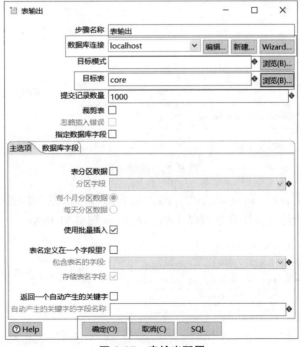

图 6-27 表输出配置

　　第三步：创建完成后，点击"运行这个转换"→"启动"即可开始运行这个转换操作，如图6-28和图6-29所示。

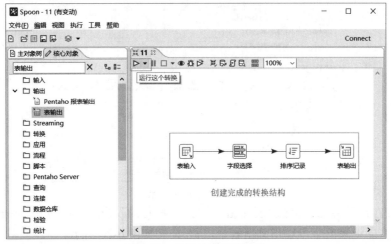

图6-28　转换结构开始运行

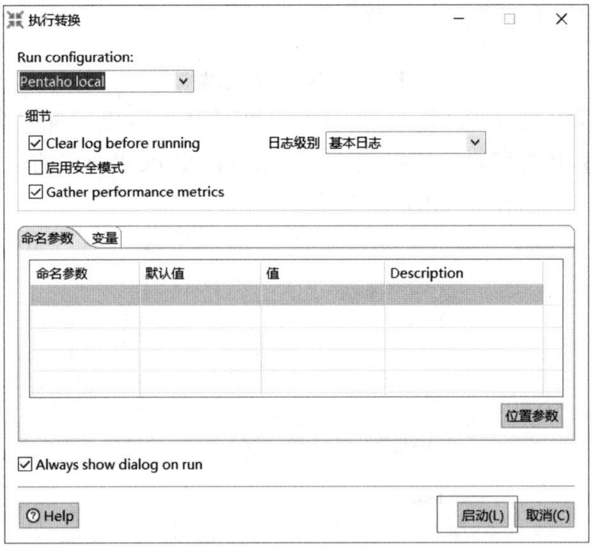

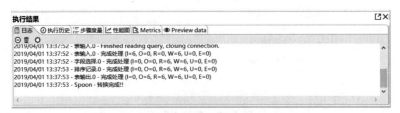

图6-29　启动转换

　　转换执行成功后，Kettle会以文本行的方式输出日志信息，日志中主要包括日期和时间、步骤名和日志内容，转换操作运行结果如图6-30和图6-31所示。

图6-30　Kettle转换运行结束输出日志信息

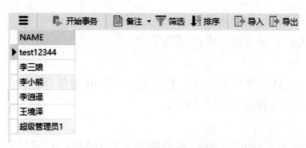

图 6-31　数据库导入结果

（7）Excel 文件输入

在众多数据类型的文件中，Excel 是较为常见的数据存储格式，它能够对数据进行格式化保存以提高可读性，Kettle 提供了 Excel 文件输入操作，能够实现 Excel 文件的工作表、内容、字段等属性的读取和字段选择操作，Excel 文件输入配置如图 6-32 所示。

图 6-32　Excel 文件输入配置

Excel 文件输入配置说明如表 6-5 所示。

表 6-5　Excel 文件输入配置

配置	说明
表格类型	表格类型选择不同版本的 Excel 支持
文件或目录	Excel 表格路径
正则表达式	通过正则表达式获取文件名
正则表达式（排除）	正则表达式筛选数据

（8）插入 / 更新

插入 / 更新操作与表输入操作功能类似，区别在于表输入在重复执行作业时会将重复的数据插入到数据库中，而插入 / 更新操作会根据设置的关键字自行判断是更新数据还是插入数据，插入 / 更新操作的配置如图 6-33 所示。

对图中各个部分配置信息的说明如下。

● 用来查询的关键字：表字段代表数据输出目的地的表中的字段，比较符一般为比较运算符,"流里的字段"代表数据来源中包含的字段。

● 更新字段：代表需要更新表中的哪些字段。

4. 作业操作

Kettle 数据处理工具关于作业的相关操作包括：Start 对象、转换对象、邮件发送对象等,现通过以下内容学习作业操作的相关知识。

（1）Start 对象

Start 对象的全称为作业定时调度,其能够制定作业每隔多长时间重复执行一次或按照每天、每周、每月进行定时,当需要按照指定时间间隔重复执行作业时需要勾选重复属性,作业定时调度对象如图 6-34 所示。

图 6-33　插入 / 更新对象配置

图 6-34　作业定时调度对象

作业定时调度配置说明如表 6-6 所示。

表 6-6　作业定时调度配置说明

属性	说明
Job entry name	作业定时调度的对象的名字
重复	是否根据时间间隔重复执行该作业
类型	设置作业的重复执行类型,选项有时间间隔、天、周和月
以秒计算的间隔	该选项在类型为时间间隔时才能够使用,指定每隔几秒重复执行作业
以分钟计算的间隔	该选项在类型为时间间隔时才能够使用,指定每隔几分钟重复执行作业
每天	指定在每一天的特定时间执行作业,在类型为天时能够设置
每周	指定在每周的某一天执行作业,在类型为周时能够设置

续表

属性	说明
每月	指定在每个月的某一天执行作业,在类型为月时能够设置

（2）转换对象

作业中的转换对象能够在转换中导入一个已有的转换,并按照指定时间重复执行该转换,配置如图 6-35 所示。

图 6-35 转换对象配置

常用配置说明如表 6-7 所示。

表 6-7 作业对象主要配置说明

配置	说明
作业项名称	给导入的作业命名
Transformation	转换文件的路径

（3）邮件发送对象

邮件发送对象能够在作业执行过程中向指定的邮箱发送邮件,时刻通知管理员作业执行状态,邮件内容包括作业项编号、错误、读取行、写入行、输入、输出行等信息,邮件服务器配置如图 6-36 所示。

图 6-36　邮件服务器配置

邮件服务器配置说明如表 6-8 所示。

表 6-8　邮件服务器配置说明

配置	说明
SMTP 服务器	这里指邮件服务器的地址
端口号	邮件服务器端口号
用户名	发件人的邮箱账号
密码	这里为邮箱授权码并非邮箱登录密码

邮件服务器配置完成后即可进行收件人和发件人的地址设置，设置页面如图 6-37 所示。

图 6-37　邮件地址配置

常用邮件地址配置说明如表 6-9 所示。

表 6-9　常用邮件地址配置说明

配置	说明
收件人地址	邮件发送的目的地地址
抄送	邮件副本的目的地地址
暗送	与抄送类似,暗送的收件人不会被其他收件人看到
回复名称	邮件主题
发件人地址	邮件服务器配置时配置的邮件地址

Kettle 数据分析工具能够完成较为简单的数据分析和数据迁移任务,通过以下几个步骤,使用 Kettle 工具对学生信息进行字段筛选和排序并将数据保存到 MySQL 数据库中,之后使用作业将该转换按照指定的时间间隔重复不断进行数据的初步筛选和迁移。

第一步:在 MySQL 数据库中创建一个名为"StuInformation"的库,在库中创建名为"stu"的表,表结构如表 6-10 所示。

表 6-10　"stu"数据表结构

字段名	数据类型
id	id
major	varchar
name	varchar
sex	varchar
age	varchar

第二步:打开 Kettle 软件,创建一个名为"Student"的转换,并拖动创建一个"Excel 输入"进行配置,在本地文件系统中选择学生信息表,配置结果如图 6-38 所示。

第三步:在 Excel 输入对象中点击工作表选项卡,将 Excel 中需要的工作表添加到该对象后,点击内容选项卡将编码改为 UTF-8,最后选择字段选项卡中的"获取来自头部数据的字段",得到字段名,结果如图 6-39、图 6-40 和图 6-41 所示。

第四步:创建字段选择对象并与"Excel 输入"创建连接,在字段选择对象中设置只保留"major""name""sex"和"age"字段,双击打开字段选择对象配置窗口,在"选择和修改"选项卡中点击"获取选择的字段"获取"Excel 输入"步骤中的全部字段,点击"移除"选项卡将"nation""status"和"politics"字段添加到移除列表中,结果如图 6-42 和图 6-43 所示。

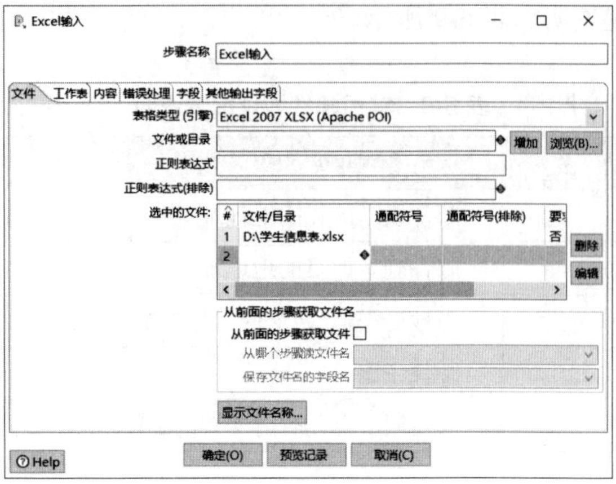

图 6-38 选择学生信息表

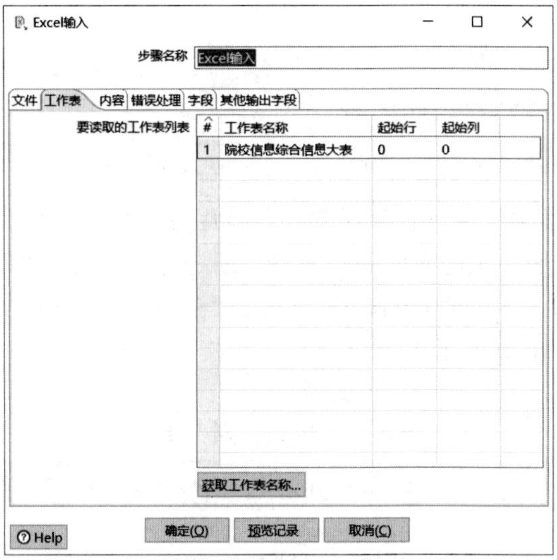

图 6-39 选择工作表

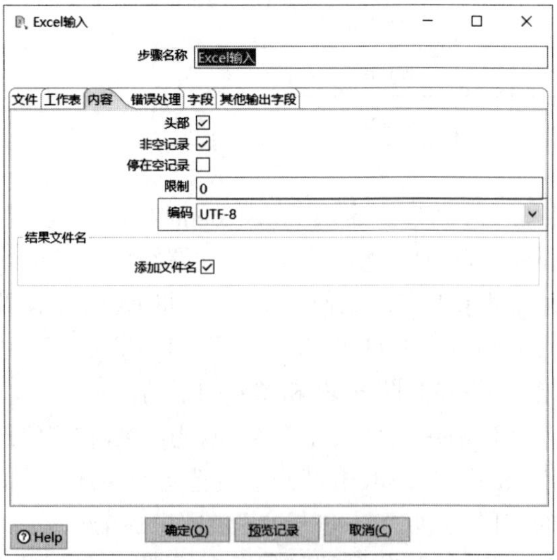

图 6-40 修改编码格式

图 6-41 获取所有字段

图 6-42 获取表输入中的字段

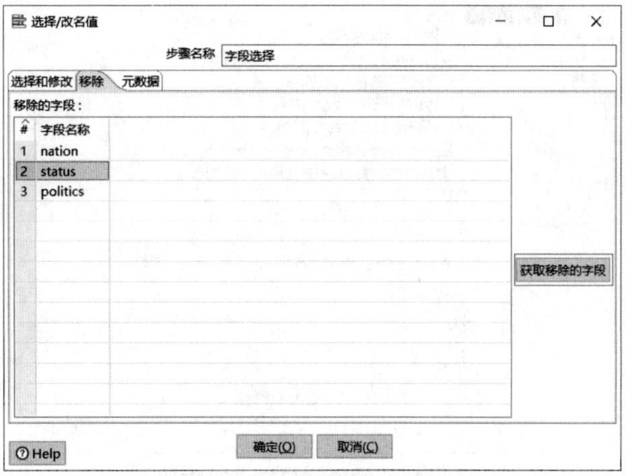

图 6-43 设置要移除的字段

第五步：创建"插入／更新"对象并与"字段排序"对象创建连接,然后配置数据库连接并双击打开"插入／更新"对象配置页面,点击"数据库连接"后的"新建"按钮创建与MySQL 数据库的连接,连接名称设置为"StuInformation",连接类型选择"MySQL",主机名称根据实际情况设置为 MySQL 所在的服务器地址,数据库选择第一步中创建的"StuInformation",用户名与密码为数据库的连接账号和密码,根据实际情况填写,配置结果如图 6-44所示。

图 6-44　数据库连接配置

第六步：在数据库连接配置窗口中分别选择"高级"和"选项"功能设置客户端编码和连接编码为"UTF-8",配置结果如图 6-45 和图 6-46 所示。

图 6-45　设置客户端连接编码

第七步：返回"插入 / 更新"对象配置页面，选择刚刚创建的名为"StuInformation"的数据库连接，在目标表中选择"stu"表，并在"用来查询的关键字中"输入条件"id=id"，在"更新字段"配置中添加表中的所有字段，配置结果如图 6-47 所示。

第八步：保存当前创建的名为"Student"的转换，并创建名为"StuJob"的作业，作业功能为每隔 1 分钟自动执行"Student"转换，完成按时间备份与更新功能，创建名为"Start"的对象并设置为每分钟重复执行一次作业，配置结果如图 6-48 所示。

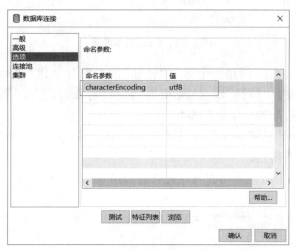

图 6-46　配置数据库连接编码

图 6-47　输出数据库选择

图 6-48　Start 对象配置

第九步：在设计界面中创建一个名为"转换"的对象并创建与"Start"的连接，将名为"Student"的转换加载到"转换"对象中，双击"转换"对象后，点击"浏览"按钮添加"Student"转换并点击确定，配置结果如图 6-49 所示。

第十步：点击"Run"按钮启动作业，该作业每分钟自动执行一次向数据库表中更新／插入数据，结果如图 6-50 所示。

操作完成后，可打开数据库可视化软件查看当前数据表中的数据，出现如图 6-1 所示效果即说明数据保存成功。

至此，相关数据的筛选、排序、迁移等操作完成。

图 6-49　转换对象配置

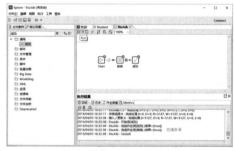

图 6-50　启动作业

本项目通过 Kettle 工具对学生数据处理的实现,使读者对 Kettle 数据处理工具的相关知识有了初步了解,对 Kettle 工具的转换步骤和作业操作有所了解并掌握,并能够通过所学的 Kettle 工具知识实现对学生数据的处理。

Extract	提取	Cleaning	清洗
Transform	改变	Job	作业
Loading	装载	disconnect	断开
Warehousing	仓储	Accessbility	可获取性
Accuracy	正确性	Integrity	完整性

1. 选择题

(1)以下哪个对象能够完成从 Excel 中读取数据(　　　)。

A. 随机数　　　　　　B. 文本文件输出　　　　C. 表输入　　　　　　D.Excel 文件输入

(2)下列选项中不属于转换中的 Input 环节的是(　　　)。

A. 文本文件输入　　　B. 表输入　　　　　　C. 获取系统信息　　　D. 数据库查询

(3)下列选项中属于作业环节的是(　　　)。

A.START　　　　　　B. 映射(子转换)　　　C. 过滤记录　　　　　D. 删除

(4)Start 对象中类型为(　　　)时才能够设置按每天进行重复作业。

A. 时间间隔　　　　　B. 每天　　　　　　　C. 每周　　　　　　　D. 每月

(5)使用邮件发送对象之前需要配置(　　　)。

A. 邮件服务器配置　　　　　　　　　　　B.SMTP 服务器

C. 收件人地址　　　　　　　　　　　　　D. 以上都需要配置

2. 简答题

(1)简述 Kettle 软件的功能。

(2)简述表输入配置过程。

项目七　NumPy 股票数据处理

通过对股票数据处理的实现，了解 NumPy 库的相关概念，熟悉 NumPy 库的安装，掌握 NumPy 库的基本使用，具备使用 NumPy 库实现股票数据处理的能力，在任务实现过程中做到以下几点：

- 了解 NumPy 库的相关知识；
- 熟悉 NumPy 库的安装；
- 掌握 NumPy 库的使用；
- 具备实现股票数据处理的能力。

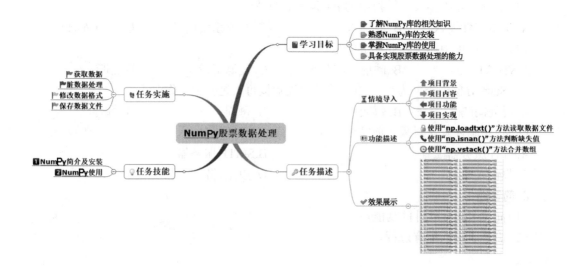

【情境导入】

随着人们生活水平的提高、理财意识的加强及金融市场的完善,个人投资理财正在成为流行时尚,股票投资成为热门。股票是股份公司发行的所有权凭证,是股份公司为筹集资金而发行给各个股东作为持股凭证并借以取得股息和红利的一种有价证券,距今已有 400 余年历史,在如此长的时间里,其所产生的数据量是非常庞大的,手动查找相关数据是不可能实现的,因此,需要将当前的数据以一种可查看的格式输出。本项目通过对 NumPy 库知识的学习,最终实现对股票数据的处理。

【功能描述】

● 使用"np.loadtxt()"方法读取数据文件;
● 使用"np.isnan()"方法判断缺失值;
● 使用"np.vstack()"方法合并数组。

【效果展示】

通过对本项目的学习,能够使用 NumPy 库的相关数据操作方法对图 7-1 所示的股票数据进行处理,并将处理后的数据保存到本地文件,处理后的数据如图 7-2 所示。

Date	Open	High	Low	Close	Adj Close	Volume
18614	19.25	nan	19.25	nan	nan	3500000
18615	19.85	19.85	19.85	19.85	19.85	4500000
18615	19.85	19.85	19.85	19.85	19.85	4500000
18616	19.96	19.96	19.96	19.96	19.96	3650000
18617	19.97	19.97	19.97	19.97	19.97	3510000
18618	nan	19.98	19.98	19.98	19.98	3990000
18619	20.07	20.07	20.07	20.07	20.07	2720000
18623	19.92	19.92	nan	19.92	19.92	2660000
18624	20.3	20.3	20.3	20.3	20.3	2940000
18625	20.38	20.38	20.38	20.38	20.38	3560000
18626	20.43	20.43	20.43	20.43	20.43	3440000
18630	20.41	20.77	20.41	20.77	20.77	4560000
18631	20.69	20.69	20.69	20.69	nan	3370000
18632	20.87	20.87	20.87	20.87	20.87	3390000
18633	20.87	20.87	20.87	20.87	20.87	3390000
18636	20.88	21	20.88	21	21	3940000
18637	21.12	21.12	21.12	21.12	21.12	3800000
18638	20.85	20.85	20.85	20.85	20.85	3270000
18639	21.19	21.19	21.19	21.19	21.19	3490000
18640	21.11	21.11	21.11	21.11	21.11	2950000
18643	21.1	21.3	21.1	21.3	21.3	3900000
18644	21.46	21.46	21.46	21.46	21.46	3740000
18645	21.55	21.55	21.55	21.55	21.55	3880000
18646	21.4	21.4	21.4	21.4	21.4	3490000
18647	21.36	21.36	21.36	21.36	21.36	3170000

图 7-1　处理前的数据

4.452699890000000096e+02	1.000000000000000000e+02
1.925000000000000000e+01	1.000000000000000000e+02
1.985000000000000142e+01	1.985000000000000142e+01
1.995999899999999982e+01	1.995999899999999982e+01
1.996999900000000139e+01	1.996999900000000139e+01
1.998000000000000043e+01	1.998000000000000043e+01
2.007000000000000028e+01	2.007000000000000028e+01
1.000000000000000000e+02	1.992000000000000171e+01
2.029999899999999968e+01	2.029999899999999968e+01
2.037999900000000153e+01	2.037999900000000153e+01
2.042999999999999972e+01	2.042999999999999972e+01
2.041000000000000014e+01	2.076999999999999957e+01
2.069000099999999875e+01	2.069000099999999875e+01
2.087000099999999847e+01	2.087000099999999847e+01
2.087000099999999847e+01	2.087000099999999847e+01
2.087999900000000153e+01	2.100000000000000000e+01
2.112000099999999847e+01	2.112000099999999847e+01
2.085000000000000142e+01	2.085000000000000142e+01
2.119000099999999875e+01	2.119000099999999875e+01
2.111000100000000046e+01	2.111000100000000046e+01
2.110000000000000142e+01	2.129999899999999968e+01
2.145999899999999982e+01	2.145999899999999982e+01
2.154999899999999968e+01	2.154999899999999968e+01
2.139999999999999858e+01	2.139999999999999858e+01
2.136000100000000046e+01	2.136000100000000046e+01
2.117999999999999972e+01	2.117999999999999972e+01

图 7-2　处理后的数据

技能点一　NumPy 简介及安装

课程思政

1.NumPy 简介

NumPy 是一个 Python 库,功能十分强大,主要用于实现对多维数组的快速计算。其代表了"Numeric Python",是一个由多维数组对象和用于处理数组的例程集合组成的库,可以在使用 Python 时使用向量和数学矩阵以及许多用 C 语言实现的底层函数。NumPy 图标如图 7-3 所示。

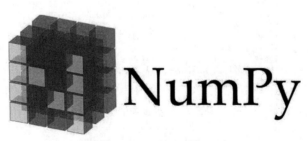

图 7-3　NumPy 图标

NumPy 的前身是 Numeric，主要由 Jim Hugunin 开发完成。之后为了弥补 Numeric 的不足，又开发了另一个拥有一些额外功能的名为 Numarray 的库。2005 年，Travis Oliphant 通过将 Numarray 的功能集成到 Numeric 库中，创建了 NumPy 库。

另外，NumPy 是 Python 的一种开源的数组计算扩展。这种工具可用来存储和处理大型矩阵，比 Python 自身的嵌套列表（nested list structure）结构要高效得多。NumPy 提供了大量的库函数和操作，可以帮助程序员轻松进行数值计算。除了这些功能之外，NumPy 还具备一些其他的好用的功能，具体有如下几点。

● NumPy 主要的功能之一是用来操作数组和矩阵。

● NumPy 是科学计算、深度学习等高端领域的必备工具。

● 使用 Tensor Flow、Caffe 框架训练神经网络模型时，需要进行大量矩阵、数组等复杂运算，可以直接使用 NumPy 里面的 API 进行。

● NumPy 还包含了很多常用的数学函数，涉及很多数学领域，比如线性代数、傅里叶变换、随机数生成等。

NumPy 非常强大，其优势表现在以下几方面：

● 提供了很多高端的函数，可以对数组和矩阵进行复杂运算，比直接使用 Python 编码更高效；

● 有超过 10 年的历史，核心算法经过了长时间和多人验证，非常稳定；

● 核心算法都是用 C 语言编写的，执行效率更高；

● 扩展性非常好，很容易集成到其他语言中（Java、C#、JavaScript）；

● 是开源的，免费的，有广泛的社区支持。

2.NumPy 的安装

NumPy 库与 Requests、Beautiful Soup 等库相同，都是 Python 第三方库的一种，他们只是在主要功能上存在不同，但安装的方式是一样的，并且 NumPy 库没有任何相关依赖库，只需使用 Python 库的三种安装方式中的任意一种即可实现安装。NumPy 的安装步骤如下所示。

第一步：安装 NumPy 数据处理库，在命令窗口输入"pip install numpy"命令即可进行下载安装，如图 7-4 所示。

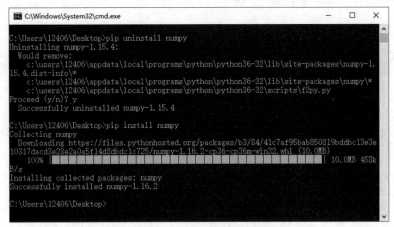

图 7-4　NumPy 数据处理库的安装

第二步：进入 Python 交互式命令行，输入"import numpy"代码，没有出现错误则说明 NumPy 库安装成功，效果如图 7-5 所示。

图 7-5　NumPy 库安装成功

技能点二　NumPy 使用

1. 数据读取

数据读取是获取数据的一个主要方式，在进行数据操作之前可以将保存在 csv、txt、npy、npz 等文件中的数据通过 NumPy 库提供的数据读取方法提取出来，转化为 ndarray 对象，之后再进行相关的数据操作，NumPy 库中包含的数据读取方法如表 7-1 所示。

表 7-1　NumPy 库中包含的数据读取方法

方法	描述
load()	读取文件内容并转化为 ndarray 对象，主要读取 npy、npz 格式文件，当格式为 npz 时，可通过 files 属性查看返回数组的名称，并通过名称查看数组内容
loadtxt()	读取文件内容，以 delimiter 为分隔符转化为 ndarray，主要读取 csv、txt 格式文件

其中，load() 方法包含的部分参数如表 7-2 所示。

表 7-2　load() 方法包含的部分参数

参数	描述
file	要读取的文件路径
mmap_mode	指定文件内存映射使用的模式
allow_pickle	是否允许加载存储在 npy 文件中的 pickled 对象数组，默认值为 True

loadtxt() 方法包含的部分参数如表 7-3 所示。

表 7-3　loadtxt() 方法包含的部分参数

参数	描述
fname	要读取的文件路径
dtype	定义数据类型
comments	注释
delimiter	分隔符，默认是空格
skiprows	指定跳过前几行读取，默认是 0
usecols	指定需要读取的列，0 为第一列，默认读所有列，格式为 usecols =（1,4,5）
unpack	是否分列读取

使用 NumPy 中包含的方法从文本文件中获取数据，效果如图 7-6 所示。

图 7-6　从文本文件中获取数据

为实现图 7-6 效果，代码 CORE0701 如下所示。

代码 CORE0701.py

```python
# -*- coding:utf8-*-
# 导入 NumPy 模块
import numpy as np
# load() 方法提取数据
data=np.load("test.npy")
# 打印数据
print (data)
# loadtxt() 方法提取数据
data=np.loadtxt("test.csv",dtype=str,unpack=True,comments='#')
# 打印数据
print (data)
```

在上面的代码中，提取数据时使用了一个"dtype=str"参数指定了数据的格式为 str 字符串类型，除了这个 str 数据类型外，NumPy 支持的部分数据类型如表 7-4 所示。

表 7-4　NumPy 支持的部分数据类型

数据类型	描述
bool	布尔类型,值为 True 或者 False
int	整数类型,类似于 C 语言中的 long,通常为 int32 或 int64
intc	与 C 的 int 类型一样,一般是 int32 或 int 64
intp	用于索引的整数类型,类似于 C 的 ssize_t,一般情况下为 int32 或 int64
int8	字节(-128 ~ 127)
int16	16 位整数(-32768 ~ 32767)
int32	32 位整数(-2147483648 ~ 2147483647)
int64	64 位整数(-9223372036854775808 ~ 9223372036854775807)
uint8	无符号整数(0 ~ 255)
uint16	16 位无符号整数(0 ~ 65535)
uint32	32 位无符号整数(0 ~ 4294967295)
uint64	1664 位无符号整数(0 ~ 18446744073709551615)
float	float64 类型的简写
float16	半精度浮点数,包括:1 个符号位,5 个指数位,10 个尾数位
float32	单精度浮点数,包括:1 个符号位,8 个指数位,23 个尾数位
float64	双精度浮点数,包括:1 个符号位,11 个指数位,52 个尾数位
complex	complex128 类型的简写,即 128 位复数
complex64	复数,由两个 32 位浮点表示(实数部分和虚数部分)
complex128	复数,由两个 64 位浮点表示(实数部分和虚数部分)

2. 数组创建

除了使用数据读取方式可以得到数据外,还可以使用 NumPy 库中包含的函数方法手动进行数组的创建并进行数据的添加。当数据量较大时,推荐使用数据读取方式,可以极大地节约时间;当数据量比较小的时候,可以先使用 NumPy 库的函数方法创建数组,之后手动填写数据,当然也可以使用数据读取的相关方法。NumPy 库中包含了多个用于实现数组创建的函数方法,可以满足多种情况下的数组创建,NumPy 库中常用的数组创建方法如表 7-5 所示。

表 7-5　NumPy 库中常用的数组创建方法

方法	描述
array()	将输入数据(列表、元组、数组等)转换为 ndarray
arange()	类似于 range,返回一个 ndarray
ones()	根据指定大小和 dtype 创建一个全 1 数组

方法	描述
zeros()	根据指定大小和 dtype 创建一个全 0 数组
empty()	创建数组,只分配内存空间不填充任何值

（1）array()

ndarray 对象是 NumPy 中 N 维数组的一个类型,是相同类型数据的一个集合,其空间固定,不能再添加和删除数据,只可以修改数据,ndarray 对象内部结构如图 7-7 所示。

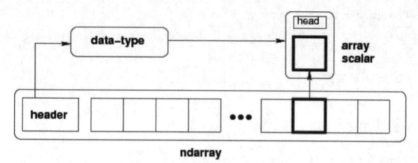

图 7-7　ndarray 对象内部结构

NumPy 提供了一个 array() 方法,主要用于实现 ndarray 对象的转换,也可以理解为数组的创建,通过向 array() 方法传入不同的参数即可通过底层的 ndarray 构造器将当前输入的列表、元组、数组等数据转换为 ndarray 对象,array() 方法包含的部分参数如表 7-6 所示。

表 7-6　array() 方法包含的部分参数

参数	描述
object	输入的数据
dtype	指定数组元素的数据类型
copy	是否允许对象被复制,默认为 True
subok	默认情况下,返回的数组被强制为基类数组。如果为 True,则返回子类
ndimin	指定生成数组的最小维数

使用 array() 方法实现数组的创建,效果如图 7-8 所示。

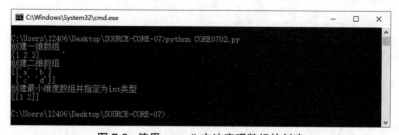

图 7-8　使用 array() 方法实现数组的创建

为实现图 7-8 效果，代码 CORE0702 如下所示。

```python
代码 CORE0702.py
# -*- coding:utf8-*-
# 导入 NumPy 模块
import numpy as np
# 定义数据
arr = [1,2,3]
# 创建一维数组
data = np.array(arr)
print (data)
# 定义数据
arr = [['a','b'],[ 'c','d']]
# 创建二维数组
data = np.array(arr)
print (data)
# 定义数据
arr = ['1','2']
# 创建最小维度数组并指定为 int 类型
data = np.array(arr,ndmin=2,dtype=int)
print (data)
```

（2）arange()

arange() 方法与 array() 方法一样，都是创建数组的方法，但 arange() 方法主要用于创建指定数值范围的数组，array() 方法生成数组的元素需要人为输入，而 arange() 方法只需进行相关的参数设置即可自动生成步长相等的一个一维数组，arange() 方法包含的部分参数如表 7-7 所示。

表 7-7　arange() 方法包含的部分参数

参数	描述
start	起始值
stop	终止值
step	步长，默认为 1
dtype	指定数组元素的数据类型

使用 arange() 方法实现一维数组的创建，效果如图 7-9 所示。

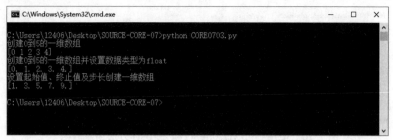

图 7-9 使用 arange() 方法实现一维数组的创建

为实现图 7-9 效果,代码 CORE0703 如下所示。

代码 CORE0703.py

```
# -*- coding:utf8-*-
# 导入 NumPy 模块
import numpy as np
# 创建 0 到 5 的一维数组
data = np.arange(5)
print (data)
# 创建 0 到 5 的一维数组并设置数据类型为 float
data = np.arange(5,dtype = float)
print (data)
# 设置起始值、终止值及步长创建一维数组
data = np.arange(1,10,step=2,dtype = float)
print (data)
```

(3)empty()、ones()、zeros()

empty()、ones()、zeros() 与 array() 方法和 arange() 方法相同,都是创建数组的方法,它们最本质的不同是 array() 方法和 arange() 方法在创建数组时使用了底层的 ndarray 构造器,empty()、ones()、zeros() 则通过指定参数直接生成数组。其中,empty() 可以创建一个指定大小和数据类型但未初始化的数组,ones() 能够创建一个数组元素为 1 且指定大小的数组,zeros() 用于创建一个数组元素为 0 且指定大小的数组,empty()、ones() 和 zeros() 方法包含的部分参数如表 7-8 所示。

表 7-8 empty()、ones() 和 zeros() 方法包含的部分参数

参数	描述
shape	数组大小
dtype	指定数组元素的数据类型
order	有"C"和"F"两个选项,分别代表行优先和列优先

使用以上三种方法实现数组的创建,效果如图 7-10 所示。

图 7-10 使用 empty()、ones() 和 zeros() 方法创建数组

为实现图 7-10 效果，代码 CORE0704 如下所示。

代码 CORE0704.py

```
# -*- coding:utf8-*-
# 导入 NumPy 模块
import numpy as np
# empty() 方法创建数组
data = np.empty([2, 2], dtype=int)
print(data)
# zeros() 方法创建数组
data = np.zeros(5)
print(data)
# ones() 方法创建数组
data = np.ones(5)
print(data)
```

快来扫一扫！

提示：NumPy 中，除了以上几种创建数组的方法外，还提供一个构造等差数列数组的方法，扫描图中二维码，了解这一方法的使用。

3. 信息查询

通过数组的相关创建方法可以实现数组的创建，创建完成后，通过 NumPy 提供的数组信息查看属性可以对当前数组的情况进行查看，如实现对数组的维度、元素个数、数组占用空间等信息的查看，NumPy 中包含的部分数组信息查看属性如表 7-9 所示。

表 7-9 NumPy 中包含的部分数组信息查看属性

属性	描述
ndim	轴的数量或维度的数量
shape	数组的维度，对于矩阵，n 行 m 列

属性	描述
size	数组元素的总个数
dtype	ndarray 对象的元素类型
itemsize	ndarray 对象中每个元素的大小,以字节为单位
flags	ndarray 对象的内存信息
real	ndarray 元素的实部
imag	ndarray 元素的虚部
isnan()	检查缺失值
count_nonzero()	检查缺失值个数

其中,flags 属性返回的 ndarray 对象的内存信息包含的内容如表 7-10 所示。

表 7-10　flags 属性返回的 ndarray 对象的内存信息包含的内容

属性	描述
C_CONTIGUOUS	数组是否位于单一的、C 风格的连续区段内
F_CONTIGUOUS	数组是否位于单一的、Fortran 风格的连续区段内
OWNDATA	数组的内存是否从其他对象处借用
WRITEABLE	数据区域是否可以被写入
ALIGNED	数据和所有元素是否会为硬件适当对齐
UPDATEIFCOPY	这个数组是否是另一数组的副本

使用表 7-9 中属性实现数组信息的查看,效果如图 7-11 所示。

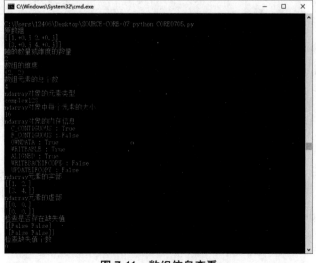

图 7-11　数组信息查看

为实现图 7-11 效果，代码 CORE0705 如下所示。

```
代码 CORE0705.py
# -*- coding:utf8-*-
# 导入 NumPy 模块
import numpy as np
# 定义数据
arr = [[1,2],[3,4]]
# 创建二维数组
data = np.array(arr,dtype=complex)
# 原数组
print (data)
# 轴的数量或维度的数量
print (data.ndim)
# 数组的维度
print (data.shape)
# 数组元素的总个数
print (data.size)
# ndarray 对象的元素类型
print (data.dtype)
# ndarray 对象中每个元素的大小
print (data.itemsize)
# ndarray 对象的内存信息
print (data.flags)
# ndarray 元素的实部
print (data.real)
# ndarray 元素的虚部
print (data.imag)
# 检查是否存在缺失值
print (np.isnan(data))
# 检查缺失值个数
print (np.count_nonzero(np.isnan(data)))
```

4. 数组迭代

NumPy 提供了一个用于实现数组遍历的方法 nditer()，通过对方法参数的设置，可以将当前数组中的元素逐个读取出来，同时还可以对迭代的顺序进行调整，返回的结果需要通过循环才可以显示，nditer() 方法常用参数如表 7-11 所示。

表 7-11　nditer() 方法常用参数

参数	描述
op	迭代的数组
flags	控制迭代器的相关操作
op_flags	迭代时对数组元素的操作
op_dtypes	迭代数组时元素的数据类型
order	规定数组迭代的顺序，可选值为"C""F""A""K"
casting	控制进行复制或缓冲时可能出现的数据转换类型
itershape	迭代器的理想形状
buffersize	启用缓冲时，控制临时缓冲区的大小

使用 nditer() 方法实现数组的迭代，效果如图 7-12 所示。

图 7-12　使用 nditer() 方法迭代数组

为实现图 7-12 效果，代码 CORE0706 如下所示。

代码 CORE0706.py

```
# -*- coding:utf8-*-
# 导入 NumPy 模块
import numpy as np
# 定义数据
arr = [[1,3],[2,4]]
# 创建二维数组
data = np.array(arr)
# 原数组
print (data)
# 普通迭代后数组
for x in np.nditer(data):
    print (x)
```

```
# 迭代数组并进行排序
for x in np.nditer(data,order='F'):
    print (x)
# 迭代数组并修改元素值
for x in np.nditer(data,op_flags=['readwrite']):
    x[...] = 2 * x
print (data)
# 迭代数组并将返回值变为数组
for x in np.nditer(data,flags=['external_loop']):
    print (x)
```

5. 形状变换

对数组的相关操作除了数组信息查看、迭代等之外，还可以进行数组翻转、数组修改、多个数组的连接、数组分割等数组变换操作，NumPy 中提供了多种用于实现数组变换的方法，常用方法如表 7-12 所示。

表 7-12　数组变换常用方法

方法	描述
reshape()	不改变数据的条件下修改形状
flatten()	返回一份数组拷贝，对拷贝所作的修改不会影响原始数组
ravel()	返回展开数组
transpose()、ndarray.T	对换数组的维度
swapaxes()	对换数组的两个轴
broadcast()	产生模仿广播的对象
broadcast_to()	将数组广播到新形状
expand_dims()	扩展数组的形状
squeeze()	从数组的形状中删除一维条目
concatenate()	连接沿现有轴的数组序列
stack()	沿着新的轴加入一系列数组
hstack()	水平堆叠序列中的数组（列方向）
vstack()	竖直堆叠序列中的数组（行方向）
split()	将一个数组分割为多个子数组
hsplit()	将一个数组竖直分割为多个子数组（按列）
vsplit()	将一个数组水平分割为多个子数组（按行）
append()	将值添加到数组末尾
insert()	沿指定轴将值插入指定下标之前

续表

方法	描述
delete()	删掉某个轴的子数组,并返回删除后的新数组

表 7-12 中的方法的具体使用如下。

（1）reshape()、flatten()、ravel()

reshape()、flatten()、ravel() 三种方法主要用于实现数组形状的修改,其中,reshape() 方法可以在不改变数组元素的情况下将数组改为新的数组,例如,可以将一维数组变成二维数组;flatten() 能够在不影响原数组的情况下对数组进行拷贝;ravel() 则是将当前数组按指定的顺序展开。reshape() 方法常用参数如表 7-13 所示。

表 7-13　reshape() 方法常用参数

参数	描述
a	需要修改的数组
newshape	数组形状设置
order	设置数组元素读取顺序,可选值为"C""F""A"

flatten() 方法常用参数如表 7-14 所示。

表 7-14　flatten() 方法常用参数

参数	描述
order	设置数组元素读取顺序,可选值为"C""F""A""K"

ravel() 方法常用参数如表 7-15 所示。

表 7-15　ravel() 方法常用参数

参数	描述
order	设置数组元素读取顺序,可选值为"C""F""A""K"

使用 reshape()、flatten()、ravel() 方法实现数组形状的修改,效果如图 7-13 所示。

图 7-13　使用 reshape()、flatten()、ravel() 方法修改数组形状

为实现图 7-13 效果，代码 CORE0707 如下所示。

```
代码 CORE0707.py
# -*- coding:utf8-*-
# 导入 NumPy 模块
import numpy as np
# 定义数据
arr = [[1,2,3],[4,5,6]]
# 创建二维数组
data = np.array(arr)
# 原数组
print (data)
# 修改数组形状
print (data.reshape(3,2))
# 对数组进行拷贝
print (data.flatten())
# 将当前数组按指定的顺序展示
print (data.ravel(order='F'))
```

（2）transpose()、ndarray.T、swapaxes()

transpose()、ndarray.T、swapaxes() 三种方法主要用于实现数组的翻转，其中，transpose() 和 ndarray.T 方法将数组的维度进行对换，如 3 行 4 列的数组，经过 transpose() 或 ndarray.T 方法可以转换成 4 行 3 列的数组；swapaxes() 能够将数组两个轴的数组元素进行交换。transpose() 方法常用参数如表 7-16 所示。

表 7-16　transpose() 方法常用参数

参数	描述
a	需要修改的数组
axes	指定数组的变换方式

swapaxes() 方法常用参数如表 7-17 所示。

表 7-17　swapaxes() 方法常用参数

参数	描述
a	需要修改的数组
axis1	对应第一个轴
axis2	对应第二个轴

使用 transpose()、ndarray.T、swapaxes() 方法实现数组的翻转,效果如图 7-14 所示。

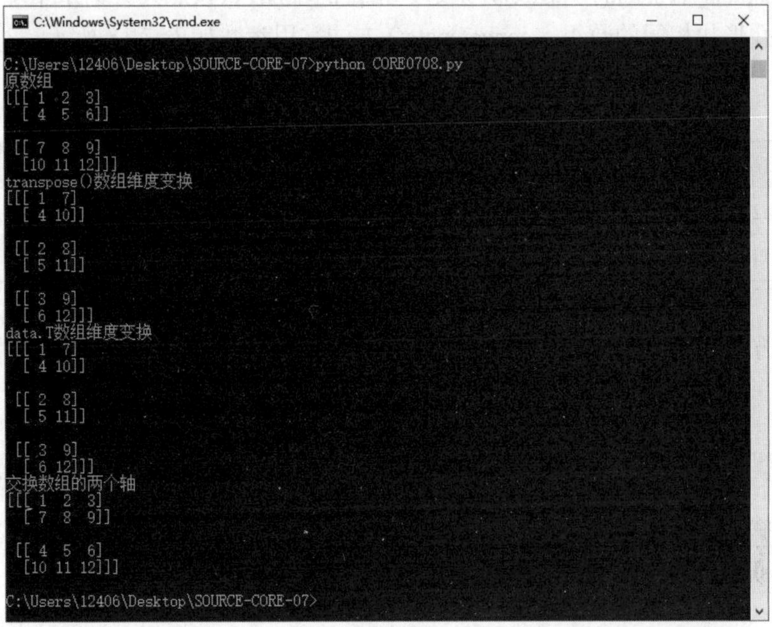

图 7-14 使用 transpose()、ndarray.T、swapaxes() 方法翻转数组

为实现图 7-14 效果,代码 CORE0708 如下所示。

代码 CORE0708.py

```
# -*- coding:utf8-*-
# 导入 NumPy 模块
import numpy as np
# 定义数据
arr = [[[1,2,3],[4,5,6]],[[7,8,9],[10,11,12]]]
# 创建三维数组
data = np.array(arr)
# 原数组
print (data)
# transpose() 数组维度变换
print (data.transpose())
# data.T 数组维度变换
print (data.T)
# 交换数组的两个轴
print (np.swapaxes(data,0,1))
```

(3)concatenate()、stack()、hstack()、vstack()

concatenate()、stack()、hstack()、vstack() 四种方法主要用于实现数组之间的连接,四种方

法分别对应着不同的连接方式,其中,concatenate() 方法可以通过现有轴连接相同类型的数组;stack()、hstack()、vstack() 方法则分别通过指定的轴加入、按照列方向水平堆叠、按照行的方向竖直堆叠形状相同的数组。concatenate() 方法常用参数如表 7-18 所示。

表 7-18   concatenate() 方法常用参数

参数	描述
a1, a2......	相同类型的数组
axis	数组连接轴

stack() 方法常用参数如表 7-19 所示。

表 7-19   stack() 方法常用参数

参数	描述
arrays	相同形状的数组
axis	数组连接轴

hstack()、vstack() 方法常用参数如表 7-20 所示。

表 7-20   hstack()、vstack() 方法常用参数

参数	描述
arrays	相同形状的数组

使用 concatenate()、stack()、hstack()、vstack() 方法实现数组的连接,效果如图 7-15 所示。

图 7-15   使用 concatenate()、stack()、hstack()、vstack() 方法连接数组

为实现图 7-15 效果,代码 CORE0709 如下所示。

```
代码 CORE0709.py
# -*- coding:utf8-*-
# 导入 NumPy 模块
import numpy as np
# 定义数据
arr1 = [[1,2,3],[4,5,6]]
arr2= [[7,8,9],[10,11,12]]
# 创建二维数组
data1 = np.array(arr1)
data2 = np.array(arr2)
# 原数组
print (data1)
print (data2)
# concatenate() 沿 0 轴连接数组
print (np.concatenate((data1,data2),axis=0))
# stack() 沿 1 轴连接数组
print (np.stack((data1,data2),axis=1))
# hstack() 水平堆叠数组
print (np.hstack((data1,data2)))
# vstack() 竖直堆叠数组
print (np.vstack((data1,data2)))
```

（4）split()、hsplit()、vsplit()

split()、hsplit()、vsplit() 三种方法主要用于实现数组的分割,通过对方法指定分割轴,可以将数组沿指定轴分割成多个子数组。其中,hsplit() 方法可以对一个数组进行竖直分割;vsplit() 方法与 hsplit() 方法正好相反,能够对一个数组进行水平分割;split() 作用则比较全面,既可以水平分割,又可以竖直分割。split() 方法常用参数如表 7-21 所示。

表 7-21　split() 方法常用参数

参数	描述
a	需要分割的数组
indices_or_sections	分割位置设置,当值为单个整数时,则将数组平均分割该数份;值为数组时,则按照数组元素数值进行分割
axis	分割方向,默认 0 为水平分割;1 为竖直分割

hsplit()、vsplit() 方法常用参数如表 7-22 所示。

表 7-22　hsplit()、vsplit() 方法常用参数

参数	描述
a	需要分割的数组
indices_or_sections	分割位置设置，当值为单个整数时，则按该数平均分割；值为数组时，则按照数组元素数值进行分割

使用 split()、hsplit()、vsplit() 方法实现数组的分割，效果如图 7-16 所示。

图 7-16　使用 split()、hsplit()、vsplit() 方法分割数组

为实现图 7-16 效果，代码 CORE0710 如下所示。

代码 CORE0710.py

```
# -*- coding:utf8-*-
# 导入 NumPy 模块
import numpy as np
# 定义数据
arr = [[1,2,3,4,5,6],[7,8,9,10,11,12],[13,14,15,16,17,18],[19,20,21,22,23,24]]
# 创建二维数组
data = np.array(arr)
# 原数组
print (data)
# split() 分割数组
print (np.split(data,indices_or_sections=2))
# hsplit() 竖直分割数组
print (np.hsplit(data,indices_or_sections=[1,2]))
```

```
# vsplit() 水平分割数组
print (np.vsplit(data,indices_or_sections=[1,3]))
```

（5）append()、insert()、delete()

在进行数组的格式变换操作时，数组元素的添加、删除等操作是必不可少的，NumPy 提供了 append()、insert()、delete() 三种方法用于数组元素的添加、插入、删除。其中，append() 可以在当前数组的末尾添加新的数组元素；insert() 能够将新的数组元素插入当前数组的指定位置；delete() 则用来实现当前数组子数组的删除。append() 方法常用参数如表 7-23 所示。

表 7-23　append() 方法常用参数

参数	描述
arr	目标数组
values	添加的元素
axis	添加方向，0 为行添加，1 为列添加

insert() 方法常用参数如表 7-24 所示。

表 7-24　insert() 方法常用参数

参数	描述
arr	目标数组
obj	插入位置
values	插入的元素
axis	插入方向，0 为行插入，1 为列插入

delete() 方法常用参数如表 7-25 所示。

表 7-25　delete() 方法常用参数

参数	描述
arr	目标数组
obj	要删除的子数组
axis	用于删除 obj 定义的子数组的轴

使用 append()、insert()、delete() 方法实现数组的添加、插入、删除，效果如图 7-17 所示。

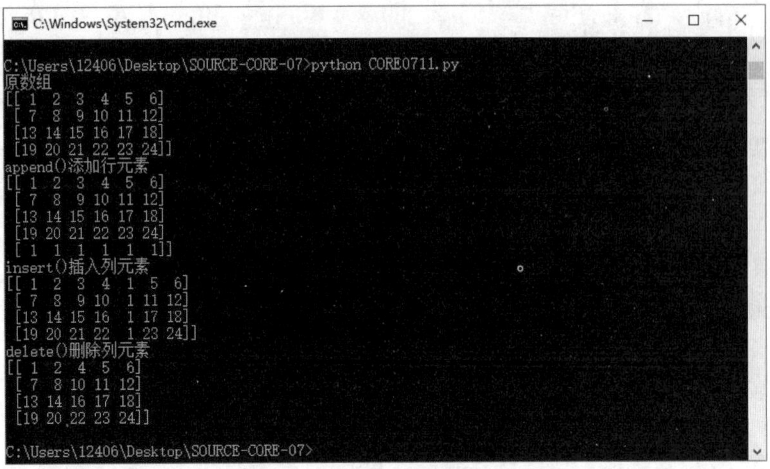

图 7-17　使用 append()、insert()、delete() 方法添加、插入、删除数组

为实现图 7-17 效果，代码 CORE0711 如下所示。

```
代码 CORE0711.py

# -*- coding:utf8-*-
# 导入 NumPy 模块
import numpy as np
# 定义数据
arr = [[1,2,3,4,5,6],[7,8,9,10,11,12],[13,14,15,16,17,18],[19,20,21,22,23,24]]
# 创建二维数组
data = np.array(arr)
# 原数组
print (data)
# append() 添加行元素
print (np.append(data,values=[[1,1,1,1,1,1]],axis=0))
# insert() 插入列元素
print (np.insert(data,obj=4,values=[[1]],axis=1))
# delete() 删除列元素
print (np.delete(data,obj=2,axis=1))
```

6. 类型转换

当数组的类型不能满足需求时，NumPy 提供了多个用于数组类型转换的方法，通过这些方法可以将当前数组转变为 List 对象、二进制数组等。NumPy 常用的数组类型转换方法如表 7-26 所示。

表 7-26　NumPy 常用的数组类型转换方法

方法	描述
tolist()	List 对象转换
tobytes()、tostring()	字节转换
astype()	数据类型转换
byteswap()	二进制元素转换

其中，tobytes()、tostring() 方法可以将当前数组元素的类型转换为字节类型，常用参数如表 7-27 所示。

表 7-27　tobytes()、tostring() 方法常用参数

参数	描述
order	设置数组元素顺序，可选值为"C""F"

astype() 方法用于将当前数组元素的类型转换为指定的类型，可以是 int、float 等，astype() 方法常用参数如表 7-28 所示。

表 7-28　astype() 方法常用参数

参数	描述
dtype	转换类型
order	设置数组元素顺序，可选值为"C""F"
casting	转换设置，可选值为"no""equiv""safe""same_kind""unsafe"，no 表示根本不应该投射数据类型；equiv 表示只允许字节顺序更改；safe 表示只允许保存值的强制转换；same_kind 表示只允许安全转换或类型转换；unsafe 表示可以进行任何数据转换

byteswap() 方法主要用于实现二进制转换，可以将数组中的元素类型转换为二进制类型，byteswap() 方法常用参数如表 7-29 所示。

表 7-29　byteswap() 方法常用参数

参数	描述
inplace	是否进行二进制转换，默认为 False，不转换

使用上述方法实现数组类型的转换，效果如图 7-18 所示。

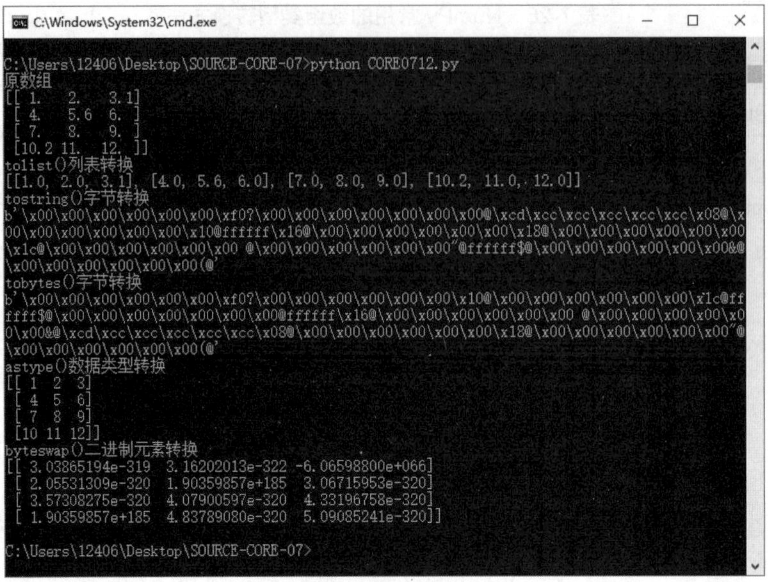

图 7-18　数组类型转换

为实现图 7-18 效果，代码 CORE0712 如下所示。

代码 CORE0712.py

```
# -*- coding:utf8-*-
# 导入 NumPy 模块
import numpy as np
# 定义数据
arr = [[1,2,3.1],[4,5.6,6],[7,8,9],[10.2,11,12]]
# 创建二维数组
data = np.array(arr)
# 原数组
print (data)
# tolist() 列表转换
print (data.tolist())
# tostring() 字节转换
print (data.tostring())
# tobytes() 字节转换
print (data.tobytes(order='F'))
# astype() 数据类型转换
print (data.astype(dtype=int))
# byteswap() 二进制元素转换
print (data.byteswap(True))
```

7. 数据替换及填充

数据的替换和填充是数据操作中必不可少的,不管是哪种处理语言都会包含这些操作的相关方法。在 NumPy 中,同样包含了数据替换和填充的相关方法,常用的方法如表 7-30 所示。

表 7-30 数据替换和填充的相关方法

方法	描述
itemset()	在 ndarray 中插入一项,并覆盖掉原数据
fill()	使用一个标量来填充 ndarray

其中,itemset() 方法主要用于实现数据的替换,它可以将指定位置的元素用指定的内容进行覆盖,itemset() 方法包含的部分参数如表 7-31 所示。

表 7-31 itemset() 方法包含的部分参数

参数	描述
*args	包含两个值,第一个为替换位置,第二个为替换值

fill() 方法主要用于实现数据的填充,可以将当前数组中所有的元素值都用一个指定的值进行填充,fill() 方法包含的部分参数如表 7-32 所示。

表 7-32 fill() 方法包含的部分参数

参数	描述
value	需要填充的值

使用 itemset()、fill() 方法分别实现数据的替换和填充,效果如图 7-19 所示。

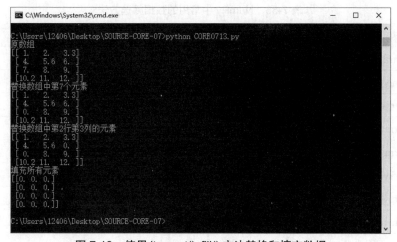

图 7-19 使用 itemset()、fill() 方法替换和填充数据

为实现图 7-19 效果，代码 CORE0713 如下所示。

```python
代码 CORE0713.py
# -*- coding:utf8-*-
# 导入 NumPy 模块
import numpy as np
# 定义数据
arr = [[1,2,3.3],[4,5.6,6],[7,8,9],[10.2,11,12]]
# 创建二维数组
data = np.array(arr)
# 原数组
print (data)
# 替换数组中第 7 个元素
data.itemset(6,0)
print (data)
# 替换数组中第 2 行第 3 列的元素
data.itemset((1,2),0)
print (data)
# 填充所有元素
data.fill(0)
print (data)
```

8. 数据筛选

数据筛选是数据操作中重要的操作之一，通过数据的筛选可以将需要使用的数据从海量数据中提取出来从而减小数据体积，提高数据分析的准确率。NumPy 中常用的数据筛选方法如表 7-33 所示。

表 7-33　NumPy 中常用的数据筛选方法

方法	描述
ndarray[n]	选取第 n+1 个或第 n+1 行元素
ndarray[n:m]	选取第 n+1 到第 m 个或第 n+1 到第 m 行元素
ndarray[:]	选取全部元素
ndarray[n:]	选取第 n+1 到最后一个或第 n+1 到最后一行元素
ndarray[:n]	选取第 0 到第 n 个或第 0 到第 n 行元素
ndarray[n,m]	选取第 n+1 行第 m+1 列的元素
ndarray[n,...]	选取第 n 行的元素
ndarray[...,n]	选取第 n 列的元素
ndarray[不等式]	条件选取元素

方法	描述
nonzero()	抽取数组中非零元素的索引
where()	根据条件抽取元素
extract()	根据条件抽取元素
take()	根据索引抽取元素

使用上述方法实现数据的筛选，效果如图 7-20 所示。

图 7-20　数据筛选

为实现图 7-20 效果，代码 CORE0714 如下所示。

代码 CORE0714.py

```
# -*- coding:utf8-*-
# 导入 NumPy 模块
import numpy as np
# 定义数据
arr = [[1,2,1],[4,5,6],[7,5,9],[10,1,12]]
# 创建二维数组
```

```
data = np.array(arr)
# 原数组
print (data)
# 选取第 4 行元素
print (data[3])
# 选取第 2 到第 3 行元素
print (data[1:3])
# 选取全部元素
print (data[:])
# 选取第 2 到最后一行元素
print (data[1:])
# 选取第 0 到第 3 行元素
print (data[:3])
# 选取第 3 行第 3 列元素
print (data[2,2])
# 选取第 2 行的元素
print (data[1,...])
# 选取第 2 列的元素
print (data[...,1])
# 选取值大于 3 的元素
print (data[data>3])
# 抽取数组中非零元素
# 获取非零元素索引
index=np.nonzero(data)
print (data[index])
# 根据条件抽取元素
# where() 获取大于 5 的元素索引
index=np.where(data>5)
print (data[index])
# extract() 获取小于 5 的元素
print (np.extract(data<5, data))
# 根据索引定义的查询条件及格式获取元素
# 获取索引为 0、6、2、5 的元素并一维数组输出
print (np.take(data,[0,6,2,5]))
# 获取索引为 0、6、2、5 的元素并二维数组输出
print (np.take(data,[[0,6],[2,5]]))
```

9. 数据排序

当数据经过一系列处理后,在保存这些数据之前,可以对数据进行排序操作进而提高数

据可读性,并有利于查找数据,NumPy 提供了多种数据排序方法。可以根据不同的排序算法进行排序,常用的排序方法如表 7-34 所示。

表 7-34　常用的排序方法

方法	描述
sort()	数组排序,返回排序后的数组,原数组改变
argsort()	数组排序,返回排序后元素的索引值
unique()	排除重复元素之后,进行排序

其中,sort() 和 argsort() 方法都可以用于实现数据的排序,不同的是,sort() 方法会将排序好的数组返回,而 argsort() 方法返回的则是排序好的数组元素的索引,sort() 和 argsort() 方法包含的部分参数如表 7-35 所示。

表 7-35　sort()、argsort() 方法包含的部分参数

参数	描述
a	排序数组,
axis	排序方向,0:按列排序,1:按行排序
kind	排序算法
order	排序字段

kind 参数包含的参数值如表 7-36 所示。

表 7-36　kind 参数包含的参数值

参数值	描述
quicksort	快速排序
mergesort	归并排序
heapsort	堆排序

unique() 方法同样可以用于数组的排序,但 unique() 方法返回的是删除重复元素后排序的数组,unique() 方法包含的部分参数如表 7-37 所示。

表 7-37　unique() 方法包含的部分参数

参数	描述
a	排序数组
return_index	去重后的新列表元素在旧列表中的索引,值为 True/False
return_inverse	旧列表元素在去重后的新列表中的索引,值为 True/False

参数	描述
return_counts	去重数组中的元素在原数组中的出现次数,值为 True/False

使用 sort()、argsort()、unique() 方法实现数据排序,效果如图 7-21 所示。

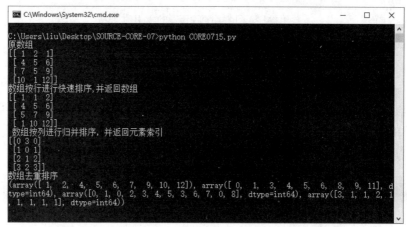

图 7-21　使用 sort()、argsort()、unique() 方法排序数据

为实现图 7-21 效果,代码 CORE0715 如下所示。

代码 CORE0715.py

```
# -*- coding:utf8-*-
# 导入 NumPy 模块
import numpy as np
# 定义数据
arr = [[1,2,1],[4,5,6],[7,5,9],[10,1,12]]
# 创建二维数组
data = np.array(arr)
# 原数组
print (data)
# 数组按行进行快速排序 , 并返回数组
print (np.sort(data,axis=1,kind='quicksort'))
# 数组按列进行归并排序,并返回元素索引
print (np.argsort(data,axis=0,kind='mergesort'))
# 数组去重排序
print (np.unique(data,return_index=True,return_inverse=True,return_counts=True))
```

10. 数组保存

数组保存是数据操作中的最后一个步骤,当经过形状变换、类型转换、数据替换、数据筛

选和排序等操作后会得到满足需求数据,为了防止数据丢失,方便后续使用,可以将得到的数据保存到本地文件中,在 NumPy 中,提供了多种用于数据保存的方法,常用方法如表 7-38 所示。

表 7-38 数据保存常用方法

方法	描述
save()	将数组以二进制格式保存
savez()	将多个数组以二进制格式保存
savetxt()	将数组以文本格式保存

其中,save() 方法主要用于将当前的数据以二进制格式保存到文件后缀为".npy"的本地文件中,该方法包含的部分参数如表 7-39 所示。

表 7-39 save() 方法包含的部分参数

参数	描述
file	保存到的文件路径,扩展名为".npy"
allow_pickle	是否允许使用 Python pickles 保存对象数组
arr	要保存的数组

savez() 方法与 save() 方法功能基本相同,但 save() 方法只能保存一个数组到本地文件,而 savez() 方法则可以将多个不同形状的数组以二进制格式保存到文件后缀为".npz"的本地文件中,该方法包含的部分参数如表 7-40 所示。

表 7-40 savez() 方法包含的部分参数

参数	描述
file	保存到的文件路径,扩展名为".npz"
args	要保存的数组
kwds	保存数组使用的关键字名称

savetxt() 方法同样可以用于实现保存数据到本地文件,与前两种方法不同的是,savetxt() 方法可以以不同的本地文件格式实现数据保存,savetxt() 方法包含的部分参数如表 7-41 所示。

表 7-41 savetxt() 方法包含的部分参数

参数	描述
fname	文件格式定义,如果文件名结尾为".gz",文件将自动以压缩成 gzip 格式保存
X	要保存到文本文件的数据

续表

参数	描述
delimiter	分隔列的字符串或字符
newline	字符串或字符分隔线
header	定义文件开头写入的字符串
footer	定义文件末尾写入的字符串
encoding	编码格式

使用 NumPy 中包含的数据保存方法实现数据存储,效果如图 7-22 所示。

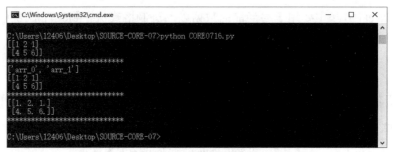

图 7-22　数据存储

为实现图 7-22 效果,代码 CORE0716 如下所示。

代码 CORE0716.py

```python
# -*- coding:utf8-*-
# 导入 NumPy 模块
import numpy as np
# 定义数据
arr = [[1,2,1],[4,5,6]]
arr1 = [['name1','name2','name3'],['name1','name2','name3']]
# 创建二维数组
data = np.array(arr)
data1 = np.array(arr)
# save() 保存数组
np.save('Data',data)
# 获取数组并输出内容
print (np.load('Data.npy'))
# savez() 保存多个数组
np.savez('Data',data,data1)
# 获取数组
r=np.load('Data.npz')
```

```
# 查看数组名称
print (r.files)
# 输出内容
print (r['arr_0'])
# savetxt() 保存数组
np.savetxt('Data.txt',data)
# 获取数组并输出内容
print (np.loadtxt('Data.txt'))
```

快来扫一扫！

提示：除了上述数组操作外，数组之间还可以进行广播操作，扫描图中二维码，学习更多 NumPy 知识。

任务实施

通过以上的学习，可以了解 NumPy 库的相关概念和基本使用，为了巩固所学知识，通过以下几个步骤，使用 NumPy 库实现对股票数据的处理。

第一步：获取数据。

查看数据，当前数据中是否包含列名称，如果包含可以跳过该行获取数据，获取数据使用的是 loadtxt() 方法，可以将当前文件中的所有数据读取出来，代码 CORE0717 如下所示，数据获取效果如图 7-23 所示。

代码 CORE0717.py

```
# -*- coding:utf8-*-
# 导入 NumPy 模块
import numpy as np
# 读取全部数据
data=np.loadtxt("shares.csv",dtype=str,delimiter=',',skiprows=1)
print(data)
```

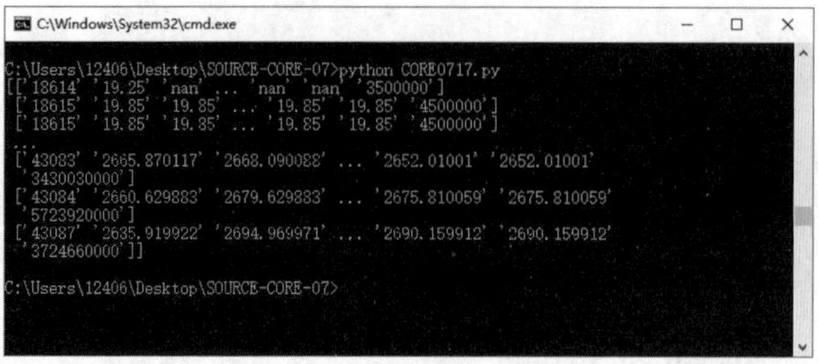

238
数据采集与预处理项目实战

图 7-23 获取数据

第二步：维度查询。

数据读取完成后，可以通过查询当前数据的维度并与文件数据条数对比判断数据是否全部读取成功，修改 CORE0717 代码，如下所示，维度查询效果如图 7-24 所示。

代码 CORE0717.py

```
# -*- coding:utf8-*-
# 导入 NumPy 模块
import numpy as np
# 读取全部数据
data=np.loadtxt("shares.csv",dtype=str,delimiter=',',skiprows=1)
print(data)
# 查看数据维度
nums=data.shape
print (nums)
```

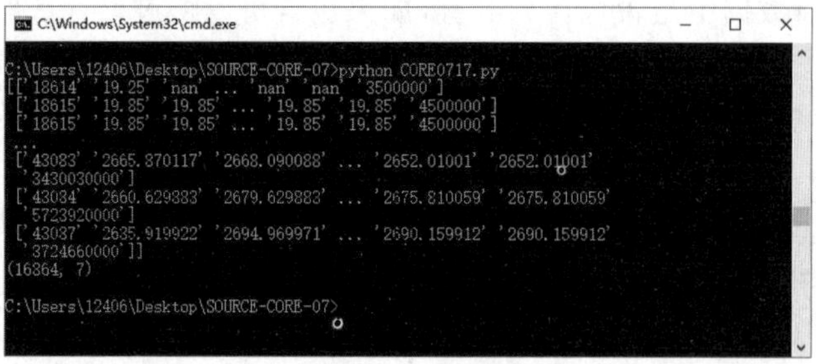

图 7-24 维度查询

第三步：类型转换。

确定数据读取成功后，可以通过 dtype 数据查看当前数据的数据类型，如果与需要的数据类型不符，可使用 astype() 方法转换当前的数据类型，修改 CORE0717 代码，如下所示，类型转换效果如图 7-25 所示。

代码 CORE0717.py

```
# -*- coding:utf8-*-
# 导入 NumPy 模块
```

```
import numpy as np
# 读取全部数据
data=np.loadtxt("shares.csv",dtype=str,delimiter=',',skiprows=1)
print(data)
# 查看数据维度
nums=data.shape
print (nums)
# 查看数据类型
type=data.dtype
print (type)
# 转换数据类型
newdata=data.astype(dtype='float64')
print (newdata)
```

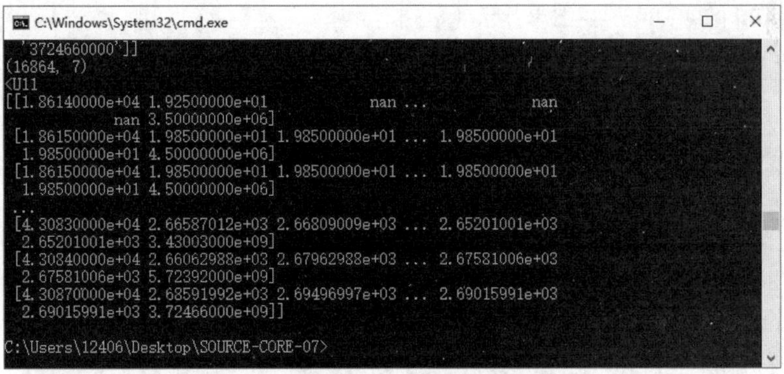

图 7-25　类型转换

第四步：缺失值处理。

类型转换完成后，就可以进行数据的处理操作了，首先是缺失值的处理，可以通过 is-nan() 方法检测缺失值是否存在，若存在则使用 count_nonzero() 确定缺失值的个数，最后将当前缺失值替换即可，修改 CORE0717 代码，如下所示，缺失值处理效果如图 7-26 所示。

代码 CORE0717.py

```
# -*- coding:utf8-*-
# 导入 NumPy 模块
import numpy as np
# 读取全部数据
data=np.loadtxt("shares.csv",dtype=str,delimiter=',',skiprows=1)
print(data)
# 查看数据维度
nums=data.shape
```

```
print (nums)
# 查看数据类型
type=data.dtype
print (type)
# 转换数据类型
newdata=data.astype(dtype='float64')
print (newdata)
# 检查是否存在缺失值
Nandata=np.isnan(newdata)
print (Nandata)
# 检查缺失值个数
Nansum=np.count_nonzero(np.isnan(newdata))
print (Nansum)
# 替换所有缺失数据
newdata[np.isnan(newdata)] = 100
print (newdata)
```

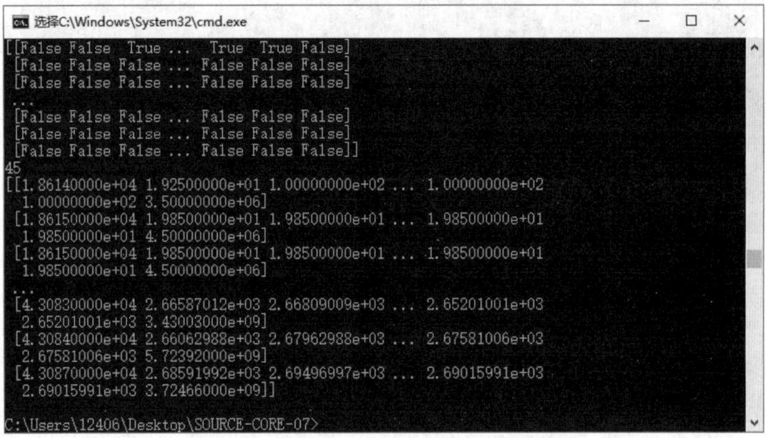

图 7-26　缺失值处理

第五步：重复行处理。

缺失值处理完成后，需要进行重复数据的处理操作，通过 unique() 方法将重复的行删除后排序输出，之后通过 shape 属性查看维度验证删除效果，修改 CORE0717 代码，如下所示，重复行处理效果如图 7-27 所示。

代码 CORE0717.py

```
# -*- coding:utf8-*-
# 导入 NumPy 模块
import numpy as np
```

```
# 读取全部数据
data=np.loadtxt("shares.csv",dtype=str,delimiter=',',skiprows=1)
print(data)
# 查看数据维度
nums=data.shape
print (nums)
# 查看数据类型
type=data.dtype
print (type)
# 转换数据类型
newdata=data.astype(dtype='float64')
print (newdata)
# 检查是否存在缺失值
Nandata=np.isnan(newdata)
print (Nandata)
# 检查缺失值个数
Nansum=np.count_nonzero(np.isnan(newdata))
print (Nansum)
# 替换所有缺失数据
newdata[np.isnan(newdata)] = 100
print (newdata)
# 移除重复行
newdata= np.unique(newdata,axis=0)
print (newdata)
# 再次查看数据维度验证是否移除重复行
nums=newdata.shape
print (nums)
```

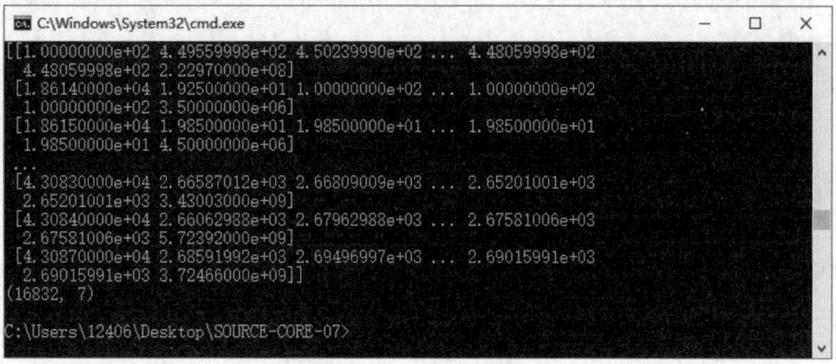

图 7-27　重复行处理

第六步：数据过滤。

缺失值、重复值处理完成后，就可以过滤需要的数据了，通过 ndarray 对象自带的数据选取方法将前 300 行和 500 到 1000 行的数据获取出来，然后再将获取完成的数据中的需求列过滤出来，之后将数据拼接即可，修改 CORE0717 代码，如下所示，数据过滤效果如图 7-28 所示。

```python
代码 CORE0717.py
# -*- coding:utf8-*-
# 导入 NumPy 模块
import numpy as np
# 读取全部数据
data=np.loadtxt("shares.csv",dtype=str,delimiter=',',skiprows=1)
print(data)
# 查看数据维度
nums=data.shape
print (nums)
# 查看数据类型
type=data.dtype
print (type)
# 转换数据类型
newdata=data.astype(dtype='float64')
print (newdata)
# 检查是否存在缺失值
Nandata=np.isnan(newdata)
print (Nandata)
# 检查缺失值个数
Nansum=np.count_nonzero(np.isnan(newdata))
print (Nansum)
# 替换所有缺失数据
newdata[np.isnan(newdata)] = 100
print (newdata)
# 移除重复行
newdata= np.unique(newdata,axis=0)
print (newdata)
# 再次查看数据维度验证是否移除重复行
nums=newdata.shape
print (nums)
# 获取前 300 行数据
newdata1=newdata[0:300]
```

```
print (newdata1)
print (newdata1.shape)
# 获取 501 到 1000 行数据
newdata2=newdata[500:1000]
print (newdata2)
print (newdata2.shape)
# 竖直堆叠数据
newdata3=np.vstack((newdata1,newdata2))
print (newdata3)
print (newdata3.shape)
# 获取 High 列
Highdata=newdata3[...,3]
print (Highdata)
# 获取 Low 列
Lowdata=newdata3[...,4]
print (Lowdata)
# 竖直堆叠数据
newdata4=np.vstack((Highdata,Lowdata))
print (newdata4)
print (newdata4.shape)
```

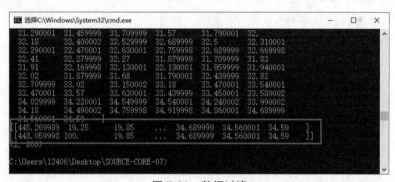

图 7-28　数据过滤

第七步：格式修改。

经过观察提取出来的数据，发现其格式并不是需要的数据格式，因此需要对其进行相关的格式修改，将数据的轴进行变换，修改 CORE0717 代码，如下所示，格式修改效果如图 7-29 所示。

代码 CORE0717.py

```
# -*- coding:utf8-*-
```

```python
# 导入 NumPy 模块
import numpy as np
# 读取全部数据
data=np.loadtxt("shares.csv",dtype=str,delimiter=',',skiprows=1)
print(data)
# 查看数据维度
nums=data.shape
print (nums)
# 查看数据类型
type=data.dtype
print (type)
# 转换数据类型
newdata=data.astype(dtype='float64')
print (newdata)
# 检查是否存在缺失值
Nandata=np.isnan(newdata)
print (Nandata)
# 检查缺失值个数
Nansum=np.count_nonzero(np.isnan(newdata))
print (Nansum)
# 替换所有缺失数据
newdata[np.isnan(newdata)] = 100
print (newdata)
# 移除重复行
newdata= np.unique(newdata,axis=0)
print (newdata)
# 再次查看数据维度验证是否移除重复行
nums=newdata.shape
print (nums)
# 获取前 300 行数据
newdata1=newdata[0:300]
print (newdata1)
print (newdata1.shape)
# 获取 501 到 1000 行数据
newdata2=newdata[500:1000]
print (newdata2)
print (newdata2.shape)
# 竖直堆叠数据
```

```
newdata3=np.vstack((newdata1,newdata2))
print (newdata3)
print (newdata3.shape)
# 获取 High 列
Highdata=newdata3[...,3]
print (Highdata)
# 获取 Low 列
Lowdata=newdata3[...,4]
print (Lowdata)
# 竖直堆叠数据
newdata4=np.vstack((Highdata,Lowdata))
print (newdata4)
print (newdata4.shape)
# 对换数组的维度
newdata5=newdata4.T
print (newdata5)
```

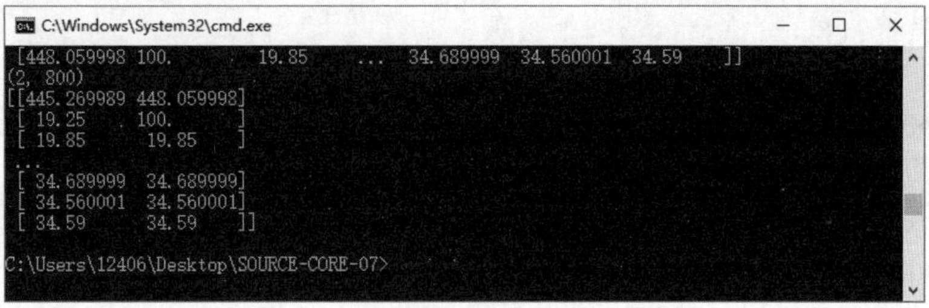

图 7-29　格式修改

第八步：异常值处理。

需求数据获取完成后，还需要进行异常值的处理，通过使用关系表达式定义条件，即可将不符合需求的异常值替换为指定的值，修改 CORE0717 代码，如下所示，异常值处理效果如图 7-30 所示。

代码 CORE0717.py

```
# -*- coding:utf8-*-
# 导入 NumPy 模块
import numpy as np
# 读取全部数据
data=np.loadtxt("shares.csv",dtype=str,delimiter=',',skiprows=1)
print(data)
# 查看数据维度
```

```
nums=data.shape
print (nums)
# 查看数据类型
type=data.dtype
print (type)
# 转换数据类型
newdata=data.astype(dtype='float64')
print (newdata)
# 检查是否存在缺失值
Nandata=np.isnan(newdata)
print (Nandata)
# 检查缺失值个数
Nansum=np.count_nonzero(np.isnan(newdata))
print (Nansum)
# 替换所有缺失数据
newdata[np.isnan(newdata)] = 100
print (newdata)
# 移除重复行
newdata= np.unique(newdata,axis=0)
print (newdata)
# 再次查看数据维度验证是否移除重复行
nums=newdata.shape
print (nums)
# 获取前 300 行数据
newdata1=newdata[0:300]
print (newdata1)
print (newdata1.shape)
# 获取 501 到 1000 行数据
newdata2=newdata[500:1000]
print (newdata2)
print (newdata2.shape)
# 竖直堆叠数据
newdata3=np.vstack((newdata1,newdata2))
print (newdata3)
print (newdata3.shape)
# 获取 High 列
Highdata=newdata3[...,3]
print (Highdata)
```

```
# 获取 Low 列
Lowdata=newdata3[...,4]
print (Lowdata)
# 竖直堆叠数据
newdata4=np.vstack((Highdata,Lowdata))
print (newdata4)
print (newdata4.shape)
# 对换数组的维度
newdata5=newdata4.T
print (newdata5)
# 异常值处理，将 Low 列高于 100 的值替换为 100
newdata5[:, 1][newdata5[:, 1] > 100] = 100
print (newdata5)
```

图 7-30　异常值处理

第九步：保存数据。

经过多个操作和变换后，即可通过 savetxt() 方法将需求数据保存到本地文件，供后续数据的分析、可视化等相关操作使用，修改 CORE0717 代码，如下所示。

```
代码 CORE0717.py
# -*- coding:utf8-*-
# 导入 NumPy 模块
import numpy as np
# 读取全部数据
data=np.loadtxt("shares.csv",dtype=str,delimiter=',',skiprows=1)
print(data)
# 查看数据维度
nums=data.shape
print (nums)
# 查看数据类型
type=data.dtype
print (type)
```

```
# 转换数据类型
newdata=data.astype(dtype='float64')
print (newdata)
# 检查是否存在缺失值
Nandata=np.isnan(newdata)
print (Nandata)
# 检查缺失值个数
Nansum=np.count_nonzero(np.isnan(newdata))
print (Nansum)
# 替换所有缺失数据
newdata[np.isnan(newdata)] = 100
print (newdata)
# 移除重复行
newdata= np.unique(newdata,axis=0)
print (newdata)
# 再次查看数据维度验证是否移除重复行
nums=newdata.shape
print (nums)
# 获取前 300 行数据
newdata1=newdata[0:300]
print (newdata1)
print (newdata1.shape)
# 获取 501 到 1000 行数据
newdata2=newdata[500:1000]
print (newdata2)
print (newdata2.shape)
# 竖直堆叠数据
newdata3=np.vstack((newdata1,newdata2))
print (newdata3)
print (newdata3.shape)
# 获取 High 列
Highdata=newdata3[...,3]
print (Highdata)
# 获取 Low 列
Lowdata=newdata3[...,4]
print (Lowdata)
# 竖直堆叠数据
newdata4=np.vstack((Highdata,Lowdata))
```

```
print (newdata4)
print (newdata4.shape)
# 对换数组的维度
newdata5=newdata4.T
print (newdata5)
# 异常值处理,将 Low 列高于 100 的值替换为 100
newdata5[:, 1][newdata5[:, 1] > 100] = 100
print (newdata5)
## 保存数据
np.savetxt('sharesData.csv',newdata5)
```

数据保存完成后,会在当前项目文件夹下生产 sharesData.csv 文件,打开项目文件夹,查看 sharesData.csv 文件,如图 7-31 所示。

打开 sharesData.csv 文件,查看文件内容,出现如图 7-2 所示的数据即说明数据保存成功。

至此,NumPy 库处理股票数据完成。

CORE0711.py	2019/3/28 17:14	JetBrains PyChar...	1 KB
CORE0712.py	2019/4/1 10:03	JetBrains PyChar...	1 KB
CORE0713.py	2019/4/1 10:03	JetBrains PyChar...	1 KB
CORE0714.py	2019/4/1 10:03	JetBrains PyChar...	2 KB
CORE0715.py	2019/4/1 10:03	JetBrains PyChar...	1 KB
CORE0716.py	2019/4/1 10:44	JetBrains PyChar...	1 KB
CORE0717.py	2019/4/4 11:35	JetBrains PyChar...	2 KB
Data.npy	2019/4/1 10:43	NPY 文件	1 KB
Data.npz	2019/4/1 10:43	NPZ 文件	1 KB
Data.txt	2019/4/1 10:43	文本文档	1 KB
shares.csv	2019/4/4 9:50	XLS 工作表	1.123 KB
sharesData.csv	2019/4/4 9:59	XLS 工作表	40 KB
test.csv	2019/4/3 15:03	XLS 工作表	1 KB
test.npy	2019/3/26 14:23	NPY 文件	1 KB

图 7-31　项目文件夹

任 务 总 结

本项目通过 NumPy 库股票数据处理的实现,使读者对 NumPy 库的相关知识有了初步了解;掌握了 NumPy 库的安装及基本使用,并能够通过所学的 NumPy 库知识实现股票数据的处理。

numeric	数字	nest	筑巢
caffe	咖啡	pickle	泡菜
unpack	打包	zero	零
empty	空的	order	顺序
real	真实	stack	堆
axes	轴		

1. 选择题

（1）以下不属于 loadtxt() 方法包含的参数的是（　　　）。

A.comments　　　　　　B.dtype　　　　　　C.allow_pickle　　　　　D.delimiter

（2）NumPy 库中用于创建空数组的方法是（　　　）。

A.array()　　　　　　B.empty()　　　　　　C.null()　　　　　D.arange()

（3）查询当前数组的维度可以使用（　　　）。

A.dtype　　　　　　B.ndim　　　　　　C.size　　　　　D.shape

（4）以下用于堆叠数据的方法是（　　　）。

A.hstack()　　　　　　B.vsplit()　　　　　　C.squeeze()　　　　　D.concatenate()

（5）保存多个数组可以使用（　　　）。

A.saves()　　　　　　B.save()　　　　　　C.savetxt()　　　　　D.savez()

2. 简答题

（1）简述 NumPy 库的优势。

（2）简述 ndarray 对象包含的内容。

项目八　Pandas 旅游数据处理

学习目标

通过对旅游数据的处理，了解 Pandas 库的相关概念，熟悉 Pandas 库的安装，掌握 Pandas 库的基本使用，具备使用 Pandas 库实现旅游数据处理的能力，在任务实现过程中做到几下几点：

● 了解 Pandas 库的的相关知识；
● 熟悉 Pandas 库的安装；
● 掌握 Pandas 库的使用；
● 具备实现旅游数据处理的能力。

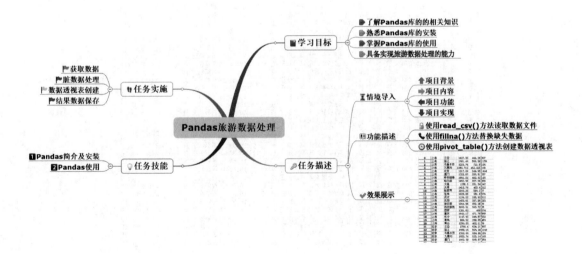

任务描述

【情境导入】

　　如今,旅游产业已进入大发展时期,旅游业对中国经济和就业的综合贡献率已超过10%,是推动中国经济转型的重要推手。随着旅游业的飞速发展,相关的旅游信息软件多种多样,极大地方便了人们旅游出行,因此其所产生的旅游信息也是非常庞大的,如果通过眼睛去查看并分析这些数据是极为困难的。这时就可以通过对信息进行的相关数据处理操作,将其变为具有方便查看的格式的数据。本项目通过对 Pandas 库知识的学习,最终实现对旅游数据的处理。

【功能描述】

● 使用 read_csv() 方法读取数据文件;
● 使用 fillna() 方法替换缺失数据;
● 使用 pivot_table() 方法创建数据透视表。

【效果展示】

　　通过对本项目的学习,能够使用 Pandas 库的相关数据操作方法对图 8-1 和图 8-2 所示的旅游数据进行处理,并将处理后的数据保存到本地文件中,处理完成后的数据如图 8-3 所示。

出发地	目的地	价格	节省	路线名	酒店	房间	去程航司	去程方式	去程时间	回程航司	回程方式	回程时间
北京	厦门	1866	492	北京-厦门3	厦门温特	标准房(7	联合航空	直飞	16:55-19	首都航空	直飞	22:15-01:15
北京	厦门	2030	492	北京-厦门3	厦门华美	标准房(5	联合航空	直飞	16:55-19	首都航空	直飞	22:15-01:15
北京	厦门	2139	533	北京-厦门3	厦门毕思	标准大床	联合航空	直飞	16:55-19	首都航空	直飞	22:15-01:15
北京	厦门	2141	502	北京-厦门3	厦门翔鹭	高级大床	联合航空	直飞	16:55-19	首都航空	直飞	22:15-01:15
北京	厦门	2159	524	北京-厦门3	厦门京闽	高级房(7	联合航空	直飞	16:55-19	首都航空	直飞	22:15-01:15
北京	厦门	2212	524	北京-厦门3	厦门滨北	行政大床	联合航空	直飞	16:55-19	首都航空	直飞	22:15-01:15
北京	厦门	2421	576	北京-厦门3	厦门帝元	雅致海景	联合航空	直飞	16:55-19	首都航空	直飞	22:15-01:15
北京	厦门	3763	929	北京-厦门3	厦门日月	贵宾套房	联合航空	直飞	16:55-19	首都航空	直飞	22:15-01:15
北京	厦门	1757	498	北京-厦门3	厦门鸿翔	特惠房(7	联合航空	直飞	16:55-19	首都航空	直飞	22:15-01:15
北京	厦门	1767	498	北京-厦门3	厦门港中	特惠房(	联合航空	直飞	16:55-19	首都航空	直飞	22:15-01:15
北京	厦门	1771	504	北京-厦门3	厦门夏商	标准房(5	联合航空	直飞	16:55-19	首都航空	直飞	22:15-01:15
北京	厦门	1774	502	北京-厦门3	厦门同安	商务大床	联合航空	直飞	16:55-19	首都航空	直飞	22:15-01:15
北京	厦门	1781	504	北京-厦门3	厦门滨海	温馨大床	联合航空	直飞	16:55-19	首都航空	直飞	22:15-01:15
北京	厦门	1782	508	北京-厦门3	厦门北站	清新大床	联合航空	直飞	16:55-19	首都航空	直飞	22:15-01:15
北京	厦门	1784	494	北京-厦门3	厦门佳缘	精品大床	联合航空	直飞	16:55-19	首都航空	直飞	22:15-01:15
北京	厦门	1785	506	北京-厦门3	厦门航阳	雅致房(	联合航空	直飞	16:55-19	首都航空	直飞	22:15-01:15
北京	厦门	1785	506	北京-厦门3	厦门青年	特惠双床	联合航空	直飞	16:55-19	首都航空	直飞	22:15-01:15
北京	厦门	1786	504	北京-厦门3	厦门青年	精致大床	联合航空	直飞	16:55-19	首都航空	直飞	22:15-01:15
北京	厦门	1791	502	北京-厦门3	厦门四海	大床房(	联合航空	直飞	16:55-19	首都航空	直飞	22:15-01:15
北京	厦门	1799	490	北京-厦门3	厦门依山	单身精致	联合航空	直飞	16:55-19	首都航空	直飞	22:15-01:15
北京	厦门	1803	500	北京-厦门3	厦门东辰	普通大床	联合航空	直飞	16:55-19	首都航空	直飞	22:15-01:15
北京	厦门	1803	500	北京-厦门3	厦门杏花	标准大床	联合航空	直飞	16:55-19	首都航空	直飞	22:15-01:15
北京	厦门	1812	502	北京-厦门3	厦门晶邦	商务标准	联合航空	直飞	16:55-19	首都航空	直飞	22:15-01:15
北京	厦门	1819	498	北京-厦门3	厦门锦之星	商务房B	联合航空	直飞	16:55-19	首都航空	直飞	22:15-01:15
北京	厦门	1822	492	北京-厦门3	厦门佐海	豪华房	联合航空	直飞	16:55-19	首都航空	直飞	22:15-01:15
北京	厦门	1824	502	北京-厦门3	厦门曾髻	榻榻米大	联合航空	直飞	16:55-19	首都航空	直飞	22:15-01:15
北京	厦门	1825	506	北京-厦门3	厦门豪华	豪华房(7	联合航空	直飞	16:55-19	首都航空	直飞	22:15-01:15
北京	厦门	1825	496	北京-厦门3	厦门鑫博	迷你双床	联合航空	直飞	16:55-19	首都航空	直飞	22:15-01:15
北京	厦门	1829	490	北京-厦门3	厦门航成	精致房(7	联合航空	直飞	16:55-19	首都航空	直飞	22:15-01:15

图 8-1　总数据

出发地	目的地	路线页数
北京	厦门	359
北京	青岛	471
北京	杭州	1228
北京	丽江	1160
北京	九寨沟	168
北京	大理	199
北京	西双版纳	50
北京	昆明	456
北京	西安	876
北京	乌鲁木齐	136
北京	银川	143
北京	大连	242
北京	哈尔滨	285
北京	沈阳	223
北京	张家界	144
北京	长沙	533
北京	神农架	29
北京	武汉	511
北京	洛阳	126
北京	三亚	397
上海	九寨沟	168
上海	西双版纳	25
上海	重庆	898
上海	乌鲁木齐	136
上海	呼和浩特	125

图 8-2　路线数据

0	上海	三亚	1542.763	424.7419	397
1	上海	丽江	1950.143	563.0816	1159
2	上海	九寨沟	1893.713	492.425	168
3	上海	北京	1317.09	344.65	1444
4	上海	厦门	1303.879	335.2323	357
5	上海	呼和浩特	1561.23	432.32	125
6	上海	哈尔滨	1352.99	357.96	285
7	上海	大连	1258.3	351.34	242
8	上海	太原	1412.79	433.6	212
9	上海	张家界	2172.653	533.1684	27
10	上海	桂林	1325.83	351.8	576
11	上海	武汉	1136.22	335.93	512
12	上海	沈阳	1455.61	387.26	223
13	上海	神农架	1264.58	352.28	29
14	上海	西安	1356.98	402.8367	874
15	上海	重庆	1641.17	471.76	898
16	上海	长沙	1147.92	349.57	533
17	上海	青岛	886.32	358.05	469
18	上海	黄山	1290.33	402.11	59
19	北京	三亚	2474.5	599.4286	397
20	北京	丽江	1926.806	502.9796	1160
21	北京	乌鲁木齐	2302.821	618.4286	136
22	北京	九寨沟	1953.74	533.14	168
23	北京	厦门	1883.586	501.2929	359
24	北京	哈尔滨	1437.99	364.22	285
25	北京	大连	1218.3	323.32	242
26	北京	张家界	2215.67	534.4149	144
27	北京	昆明	1442.36	375.05	456
28	北京	杭州	1272.98	383.93	1228
29	北京	武汉	1772.22	497.91	511
30	北京	沈阳	1698.99	473.06	223
31	北京	洛阳	1038.22	324.8	126
32	北京	神农架	1818.116	496.7368	29
33	北京	西安	1270.97	403.4747	876
34	北京	银川	1025.14	335.77	143

图 8-3　处理后数据

课程思政

技能点一　Pandas 简介及安装

1.Pandas 简介

Pandas 是基于 NumPy 为解决数据分析问题而开发的一种工具,其集成了大量的库和多个标准数据模型,为实现高效的大型数据集操作提供支持。另外,Pandas 中还包含了非常多的快捷处理数据的函数和方法,能够实现高效、强大的数据分析。由于 Pandas 是基于 NumPy 设计实现的,因此可以将 Pandas 看成 Python 的一个数据分析库。Pandas 库在 2008 年 4 月由 AQR Capital Management 最先进行开发,并开源于 2009 年底,现在主要由 PyData 的 Python 数据包开发团队继续开发和维护属于当前项目的部分。Pandas 在最开始时主要应用于对金融数据的分析,它能够很好地支持时间序列分析。既然 Pandas 主要用于处理、分析的数据,那么 Pandas 支持的数据结构有哪些呢?实际上 Pandas 库中能够处理分析的数据结构并不多,主要有以下几种。

● Series。一维的标记数组,其与 NumPy 中的一维 Array 类似。二者与 Python 的基本数据结构 List 也很相近,其区别是 List 中的元素可以是不同的数据类型,而 Array 和 Series 中则只允许存储相同的数据类型的数据,这样可以更有效地使用内存,提高运算效率。

● DataFrame。二维的表格型数据结构。很多功能与 R 语音中的 data.frame 类似。我们可以将 DataFrame 理解为 Series 的容器。

● Panel。三维的数组，可以将其理解为 DataFrame 的容器。

值得注意的是，Pandas 是 Python 的一个库，所以 Python 中所有的数据类型在这里依然适用。

2.Pandas 的安装

由于 Pandas 是基于 NumPy 进行开发的，可以用于数据处理，并且属于 Python 第三方库的一种，因此其与 NumPy 的安装方式大致相同，Pandas 的安装步骤如下所示。

第一步：安装 Pandas 数据处理库，在命令窗口输入"pip install pandas"命令即可进行下载安装，如图 8-4 所示。

图 8-4　Pandas 数据处理库安装

第二步：进入 Python 交互式命令行，输入"import pandas"代码，没有出现错误说明 Pandas 库安装成功，效果如图 8-5 所示。

图 8-5　Pandas 库安装成功

技能点二　Pandas 使用

Pandas 库对数据的操作可以分为数据表获取、数据表信息查看、数据表清洗、数据表变换、数据过滤、数据保存等，下面通过对相关操作的实现进行知识讲解。

1. 数据表获取

使用 Pandas 进行数据处理操作的前提是有数据,有了数据才能使用相关方法对其进行操作。在 Pandas 中,数据的获取方式主要有两种,一种是从本地的文本文件中进行获取,另一种是使用 Pandas 中的方法自定义数据。

（1）本地文件数据获取

一般情况下,数据都被保存在 CSV、xlsx、JSON、sql 等文件中,Pandas 提供了多种方法获取本地文件中的内容,获取内容之后会返回一个 Pandas 对象。Pandas 中常用的文件内容获取方法如表 8-1 所示。

表 8-1　Pandas 中常用的文件内容获取方法

方法	描述
read_csv()	从 CSV 文件读取数据
read_excel()	从 Excel 文件读取数据
read_sql()	从 SQL 表 / 库读取数据
read_json()	从 JSON 文件读取数据

其中, read_csv() 方法主要用于从 CSV 文件中导出数据,只需提供文件路径,即可将 CSV 文件中保存的数据以二维数据表的格式输出,read_csv() 方法包含的部分参数如表 8-2 所示。

表 8-2　read_csv() 方法包含的部分参数

参数	描述
filepath_or_buffer	文件路径
sep	分隔符设置,默认值为", "
header	数据开始前的列名所占用的行数
prefix	自动生成的列名编号的前缀
dtype	指定列的数据类型
encoding	指定编码
converters	设置指定列的处理函数,可以用"序号""列名"进行列的指定
skipinitialspace	忽略分割符后面的空格
na_values	空值定义
na_filter	检测空值,值为 False 时表示没有空值

read_excel() 方法主要用于从 Excel 文件中导出数据,可以获取本地 Excel 文件中的数据并以二维数据表的格式输出,read_excel() 方法包含的部分参数如表 8-3 所示。

表 8-3　read_excel() 方法包含的部分参数

参数	描述
io	文件路径
sheet_name	指定表单名称
header	数据开始前的列名所占用的行数
skiprows	省略指定行数的数据
skip_footer	省略从尾部数的指定行数的数据
index_col	指定列为索引列
names	指定列的名字
dtype	指定列的数据类型

　　read_sql() 方法主要用于从 SQL 数据库表中获取数据，与 read_csv() 和 read_excel() 方法不同的是，read_sql() 方法并不是从 SQL 文件中获取数据，而是连接 SQL 数据库之后，再通过 read_sql() 方法获取数据，包含的部分参数如表 8-4 所示。

表 8-4　read_sql() 方法包含的部分参数

参数	描述
sql	SQL 命令字符串
con	连接 SQL 数据库的 engine，可以用 pymysql 之类的包建立
index_col	选择某一列作为索引
coerce_float	数字形式的字符串直接以 float 型读入
parse_dates	将某一列日期型字符串转换为 datetime 型数据
columns	要选取的列
chunksize	指定输出的行数

　　read_json() 方法主要用于从 JSON 文件导出数据，与 read_csv() 和 read_excel() 方法在使用方式上基本相同，向 read_json() 方法传入一个 JSON 文件路径，即可将文件中的数据提取出来，read_json() 方法包含的部分参数如表 8-5 所示。

表 8-5　read_json() 方法包含的部分参数

参数	描述
path_or_buf	文件路径
orient	指示预期的 JSON 字符串格式
typ	要恢复的对象类型
dtype	指定数据类型，值为 JSON、Dict

续表

参数	描述
keep_default_dates	显示 Scrapy 版本
numpy	直接解码为 NumPy 数组
date_unit	用于检测转换日期的时间戳单位
encoding	指定编码
lines	按行读取文件作为 json 对象

使用 Pandas 中包含的方法从文本文件中获取数据,效果如图 8-6 所示。

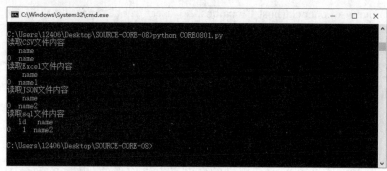

图 8-6 数据获取

为实现图 8-6 效果,代码 CORE0801 如下所示。

代码 CORE0801.py

```
# -*- coding:utf8-*-
# 引入 pandas
import pandas as pd
print (" 读取 CSV 文件内容 ")
# 读取 CSV 文件内容
csv_data = pd.read_csv('./test.csv',encoding='gb18030')
# 输出内容
print (csv_data)
print (" 读取 Excel 文件内容 ")
# 读取 Excel 文件内容
xlsx_data =pd.read_excel('test.xls')
# 输出内容
print (xlsx_data)

print (" 读取 JSON 文件内容 ")
# 读取 JSON 文件内容
```

```
json_data = pd.read_json('./test.json',encoding='utf8')
# 输出内容
print (json_data)


print (" 读取 sql 文件内容 ")
# 引入 pymysql
import pymysql
# sql 命令
sql_cmd = "SELECT * FROM test"
# 用 DBAPI 构建数据库连接 engine
con = pymysql.connect(host="localhost", user="root", password="123456", data-
base="mysql", charset='utf8', use_unicode=True)
# 读取 sql 文件内容
sql_data = pd.read_sql(sql_cmd, con)
# 输出内容
print (sql_data)
```

（2）自定义数据

自定义数据主要是通过 Pandas 提供的自定义方法实现的，根据 Pandas 中包含的数据结构的种类的不同，目前主要有三种方法分别用于实现对应数据结构数据的创建，具体的创建方法如表 8-6 所示。

表 8-6　自定义数据方法

方法	描述
Series()	创建一维标记数组
DataFrame()	创建二维的表格型数组（以下简称二维数组），类似于表格样式
Panel()	创建三维数组，是一个 3D 容器的数据

目前，大部分数据都是以一维标记数组或二维数组格式保存的，因此下面主要对 Series() 和 DataFrame() 方法进行讲解。

● Series() 主要用于一维标记数组的创建，数据可以是数组、字典、标量值或常数等格式，通过使用 Series() 方法及相关参数的设置能够实现整数、字符串、浮点数、Python 对象等任何类型数据的保存，Series() 方法包含的部分参数如表 8-7 所示。

表 8-7　Series() 方法包含的部分参数

参数	描述
data	定义的数据
index	指定索引，与数据的长度相同

参数	描述
dtype	指定数据类型
copy	复制数据，默认为 False

使用 Series() 方法实现一维标记数组的创建，效果如图 8-7 所示。

图 8-7　一维标记数组创建

为实现图 8-7 效果，代码 CORE0802 如下所示。

代码 CORE0802.py

```python
# 引入 pandas
import pandas as pd
# 定义数组类型数据
data = ['A','B','C','D']
# 也可以是: {'a' : 0., 'b' : 1., 'c' : 2.}
# 创建一维标记数组
series = pd.Series(data)
# 打印数组内容
print (series)

# 指定索引创建数组
series = pd.Series(data,index=[100,104,106,110])
# 打印数组内容
print (series)

# 定义字典类型数据
data = {'A' : 0., 'B' : 1., 'C' : 2.}
```

```
# 创建一维数组
series = pd.Series(data)
# 打印数组内容
print (series)


# 定义标量或常数类型数据
data = 5
# 创建一维数组
series = pd.Series(data,index=[10,11,12,13])
# 打印数组内容
print (series)
```

● DataFrame() 方法主要用于二维数组的创建，这个二维数组是一个类似表格的数据结构，数据以行和列的方式排列，同样可以支持数字、字符串、布尔等类型的数据。Data-Frame() 方法同样包含了多个用于实现二维数组创建的设置参数，部分参数如表 8-8 所示。

表 8-8 DataFrame() 方法包含的部分参数

参数	描述
data	定义的数据
index	指定索引，与数据的长度相同
columns	指定列名称
dtype	指定每列的数据类型
copy	复制数据，默认为 False

使用 DataFrame() 方法实现二维数组的创建，效果如图 8-8 所示。

图 8-8 二维数组创建

为实现图 8-8 效果，代码 CORE0803 如下所示。

代码 CORE0803.py

```python
# 引入 pandas
import pandas as pd
# 定义数组类型数据
data = [['A',1],['B',2],['C',3],['D',4]]
# 创建二维数组
DataFrame = pd.DataFrame(data)
# 打印数组内容
print (DataFrame)


# 指定列名称创建数组
DataFrame = pd.DataFrame(data,columns=['Name','Age'])
# 打印数组内容
print (DataFrame)


# 指定索引创建数组
DataFrame = pd.DataFrame(data,index=[100,104,106,110])
# 打印数组内容
print (DataFrame)


# 指定数据类型
DataFrame = pd.DataFrame(data,columns=['Name','Age'],dtype=float)
# 打印数组内容
print (DataFrame)


# 定义字典类型数据
data = {'Name':['a','b', 'c', 'd'],'Age':[1,2,3,4]}
# 创建二维数组
DataFrame = pd.DataFrame(data)
# 打印数组内容
print (DataFrame)


# 定义列表类型数据
data = [{'a': 1, 'b': 2},{'a': 5, 'b': 10, 'c': 20}]
# 创建二维数组
DataFrame = pd.DataFrame(data)
```

```
#打印数组内容
print (DataFrame)
```

2. 数据表信息查看

当数据信息获取完成后,首先需要了解当前信息的整体情况,Pandas 库提供了多种用于查看数据表信息的属性和方法,能够实现对维度、基本信息、空值、列名等相关信息的查询。当数据量较小时可能并不会用到这些方法,但当数据量特别庞大时,使用人工查看信息会非常浪费时间,这时就可以使用信息查看的相关属性和方法了解当前的信息情况。Pandas 数据表信息查看的属性和方法如表 8-9 所示。

表 8-9　数据表信息查看的属性和方法

属性和方法	描述
shape	查看维度
dtypes	查看每一列数据的格式
values	查看数据表的值
columns	查看列名称
info()	查看数据表基本信息,包括维度、列名称、数据格式、所占空间等
isnull()	查看空值
unique()	查看某一列的唯一值
head()	查看前指定行数据,默认为 10
tail()	查看后指定行数据,默认为 10

使用表 8-9 中方法实现数据表相关信息的查看,效果如图 8-9 所示。

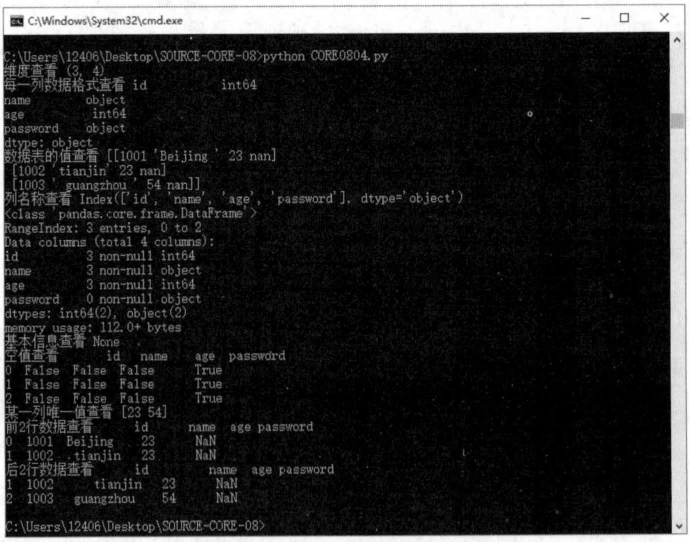

图 8-9　查看数据表相关信息

为实现图 8-9 效果，代码 CORE0804 如下所示。

```
代码 CORE0804.py
# 引入 pandas
import pandas as pd
# 创建二维数组
DataFrame = pd.DataFrame({"id":[1001,1002,1003],
"name":['Beijing ', 'tianjin', ' guangzhou '],
"age":[23,23,54]},
columns =['id','name','age','password'])
# 维度查看
print (DataFrame.shape)
# 每一列数据格式查看
print (DataFrame.dtypes)
# 数据表的值查看
print (DataFrame.values)
# 列名称查看
print (DataFrame.columns)
# 基本信息查看
print (DataFrame.info())
# 空值查看
print (DataFrame.isnull())
# 某一列唯一值查看
print (DataFrame['age'].unique())
# 前 2 行数据查看
print (DataFrame.head(2))
# 后 2 行数据查看
print (DataFrame.tail(2))
```

3. 数据表清洗

数据表清洗是大数据处理中的一个重要流程，通过对数据的清洗能够极大提高数据分析的效率、准确率等，是本项目的重点知识。Pandas 根据数据清洗的内容也提供了相应的方法，Pandas 中包含的部分数据清洗方法如表 8-10 所示。

表 8-10 Pandas 数据清洗方法

方法	描述
fillna()	填充空值
map()	清除字段的字符空格

方法	描述
lower()	转小写
upper()	转大写
astype()	更改数据格式
rename()	更改行和列名称
drop_duplicates()	删除重复值
replace()	数据替换

表 8-10 中的方法的具体使用如下。

（1）fillna()

在使用数据时，由于程序错误或人为原因，经常会遇到请求的数据包含一部分空值，即缺失值，为了解决这个问题，可以使用 fillna() 方法对缺失值进行填充，以保证数据的完整性，提高数据分析的准确率。fillna() 方法常与 isnull() 空值查看方法组合使用。只有在缺失值存在时才会进行填充，不存在时则跳过该方法进行之后的操作。fillna() 方法包含多个定义填充规则参数属性，部分参数如表 8-11 所示。

表 8-11　fillna() 方法包含的部分参数

参数	描述
inplace	是否修改原数据，默认不修改
method	定义填充规则
limit	限制填充个数
axis	修改填充方向

其中，inplace 包含的部分参数值如表 8-12 所示。

表 8-12　inplace 包含的部分参数值

参数值	描述
True	直接修改原数据
False	创建一个副本，修改副本，原数据不变

method 包含的部分参数值如表 8-13 所示。

表 8-13　method 包含的部分参数值

参数值	描述
pad/ffill	用前一个非缺失值去填充该缺失值

参数值	描述
backfill/bfill	用下一个非缺失值填充该缺失值
None	默认值，指定一个值去替换缺失值

使用 fillna() 方法实现缺失值填充，效果如图 8-10 所示。

图 8-10　缺失值填充

为实现图 8-10 效果，代码 CORE0805 如下所示。

代码 CORE0805.py
# 引入 pandas
import pandas as pd
# 从 NumPy 库引入空值
from numpy import nan as NaN
# 创建二维数组
DataFrame = pd.DataFrame([[1,2,3],[NaN,NaN,2],[NaN,NaN,NaN],[8,8,NaN]])
# 用常数填充
print (DataFrame.fillna(100))
用字典填充
print (DataFrame.fillna({0:10,1:20,2:30}))
修改原数据填充

```
DataFrame.fillna(0,inplace=True)
print (DataFrame)
# 用前一个非缺失值去填充该缺失值
print (DataFrame.fillna(method='ffill'))
# 用下一个非缺失值填充该缺失值
print (DataFrame.fillna(method='bfill'))
# 只填充 2 个
print (DataFrame.fillna(method='bfill', limit=2))
# 指定按行填充，只填充第一个
print (DataFrame.fillna(method="ffill", limit=1, axis=1))
```

（2）map()

在进行信息输入时，由于操作的失误，输入的内容前后会包含一个或多个空格字符，通过肉眼的观察能够发现的概率很小，这时保存后的信息中也就存在着空格符，这对于数据的分析运算是极为不利的，因为包含空格符的字符串与不存在空格符的字符串是不同的，因此在使用时就会出现问题。为了解决空格符问题，Pandas 库提供了一个 map() 方法，通过向方法中传入 str.strip 参数即可实现空格符的清除。除了实现空格符的删除外，通过向 map() 方法中传入字典格式数据还可以实现值的替换，使用 map() 方法实现空格清除和值的替换的效果如图 8-11 所示。

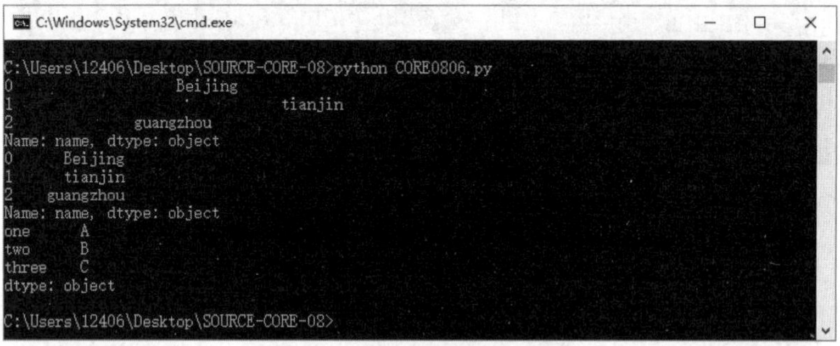

图 8-11 空格清除和值的替换

为实现图 8-11 效果，代码 CORE0806 如下所示。

代码 CORE0806.py

```
# 引入 pandas
import pandas as pd
# 创建二维数组
DataFrame = pd.DataFrame({"id":[1001,1002,1003],
"name":['Beijing         ',' 	  tianjin',' 	  guangzhou         ']},
columns =['id','name'])
# 清除空格
```

```
print (DataFrame['name'])
print (DataFrame['name'].map(str.strip))


# 创建一维标记数组
series = pd.Series({0 : 'A', 1 : 'B', 2 : 'C'})
series1 = pd.Series([0,1,2], index=['one', 'two', 'three'])
# 根据索引进行值的替换
print (series1.map(series))
```

（3）lower()、upper()

lower()、upper() 是一对功能相反的方法,其中, lower() 用于将一维标记数组、二维数组的某一列中的字符串全部转换为小写, upper() 则正好相反,能够实现字符串的大写转换,lower()、upper() 方法实现字符串大小写转换的效果如图 8-12 所示。

图 8-12　字符串大小写转换

为实现图 8-12 效果,代码 CORE0807 如下所示。

代码 CORE0807.py

```
# 引入 pandas
import pandas as pd
# 创建二维数组
DataFrame = pd.DataFrame({"id":[1001,1002,1003],
"name":['Beijing ', 'Tianjin', ' Guangzhou ']},
columns =['id','name'])
# 原数据
print (DataFrame['name'])
# 转大写
print (DataFrame['name'].str.upper())
# 转小写
print (DataFrame['name'].str.lower())
```

（4）astype()

在保存数据时，由于程序编辑、输入设置等原因，会出现数据格式不一致的问题，例如在设置年龄字段时，数据的格式可以是字符串类型，也可以是整数类型，为保证严谨就需要对其进行统一，但有时为了省事就将其设置成字符串、数字，这时就需要进行数据格式的统一，使用 Pandas 库中的 astype() 方法即可实现。使用 astype() 方法实现数据类型的更改，效果如图 8-13 所示。

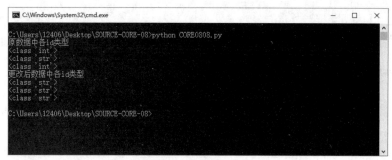

图 8-13　数据类型更改

为实现图 8-13 效果，代码 CORE0808 如下所示。

代码 CORE0808.py

# 引入 pandas 	
import pandas as pd
# 创建二维数组 	
DataFrame = pd.DataFrame({"id":[1001,'1002',1003],
"name":['Beijing ', 'Tianjin', ' Guangzhou ']},
columns =['id','name'])
# 原数据类型 	
for x in DataFrame['id']:
　　print (type(x))
# 更改后数据类型 	
for x in DataFrame['id'].astype(str):
　　print (type(x))

（5）rename()

rename() 方法主要用于实现行的索引值和列的名称的修改，通过不同的参数设置可以实现不同效果，既可以单独修改行的索引值，又可以实现列名称的修改，还可以设置是否修改原数据。rename() 方法包含的部分参数如表 8-14 所示。

表 8-14　rename() 方法包含的部分参数

参数	描述
index	定义索引值的修改内容

参数	描述
columns	定义列名称的修改内容
axis	指定修改索引值还是列名称
copy	是否复制底层数据，默认为 True
inplace	是否修改原数据，默认为 False，不修改

使用 rename() 方法实现行的索引值和列名称的修改，效果如图 8-14 所示。

图 8-14　行的索引值和列名称的修改

为实现图 8-14 效果，代码 CORE0809 如下所示。

代码 CORE0809.py

```
# 引入 pandas
import pandas as pd
# 创建二维数组
DataFrame = pd.DataFrame({"id":[1001,1002,1003],
"name":['Beijing ', 'Tianjin', ' Guangzhou ']},
columns =['id','name'],index=[0,1,2])
# 使用 index 和 columns 参数实现行和列内容的修改
index_columns=DataFrame.rename(index={0:10,1:11,2:12},col-
umns={'id':'ID','name':'NAME'})
print (index_columns)
# 使用 axis 参数指定修改行或列内容
axis=DataFrame.rename({'id':'ID','name':'NAME'},axis='columns')
print (axis)
# 使用 inplace 参数实现原数据的修改
inplace=DataFrame.rename({'id':'ID','name':'NAME'},axis='columns',inplace=True)
print (DataFrame)
```

（6）drop_duplicates()

在数据清洗的过程中，重复值的处理是一个非常重要的内容，大多数重复值的处理都是使用删除的方式实现的。在进行去重时会有两种情况，一种是删除前面的重复值，另一种是删除后面的重复值，这个是需要开发人员确定的。针对重复值的删除，Pandas 库提供了一个 drop_duplicates() 方法，通过一些参数的设置即可实现对重复值的去重操作，drop_dupli-cates() 方法包含的部分参数如表 8-15 所示。

表 8-15   drop_duplicate() 方法包含的部分参数

参数	描述
subset	指定需要去重的列，默认所有列
keep	删除条件的设置
inplace	是否修改原数据，默认为 False，不修改

其中，keep 包含的部分参数值如表 8-16 所示。

表 8-16   keep 包含的部分参数值

参数值	描述
first	删除重复项并保留第一次出现的项，默认值
last	删除重复项并保留最后一次出现的项
False	删除全部重复项

使用 drop_duplicates() 方法实现数据的去重，效果如图 8-15 所示。

图 8-15   数据去重

为实现图 8-15 效果，代码 CORE0810 如下所示。

代码 CORE0810.py
引入 pandas

```
import pandas as pd
# 创建二维数组
DataFrame = pd.DataFrame({"id":[1001,1002,1003],
"name":['Beijing', 'Beijing', 'Guangzhou']},
columns =['id','name'],index=[0,1,2])
# 去掉重复项并保留第一个重复项
print (DataFrame.drop_duplicates(subset='name',keep='first'))
# 去掉所有重复项
print (DataFrame.drop_duplicates(subset='name',keep=False))
# 修改原数据,去掉重复项并保留最后一个重复项
last=DataFrame.drop_duplicates(subset='name',keep='last',inplace=True)
print (DataFrame)
```

（7）replace()

除了重复值、空值,在进行数据处理时还会经常遇到数据值不合理、数据值与前后数据的内容有矛盾的情况,这时就需要进行数据的修改。修改数据使用的是 replace() 方法,向 replace() 方法中输入两个参数即可用前面的内容去替换后面的内容,进而实现数据的修改,replace() 方法中包含一些实现替换操作的参数,部分参数如表 8-17 所示。

表 8-17　replace 包含的部分参数

参数	描述
to_replace	定义如何查找将被替换的值,可以是字符串、正则表达式、字典等
value	用于替换的值,可以是标量、字典、列表、str、正则表达式
inplace	是否修改原数据,默认为 False,不修改
limit	向前或向后填充的最大尺寸间隙
regex	默认值为 False,使用正则表达式时,如:'id':r'^100.$' 时必须将 regex 设置为 True. 当 regex=r'^100.$' 时则不需要

使用 replace() 方法实现数据的替换,效果如图 8-16 所示。

为实现图 8-16 效果,代码 CORE0811 如下所示。

代码 CORE0811.py

```
# 引入 pandas
import pandas as pd
# 创建二维数组
DataFrame = pd.DataFrame({"id":[1001,'1002'],
"name":['Beijing', 'Guangzhou']},
columns =['id','name'])
```

```
# 将值为 1001 的替换为 00000
print (DataFrame.replace(1001,"00000"))
# 将值为 1001 或 1002 的替换为 00000
print (DataFrame.replace([1001,1002],"00000"))
# 针对某列,将 id 列值为 1001 或 name 列值为 Guangzhou 的替换为 00000
print (DataFrame.replace({'id':1001,'name':'Guangzhou'},"00000"))
# 针对某列,将 id 列中值为 1001 的替换为 *,值为 1002 的替换为 ***
print (DataFrame.replace({'id':{1001:'*','1002':'***'}}))
# 正则表达式,将 name 列中以 Guangzho 开头的值替换为 ******
print (DataFrame.replace(to_replace=r'^Guangzho.$', value='******', regex=True))
# 正则表达式,将 id 列中以字符串 100 开头的值替换为 ******
print (DataFrame.replace({'id':r'^100.$'},{'id':'******'}, regex=True))
# 正则表达式,将数据中以字符串 100 开头的值全部替换为 ******
print (DataFrame.replace(regex=r'^100.$',value='******'))
# 正则表达式,将数据中以字符串 100 开头的值全部替换为 ******,并且将值为 Beijing
# 的替换为 xxxxxx
print (DataFrame.replace(regex={r'^100.$': '******', 'Beijing': 'xxxxxx'}))
# 正则表达式,将数据中以字符串 100 开头的值和值为 Beijing 的全部替换为 ******
print (DataFrame.replace(regex=[r'^100.$','Beijing'],value='******'))
```

图 8-16　数据替换

4. 数据表变换

在数据处理的操作中，除了数据表清洗外，还有数据表变换，它同样是大数据处理中的重要流程之一。满足需求的、变换后的数据在使用时可以直接被使用，大大节约了数据操作的时间，提高了效率。Pandas 中提供了一些用于数据表的合并、分组、排序等变换操作的方法，部分数据表变换方法如表 8-18 所示。

表 8-18　部分数据表变换方法

方法	描述
merge()	数据表合并
append()	向数据表添加行
join()	数据表合并
concat()	数据表合并
set_index()	设置索引列
sort_index()	按照索引列排序
sort_values()	按照特定列的值排序
groupby()	数据分组
get_group()	选取分组
pivot_table()	创建数据透视表

表 8-18 中的方法的具体使用如下。

（1）merge()

在使用数据时，当现有列中的数据不能满足需求时，就需要向当前表中添加新的数据以满足需求。通过 Pandas 中的 merge() 方法即可按照某些字段或属性实现两个不同的数据表的合并操作，得到一个新的数据表供后面的数据操作使用。merge() 方法包含多个参数属性来实现多种合并操作，部分参数如表 8-19 所示。

表 8-19　merge() 方法包含的部分参数

参数	描述
how	设置连接情况
on	根据某个字段进行连接，必须存在于两个 DateFrame 中（若未同时存在，则需要分别使用 left_on 和 right_on 来设置）
left_on	左连接，以前面的 DateFrame 中的列作为连接键
right_on	右连接，以后面的 DateFrame 中的列作为连接键
left_index	将前面的 DateFrame 行索引作为连接键
right_index	将后面的 DateFrame 行索引作为连接键
sort	根据连接键对合并后的数据进行排列，默认为 True

续表

参数	描述
suffixes	两个数据集中出现的重复列在新数据集中分别加上后缀 _x, _y 进行区别

其中,how 中包含的部分参数值如表 8-20 所示。

表 8-20　how 中包含的部分参数值

参数值	描述
inner	默认值,内连接,只合并两个表格都具有的行
left	左连接,以前面的 DateFrame 的列作为连接键
right	右连接,以后面的 DateFrame 的列作为连接键
outer	外连接,将两个表格里所有的行都进行合并

使用 merge() 方法实现表的连接,效果如图 8-17 所示。

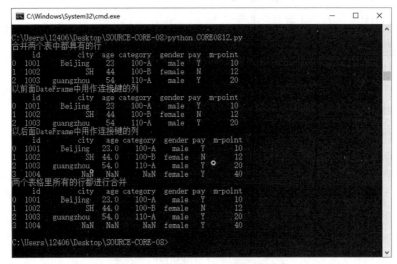

图 8-17　使用 merge() 方法连接表

为实现图 8-17 效果,代码 CORE0812 如下所示。

代码 CORE0812.py

```
# 引入 pandas
import pandas as pd
# 创建二维数组
DataFrame1 = pd.DataFrame({"id':[1001,1002,1003],
" city":['Beijing ', 'SH', ' guangzhou '],
  "age":[23,44,54],
```

```
        "category":['100-A','100-B','110-A']})
DataFrame2 = pd.DataFrame({"id":[1001,1002,1003,1004],
    "gender":['male','female','male','female'],
    "pay":['Y','N','Y','Y'],
    "m-point":[10,12,20,40]})
# 内连接，合并两个表中都具有的行
df_inner=pd.merge(DataFrame1,DataFrame2,how='inner')
print (df_inner)
# 左连接，以前面 DateFrame 中用作连接键的列
df_left=pd.merge(DataFrame1,DataFrame2,how='left')
print (df_left)
# 右连接，以后面 DateFrame 中用作连接键的列
df_right=pd.merge(DataFrame1,DataFrame2,how='right')
print (df_right)
# 两个表格里所有的行都进行合并
df_outer=pd.merge(DataFrame1,DataFrame2,how='outer')
print (df_outer)
```

（2）append()

append() 方法主要用于向当前的表中添加新的行，如果后添加信息中包含的列名在当前表中不存在，则信息中包含的列会被作为新的列进行添加。另外，append() 方法同样可以用于两个表的合并，但 merge() 方法会根据相同的字段进行合并，而 append() 方法则是直接将两个表中的列相互补全添加到一个新的表中。append() 方法包含多个参数用来进行表信息的添加，部分参数如表 8-21 所示。

表 8-21　append() 方法包含的部分参数

参数	描述
other	需要添加的信息，包含 DataFrame、Series、Dict、List 等数据结构
ignore_index	设置是否允许 index 出现重复
verify_integrity	设置创建相同的 index 时是否抛出 ValueError 的异常
sort	指定列进行排序，不指定则使用默认排序

使用 append() 方法实现表信息的添加，效果如图 8-18 所示。

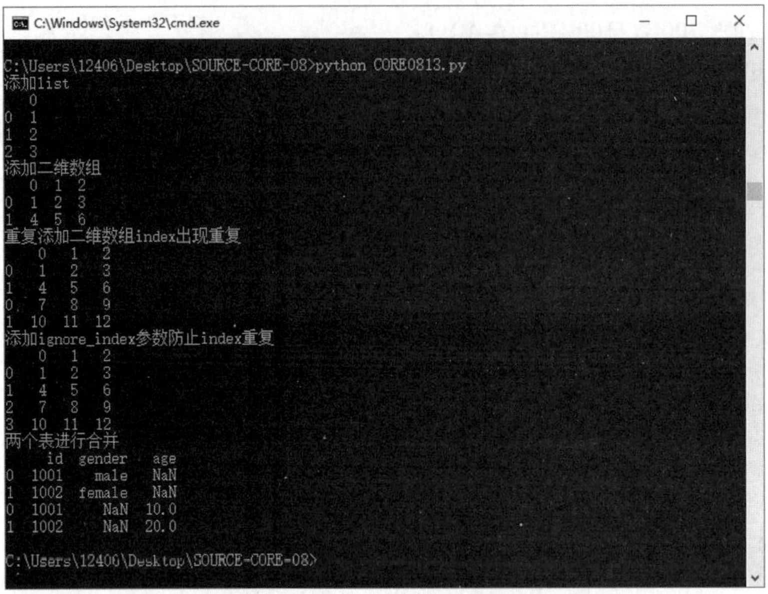

图 8-18　使用 append() 方法添加表信息

为实现图 8-18 效果，代码 CORE0813 如下所示。

代码 CORE0813.py

```
import pandas as pd
DataFrame=pd. DataFrame()
# 添加 List
print(" 添加 List")
DataFrame1=[1,2,3]
list=DataFrame. append(DataFrame1)
print (list)
# 添加二维数组
print (' 添加二维数组 ')
DataFrame1 = [[1,2,3],[4,5,6]]
lists = DataFrame.append(DataFrame1)
print (lists)
# 重复添加二维数组 index 出现重复
print (' 重复添加二维数组 index 出现重复 ')
DataFrame2 = [[7,8,9],[10,11,12]]
lists1 = lists.append(DataFrame2)
print (lists1)
# 添加 ignore_index 参数防止 index 重复
print (' 添加 ignore_index 参数防止 index 重复 ')
DataFrame2 = [[7,8,9],[10,11,12]]
```

```
lists1 = lists.append(DataFrame2,ignore_index=True)
print (lists1)
# 两个表进行合并
print (' 两个表进行合并 ')
DataFrame3=pd.DataFrame({"id":[1001,1002],
"gender":['male','female']})
DataFrame4=pd.DataFrame({"id":[1001,1002],
"age":[10,20]})
data=DataFrame3.append(DataFrame4,sort=False)
print (data)
```

（3）join()

join() 与 merge() 方法功能相同，都可以实现数据表的拼接，使用上也基本相同，并且 join() 方法包含的参数与 merge() 方法一致，区别在于 join() 方法是以相同列作为对齐列。join() 方法实现表的合并，效果如图 8-19 所示。

图 8-19　join() 方法合并表

为实现图 8-19 效果，代码 CORE0814 如下所示。

代码 CORE0814.py

```
# 引入 pandas
import pandas as pd
# 创建二维数组
DataFrame=pd.DataFrame({"id1":[1001,1002],
"gender":['male','female']},index=[1,2])
DataFrame1=pd.DataFrame({"id":[1001,1002],
"age":[10,20]},index=[1,3])
# 合并两个表
data=DataFrame.join(DataFrame1)
print (data)
```

（4）concat()

除了上面几种表的连接方法外，Pandas 还提供了 concat() 方法，可以通过不同参数的调整合成任意形式的数据。与 merge()、append() 和 join() 方法相比，concat() 的作用范围更广，只需指定轴即可沿行或列进行数据表的合并操作。concat() 方法中包含的部分设置参数如

表 8-22 所示。

表 8-22　concat() 方法中包含的部分设置参数

参数	描述
objs	需要合并的信息,包含 DataFrame、Series 等
axis	选择对齐方式,0 是行,1 是列
join	连接方式
sort	指定列进行排序,不指定则使用默认排序

其中,join 参数包含的参数值如表 8-23 所示。

表 8-23　join 参数包含的参数值

参数值	描述
inner	合并两个表格里相同行或列的数据
outer	合并两个表格里全部的行或列的数据

使用 concat() 方法实现表的连接,效果如图 8-20 所示。

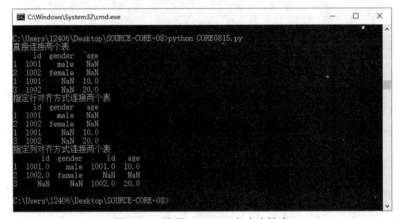

图 8-20　使用 concat() 方法连接表

为实现图 8-20 效果,代码 CORE0815 如下所示。

代码 CORE0815.py

```python
# 引入 pandas
import pandas as pd
# 创建二维数组
DataFrame=pd.DataFrame({"id":[1001,1002],
"gender":['male','female']},index=[1,2])
DataFrame1=pd.DataFrame({"id":[1001,1002],
```

```
"age":[10,20]},index=[1,3])
# 直接连接两个表
data=pd.concat([DataFrame,DataFrame1],sort=False)
print (data)
# 指定行对齐方式连接两个表
data=pd.concat([DataFrame,DataFrame1],axis=0,sort=False)
print (data)
# 指定列对齐方式连接两个表
data=pd.concat([DataFrame,DataFrame1],axis=1)
print (data)
```

（5）set_index()

在使用数据表中的数据时，自动生成的数据索引可能并不能满足请求需求，这时可以通过索引的指定进行更改。手动指定索引的方式，当数据量较小时还可以使用，但当数据量特别大时，则会造成时间的极大浪费。为了节约时间、提高工作效率，可以通过使用 Pandas 中的 set_index() 方法用表中某一列的值替换原来的索引，另外，set_index() 方法不仅可以实现单一索引的指定，还可以指定复合索引，set_index() 方法包含的部分参数如表 8-24 所示。

表 8-24　set_index() 方法包含的部分参数

参数	描述
keys	替换索引的列名称
drop	设置是否不保留原列数据，默认为 True，不保留
append	添加新索引
inplace	是否修改原数据，默认为 False，不修改

使用 set_index() 方法实现索引的指定，效果如图 8-21 所示。

图 8-21　指定索引

为实现图 8-21 效果,代码 CORE0816 如下所示。

```
代码 CORE0816.py
# 引入 pandas
import pandas as pd
# 创建二维数组
DataFrame=pd.DataFrame({"A":[1,2,3,4],
"B":[1,2,3,4],
"C":[1,2,3,4],
"D":[1,2,3,4]},index=[1,2,3,4])
# 设置单索引
print (DataFrame.set_index('B'))
# 保留原列设置单索引
print (DataFrame.set_index('B',drop=False))
# 设置复合索引
print (DataFrame.set_index(['B','C']))
```

（6）sort_index()、sort_values()

sort_index() 和 sort_values() 是 Pandas 库中的两个数据排序方法,其中 sort_index() 方法默认情况下能够根据行索引、列名称进行排序,而 sort_values() 方法则是根据行数据和列数据实现排序,但在使用 sort_values() 方法时,需添加 by 参数实现行、列的指定。总体来说,根据行和列名称排序时使用 sort_index() 方法,其他排序则使用 sort_values() 方法,sort_index() 方法包含的部分参数如表 8-25 所示。

表 8-25　sort_index() 方法包含的部分参数

参数	描述
by	按照某一列或几列数据进行排序
axis	排序参照选择,0 按照行索引排序,1 按照列名排序
ascending	排序方式选择,默认 True 升序排列,False 降序排列
inplace	是否修改原数据,默认为 False,不修改
kind	排序方法设置

sort_values() 方法包含的部分参数如表 8-26 所示。

表 8-26　sort_values() 方法包含的部分参数

参数	描述
by	行或列对应的名称
axis	排序参照选择,0 按照行索引排序,1 按照列名排序

参数	描述
ascending	排序方式选择，True 升序排列，False 降序排列，在使用时还可以是 [True,False]，即第一字段升序，第二字段降序
inplace	是否修改原数据，默认为 False，不修改
kind	排序方法设置

使用 sort_index() 和 sort_values() 方法实现数据的排序，效果如图 8-22 和图 8-23 所示。

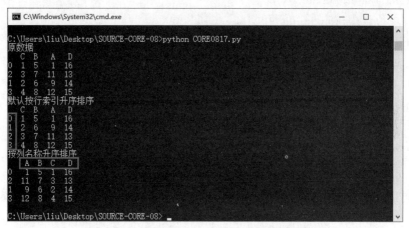

图 8-22　使用 sort_index() 方法实现数据排序

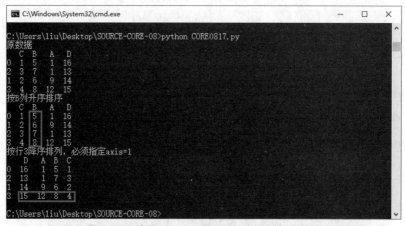

图 8-23　使用 sort_values() 方法实现数据排序

为实现图 8-22 和图 8-23 效果，代码 CORE0817 如下所示。

代码 CORE0817.py
引入 pandas import pandas as pd # 创建二维数组

```
DataFrame=pd.DataFrame({"C":[1,3,2,4],
"B":[5,7,6,8],
"A":[1,1,9,12],
"D":[16,13,14,15]},index=[0,2,1,3])
# 原数据
print (DataFrame)
# sort_index() 方法使用
# 默认按行索引升序排序
print (DataFrame.sort_index())
# 按列名称升序排序
print (DataFrame.sort_index(axis=1))
# sort_values() 方法使用
# 按 B 列升序排序
print (DataFrame.sort_values(by='B'))
# 按行 3 降序排列,必须指定 axis=1
print (DataFrame.sort_values(by=3,axis=1,ascending=[False]))
```

（7）groupby()、get_group()

groupby() 和 get_group() 是一对组合使用的方法,其中,groupby() 方法用于实现数据的分组功能,可以将当前数据表通过列名拆分成多个小的表,然后通过 get_group() 方法传入组的名称,进而实现分组内容的获取。groupby() 方法包含的部分参数如表 8-27 所示。

表 8-27　groupby() 方法包含的部分参数

参数	描述
by	设置分组参照
axis	分组方向选择,0 沿行分组,1 沿列分组
level	指定级别分组
sort	分组内容排序

使用 groupby() 和 get_group() 方法实现数据分组及分组内容的查看,效果如图 8-24 所示。

图 8-24　数据分组及分组内容查看

为实现图 8-24 效果，代码 CORE0818 如下所示。

代码 CORE0818.py

```python
# 引入 pandas
import pandas as pd
# 创建二维数组
DataFrame=pd.DataFrame({'a': ['A', 'B', 'C', 'D', 'A','B', 'C', 'D', 'A',
'B', 'C', 'B'],
    'b': [1, 2, 2, 3, 3,4 ,1 ,1,2 , 4,1,2],
    'c': [2017,2018,2019,2017,2018,2019,2017,2018,2019,2017,2018,2019]})
# 原数据
print (DataFrame)
# 按照 a 列进行分组
print (DataFrame.groupby('a'))
# 多列分组
print (DataFrame.groupby(['a','c']))
```

分组完成后，会返回二进制格式数据，如果想要查看当前的分组情况，可以使用 groups 属性，效果如图 8-25 所示。

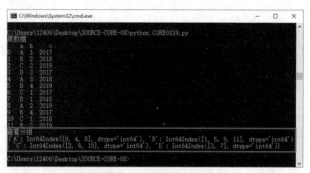

图 8-25　查看当前分组情况

为实现图 8-25 效果，代码 CORE0819 如下所示。

代码 CORE0819.py

```python
# 引入 pandas
import pandas as pd
# 创建二维数组
DataFrame=pd.DataFrame({'a': ['A', 'B', 'C', 'D', 'A','B', 'C', 'D', 'A',
'B', 'C', 'B'],
    'b': [1, 2, 2, 3, 3,4 ,1 ,1,2 , 4,1,2],
    'c': [2017,2018,2019,2017,2018,2019,2017,2018,2019,2017,2018,2019]})
# 原数据
```

```
print (DataFrame)
# 查看分组
print (DataFrame.groupby('a').groups)
```

查看分组信息后,不仅可以通过遍历的方法获取分组的详细内容,还可以使用 get_group() 方法实现单个分组内容的查看,效果如图 8-26 所示。

图 8-26   查看单个分组内容

为实现图 8-26 效果,代码 CORE0820 如下所示。

代码 CORE0820.py

```
# 引入 pandas
import pandas as pd
# 创建二维数组
DataFrame=pd.DataFrame({'a': ['A', 'B', 'C', 'D', 'A','B', 'C', 'D', 'A', 'B', 'C', 'B'],
    'b': [1, 2, 2, 3, 3,4 ,1 ,1,2 , 4,1,2],
    'c': [2017,2018,2019,2017,2018,2019,2017,2018,2019,2017,2018,2019]})
# 原数据
print (DataFrame)
# 查看分组
print (DataFrame.groupby('a').groups)
# 根据分组名称查看分组
print (DataFrame.groupby('a').get_group('A'))
```

（8）pivote_table()

数据透视表（Pivot Table）是一种交互式的表,可以进行某些计算,如求和与计数等。通过使用数据透视表,不仅可以动态改变版面的布置,也可以按照不同方式分析数据,还可以重新设置行号、列标和页字段。另外,数据透视表受版面布置和数据的影响,当版面布置发生改变时,数据透视表会立即按照新的布置重新计算数据;当原始数据发生更改时,数据透视表也会更新。Pandas 提供了 pivote_table() 方法,使用其可以实现数据透视表的创建,该方法包含了多个参数,其中常用的参数如表 8-28 所示。

表 8-28 pivote_table() 方法常用参数

参数	描述
data	原数据
values	原数据中的一列,数据透视表中用于观察分析的数据值
index	原数据中的一列,数据透视表用于行索引的数据值
columns	原数据中的一列,数据透视表用于列索引的数据值
aggfunc	根据当前的行、列索引生成的数据透视表中有多个数据需要进行聚合时,对多个数据执行此操作

使用 pivote_table() 方法实现数据透视表的创建,效果如图 8-27 所示。

图 8-27 创建数据透视表

为实现图 8-27 效果,代码 CORE0821 如下所示。

代码 CORE0821.py

```python
# 引入 pandas
import pandas as pd
# 创建二维数组
DataFrame=pd.DataFrame({'a': ['A', 'B', 'C', 'D', 'A','B', 'C', 'D', 'A', 'B', 'C', 'B'],
    'b': [1, 2, 2, 3, 3,4 ,1 ,1,2 , 4,1,2],
    'c': [2017,2018,2019,2017,2018,2019,2017,2018,2019,2017,2018,2019],
    'd': [1, 2, 2, 3, 3,4 ,1 ,1,2 , 4,1,2],
    'e': [1, 2, 2, 3, 3,4 ,1 ,1,2 , 4,1,2]})
```

```
# 原数据
print (DataFrame)
# 生成数据透视表
print (pd.pivot_table(DataFrame,values=['b','e'],index=['a','c'],columns=['d']))
```

5. 数据过滤

数据的相关操作,除了清洗、变换外,还有一个数据过滤操作,通过数据过滤可以将一些不需要的数据剔除,得到可以直接使用的数据,能够有效提高计算速度,Pandas 中,提供了多种用于实现数据过滤的方法,常用的数据过滤方法如表 8-29 所示。

表 8-29　常用的数据过滤方法

方法	描述
loc()	通过行名称、列名称、条件语句获取数据
iloc()	通过行号和列号获取数据
query()	通过条件语句获取数据

表 8-29 中的方法的具体使用如下。

（1）loc()

loc() 方法可以通过行名称和列名称的组合实现数据过滤,接收两个参数,第一个参数表示需要获取的行,是必填项,第二个参数表示需要获取的列,可不填,参数之间使用“,”连接,当第一个参数为“:”时,则获取全部行。loc() 方法通过行名称和列名称实现数据过滤,效果如图 8-28 所示。

图 8-28　使用 loc() 方法通过行名称和列名称过滤数据

为实现图 8-28 效果，代码 CORE0822 如下所示。

```
代码 CORE0822.py
# 引入 pandas
import pandas as pd
# 创建二维数组
DataFrame=pd.DataFrame({"A":[1,2,3,4],
"B":[5,6,7,8],
"C":[9,10,11,12],
"D":[13,14,15,16]},index=['a','b','c','d'])
# 原数据
print (DataFrame)
# 获取 a 行数据
print (DataFrame.loc['a'])
# 获取 A 列数据
print (DataFrame.loc[:,'A'])
# 获取 A、C 列数据
print (DataFrame.loc[:,['A','C']])
# 获取 a、c 行的 A、C 列数据
print (DataFrame.loc[['a','c'],['A','C']])
# 获取 a 到 c 行所有列的数据
print (DataFrame.loc['a':'c'])
```

使用 loc() 方法过滤数据要事先知道需要的数据在哪行哪列，数据量小时可以使用，但当数据量放大时，并不容易确定具体的行、列，这时可以使用关系符定义条件语句，实现数据的过滤，这种方法过滤范围广，效率高。loc() 方法常用的关系符如表 8-30 所示。

表 8-30 loc() 方法常用的关系符

关系符	描述
>	大于
<	小于
==	等于
!=	不等于
&	与，需要满足所有条件
|	或，满足一个条件即可

loc() 方法通过条件语句实现数据过滤，效果如图 8-29 所示。

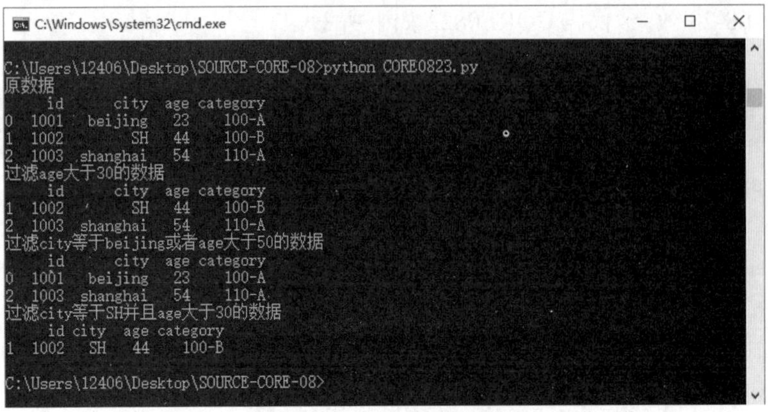

图 8-29　使用 loc() 方法通过条件语句过滤数据

为实现图 8-29 效果,代码 CORE0823 如下所示。

代码 CORE0823.py

```
# 引入 pandas
import pandas as pd
# 创建二维数组
DataFrame = pd.DataFrame({"id":[1001,1002,1003],
  "city":['beijing', 'SH', 'shanghai'],
  "age":[23,44,54], "category":['100-A','100-B','110-A']})
# 原数据
print (DataFrame)
# 过滤 age 大于 30 的数据
print (DataFrame.loc[DataFrame['age']>30])
# 过滤 city 等于 beijing 或者 age 大于 50 的数据
print (DataFrame.loc[(DataFrame['city']=='beijing')| (DataFrame['age']>50)])
# 过滤 city 等于 SH 并且 age 大于 30 的数据
print (DataFrame.loc[(DataFrame['city']=='SH')& (DataFrame['age']>30)])
```

（2）iloc()

iloc() 方法主要通过行号和列号的组合实现数据过滤。例如数据表中第 5 行,行号就是 4；第 5 列,列号就是 4。与 loc() 方法相比,iloc() 方法同样接收两个参数,并且两个参数之间通过",",连接；不同的是, iloc() 方法第一个参数接收需要获取行的行号,第二个参数接收需要获取列的列号；另外,当第一个参数为":"时,则可以根据第二个参数定义的内容获取符合的列,但需要注意的是当格式为 [x: y] 时, x 值为行号或列号, y 值则为行号或列号加 1。使用 iloc() 方法实现数据过滤,效果如图 8-30 所示。

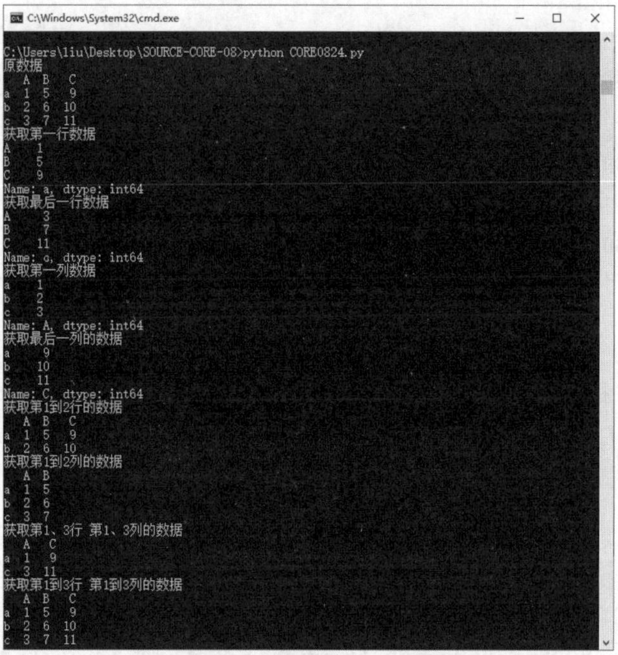

图 8-30　iloc() 方法过滤数据

为实现图 8-30 效果，代码 CORE0824 如下所示。

```
代码 CORE0824.py

# 引入 pandas
import pandas as pd
# 创建二维数组
DataFrame=pd.DataFrame({"A":[1,2,3],
"B":[5,6,7],
"C":[9,10,11]},index=['a','b','c'])
# 原数据
print (DataFrame)
# 获取第一行数据
print (DataFrame.iloc[0])
# 获取最后一行数据
print (DataFrame.iloc[-1])
# 获取第一列数据
print (DataFrame.iloc[:,0])
# 获取最后一列的数据
print (DataFrame.iloc[:,-1])
# 获取第 1 到 2 行的数据
print (DataFrame.iloc[0:2])
```

```
# 获取第 1 到 2 列的数据
print (DataFrame.iloc[:,0:2])
# 获取第 1、3 行 第 1、3 列的数据
print (DataFrame.iloc[[0,2],[0,2]])
# 获取第 1 到 3 行 第 1 到 3 列的数据
print (DataFrame.iloc[0:3,0:3])
```

（3）query()

query() 方法与 loc() 方法一样，都可以通过关系符定义条件语句实现数据过滤，并且包含的关系符也基本相同，但两种方法在使用时并不相同，loc() 方法获取列之后才会进行数据的过滤，而 query() 方法则是直接使用列名称即可实现数据的过滤，使用 query() 方法实现数据的过滤效果如图 8-31 所示。

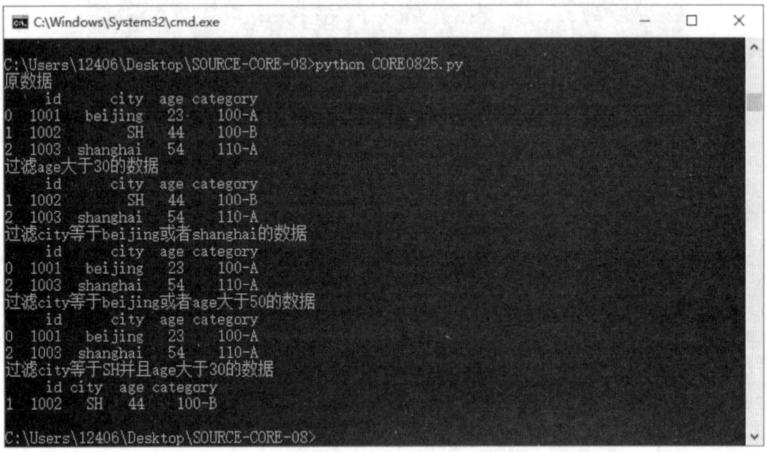

图 8-31　使用 query() 方法过滤数据

为实现图 8-31 效果，代码 CORE0825 如下所示。

```
代码 CORE0825.py

# 引入 pandas
import pandas as pd
# 创建二维数组
DataFrame = pd.DataFrame({"id":[1001,1002,1003],
  "city":['beijing', 'SH', 'shanghai'],
"age":[23,44,54],
  "category":['100-A','100-B','110-A']})
# 原数据
print (DataFrame)
# 过滤 age 大于 30 的数据
print (DataFrame.query('age>30'))
```

```
# 过滤 city 等于 beijing 或者 shanghai 的数据
print (DataFrame.query('city==["beijing","shanghai"]'))
# 过滤 city 等于 beijing 或者 age 大于 50 的数据
print (DataFrame.query('city=="beijing" | age >50'))
# 过滤 city 等于 SH 并且 age 大于 30 的数据
print (DataFrame.query('city==["SH"] & age >30'))
```

快来扫一扫！

　　提示：数据的过滤除了使用以上几种方法，还有一个".ix()"方法，扫描图中二维码，查看".ix()"方法的使用。

6. 数据保存

经过清洗、变换、过滤等操作即得到了能够直接用于分析、可视化等操作的数据，如果不保存，再使用这些数据时就需要重复进行以上操作，造成时间上的极大浪费，因此，为了方便使用，需要将数据保存。在 Pandas 中，数据的保存方法同样有很多，与数据表的获取方法成对存在，常用的数据保存方法如表 8-31 所示。

表 8-31　常用的数据保存方法

方法	描述
to_csv()	将数据保存到 CSV 文件
to_json()	将数据保存到 JSON 文件
to_excel()	将数据保存到 Excel 文件
to_sql()	将数据保存到 SQL 数据库

其中，to_csv() 方法包含的部分参数如表 8-32 所示。

表 8-32　to_csv() 方法包含的部分参数

参数	描述
filepath_or_buffer	保存到的文件路径
sep	分隔符设置，默认值为","
header	显示列名
columns	自定义列名

to_excel() 方法包含的部分参数如表 8-33 所示。

表 8-33   to_excel() 方法包含的部分参数

参数	描述
excel_writer	保存到的文件路径
sheet_name	是否包含数据表名称
header	显示列名
columns	自定义列名
index	是否显示索引

to_json() 方法包含的部分参数如表 8-34 所示。

表 8-34   to_json() 方法包含的部分参数

参数	描述
path_or_buf	文件路径
date_format	日期转换类型
force_ascii	强制编码为 ASCⅡ
index	是否包含索引值

to_sql() 方法包含的部分参数如表 8-35 所示。

表 8-35   to_sql() 方法包含的部分参数

参数	描述
name	表名称
con	链接 SQL 数据库的 engine,可以用 pymysql 之类的包建立
index	是否将表中索引保存到数据库
index_label	是否使用索引名称
if_exists	当数据库表存在时,设置数据的保存方式
chunksize	批量保存数据量大小

使用 Pandas 中包含的数据保存方法实现数据存储,效果如图 8-32 至图 8-35 所示。

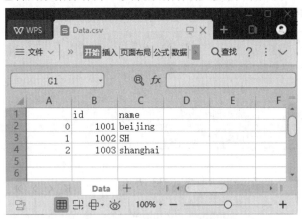

图 8-32   使用 to_csv() 方法保存数据

图 8-33　使用 to_json() 方法保存数据

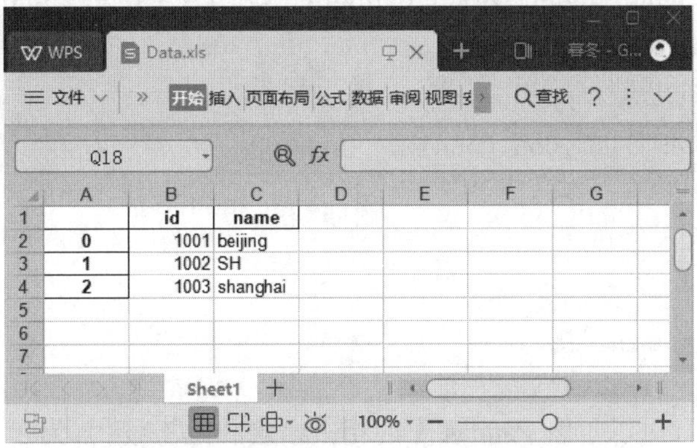

图 8-34　使用 to_excel() 方法保存数据

图 8-35　使用 to_sql() 方法保存数据

为实现图 8-32 至图 8-35 效果，代码 CORE0826 如下所示。

代码 CORE0826.py
# 引入 pandas
import pandas as pd
# 创建二维数组
DataFrame = pd.DataFrame({"id":[1001,1002,1003],
"name":['beijing', 'SH', 'shanghai']})
# 保存数据到 CSV
DataFrame.to_csv('./Data.csv')
# 保存数据到 Excel
DataFrame.to_excel('./Data.xls')

```
# 保存数据到 JSON
DataFrame.to_json('./Data.json')
# 保存数据到 SQL 数据库
# 引入 pymysql
import pymysql
# 导入 sqlalchemy
from sqlalchemy import create_engine
# 构建数据库链接 engine
conn       =       create_engine('mysql+pymysql://root:123456@localhost:3306/mysql?char-
set=utf8')
# 保存数据到 SQL 数据库
DataFrame.to_sql("Data", con=conn)
```

任 务 实 施

　　通过以上的学习,可以了解 Pandas 库的相关概念和基本使用,为了巩固所学知识,现通过以下几个步骤,使用 Pandas 库实现旅游数据的处理。

　　第一步:获取数据。

　　在操作数据之前需要获取数据,包括本地文件数据、数据库数据等,这里使用 read_csv() 方法将本地文件中的所有数据读取出来并使用 shape 维度查询属性验证数据是否全部读取,数据获取效果如图 8-36 所示,代码 CORE0827 如下所示。

图 8-36　获取数据

代码 CORE0827.py
引入 pandas import pandas as pd

```
# 读取全部数据
df=pd.read_csv("./tour_data.csv")
print(df.head(10))
# 维度查询
shape=df.shape
print (shape)
```

第二步：数据类型查看。

确定数据读取成功后，可以通过 dtypes 数据查看当前数据的数据类型，如果与需要的数据类型不符，可使用 astype() 方法转换当前的数据类型，数据类型查看效果如图 8-37 所示，修改 CORE0827 代码，如下所示。

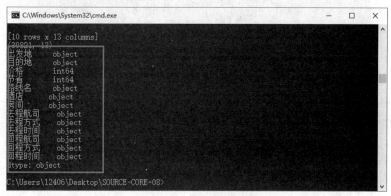

图 8-37　查看数据类型

代码 CORE0827.py

```
# 引入 pandas
import pandas as pd
# 读取全部数据
df=pd.read_csv("./tour_data.csv")
print(df.head(10))
# 维度查询
shape=df.shape
print (shape)
# 数据类型查询
dtypes=df.dtypes
print (dtypes)
```

第三步：缺失值处理。

与 NumPy 缺失值处理流程基本相同，可以通过 isnull() 方法检测缺失值是否存在，若存在则使用 fillna() 方法将当前缺失值替换，缺失值处理效果如图 8-38 所示，修改 CORE0827

代码,如下所示。

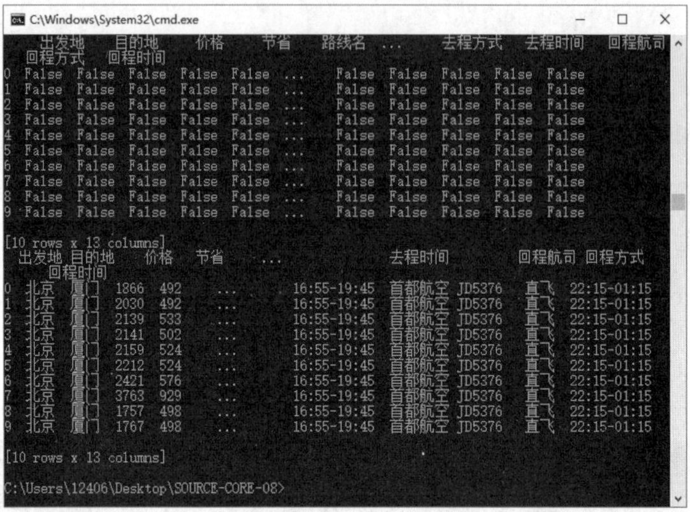

图 8-38 缺失值处理

```
代码 CORE0827.py

# 引入 pandas
import pandas as pd
# 读取全部数据
df=pd.read_csv("./tour_data.csv")
print(df.head(10))
# 维度查询
shape=df.shape
print (shape)
# 数据类型查询
dtypes=df.dtypes
print (dtypes)
## 检查是否存在缺失值
null=df.isnull()
print(null.head(10))
# 填充缺失值
df.fillna(" 无信息 ", inplace = True)
print (df.head(10))
```

第四步:重复值处理。

重复值的处理主要进行的是删除操作,可以通过使用 drop_duplicates() 方法将当前数据中的重复值移除,重复值处理效果如图 8-39 所示,修改 CORE0827 代码,如下所示。

图 8-39 重复值处理

代码 CORE0827.py

```python
# 引入 pandas
import pandas as pd
# 读取全部数据
df=pd.read_csv("./tour_data.csv")
print(df.head(10))
# 维度查询
shape=df.shape
print (shape)
# 数据类型查询
dtypes=df.dtypes
print (dtypes)
# 检查是否存在缺失值
null=df.isnull()
print(null.head(10))
# 填充缺失值
df.fillna(" 无信息 ", inplace = True)
print (df.head(10))
# 移除重复值
df.drop_duplicates()
print (df.head(10))
```

第五步：异常值处理。

缺失值、重复处理完成后，即可通过 loc() 方法将异常值过滤出去，异常值处理效果如图 8-40 所示，修改 CORE0827 代码，如下所示。

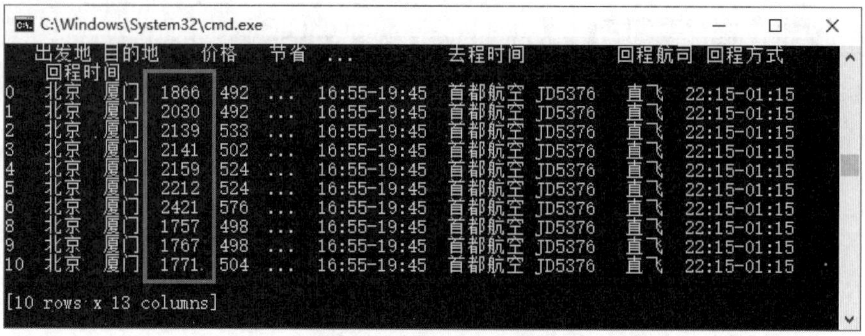

图 8-40 异常值处理

代码 CORE0827.py

```
# 引入 pandas
import pandas as pd
# 读取全部数据
df=pd.read_csv("./tour_data.csv")
print(df.head(10))
# 维度查询
shape=df.shape
print (shape)
# 数据类型查询
dtypes=df.dtypes
print (dtypes)
# 检查是否存在缺失值
null=df.isnull()
print(null.head(10))
# 填充缺失值
df.fillna(" 无信息 ", inplace = True)
print (df.head(10))
# 移除重复值
df.drop_duplicates()
print (df.head(10))
# 过滤异常值
fit_df=df.loc[df[' 价格 ']<2500]
print(fit_df.head(10))
```

第六步：合并数据

使用 groupby() 方法按出发地、目的地分组生成价格均值汇总表，之后重新导入新的数据表，使用 merge() 方法将新的数据表与价格汇总表合并，合并数据效果如图 8-41 所示，修改 CORE0827 代码，如下所示。

图 8-41　合并数据

```
代码 CORE0827.py
# 引入 pandas
import pandas as pd
# 读取全部数据
df=pd.read_csv("./tour_data.csv")
print(df.head(10))
# 维度查询
shape=df.shape
print (shape)
# 数据类型查询
dtypes=df.dtypes
print (dtypes)
## 检查是否存在缺失值
null=df.isnull()
print(null.head(10))
# 填充缺失值
df.fillna(" 无信息 ", inplace = True)
print (df.head(10))
# 移除重复值
df.drop_duplicates()
print (df.head(10))
# 过滤异常值
fit_df=df.loc[df[' 价格 ']<2500]
print(fit_df.head(10))
# 按出发地、目的地分组生成价格均值汇总表
# mean() 方法主要用于求取均值在本书只需简单了解即可
df1=fit_df.groupby([df[" 出发地 "],fit_df[" 目的地 "]],as_index=False).mean()
print(df1)
# 读取路线总数
```

```
df_=pd.read_csv("./tour_data1.csv")
print(df_)
# 价格汇总表和路线总数表合并
df2=pd.merge(df1,df_)
print(df2.head(10))
```

第七步：创建数据透视表

使用 pivote_table() 方法分别创建出发地、目的地、价格的数据透视表和从杭州出发的目的地、去程方式、价格的数据透视表。创建数据透视表的效果如图 8-42 所示，修改 CORE0827 代码，如下所示。

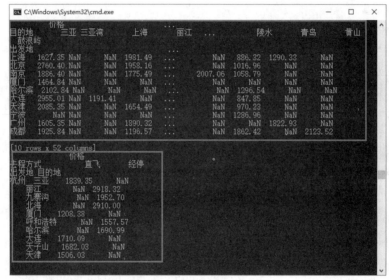

图 8-42　创建数据透视表

代码 CORE0827.py

```
# 引入 pandas
import pandas as pd
# 读取全部数据
df=pd.read_csv("./tour_data.csv")
print(df.head(10))
# 维度查询
shape=df.shape
print (shape)
# 数据类型查询
dtypes=df.dtypes
print (dtypes)
```

```
## 检查是否存在缺失值
null=df.isnull()
print(null.head(10))
# 填充缺失值
df.fillna(" 无信息 ", inplace = True)
print (df.head(10))
# 移除重复值
df.drop_duplicates()
print (df.head(10))
# 过滤异常值
fit_df=df.loc[df[' 价格 ']<2500]
print(fit_df.head(10))
# 按出发地、目的地分组生成价格均值汇总表
# mean() 方法主要用于求取均值在本书只需简单了解即可
df1=fit_df.groupby([df[" 出发地 "],fit_df[" 目的地 "]],as_index=False).mean()
print(df1)
# 读取路线总数
df_=pd.read_csv("./tour_data1.csv")
print(df_)
# 价格汇总表和路线总数表合并
df2=pd.merge(df1,df_)
print(df2.head(10))
# 查看出发地、目的地、价格的数据透视表
df3=pd.pivot_table(df,values=[" 价格 "],index=[" 出发地 "],columns=[" 目的地 "])
print(df3.head(10))
# 从杭州出发的目的地、去程方式、价格的数据透视表
df4=pd.pivot_table(df[df[" 出发地 "]==" 杭州 "],values=[" 价格 "],index=[" 出发地 "," 目的地 "],columns=[" 去程方式 "])
print(df4.head(10))
```

第八步：保存数据。

数据操作完成后，通过 to_excel() 方法将需求数据保存到本地文件，供后续数据的分析、可视化等相关操作使用，修改 CORE0827 代码，如下所示。

代码 CORE0827.py

```
# 引入 pandas
import pandas as pd
```

```
# 读取全部数据
df=pd.read_csv("./tour_data.csv")
print(df.head(10))
# 维度查询
shape=df.shape
print (shape)
# 数据类型查询
dtypes=df.dtypes
print (dtypes)
## 检查是否存在缺失值
null=df.isnull()
print(null.head(10))
# 填充缺失值
df.fillna(" 无信息 ", inplace = True)
print (df.head(10))
# 移除重复值
df.drop_duplicates()
print (df.head(10))
# 过滤异常值
fit_df=df.loc[df[' 价格 ']<2500]
print(fit_df.head(10))
# 按出发地、目的地分组生成价格均值汇总表
# mean() 方法主要用于求取均值在本书只需简单了解即可
df1=fit_df.groupby([df[" 出发地 "],fit_df[" 目的地 "]],as_index=False).mean()
print(df1)
# 读取路线总数
df_=pd.read_csv("./tour_data1.csv")
print(df_)
# 价格汇总表和路线总数表合并
df2=pd.merge(df1,df_)
print(df2.head(10))
# 查看出发地、目的地、价格的数据透视表
df3=pd.pivot_table(df,values=[" 价格 "],index=[" 出发地 "],columns=[" 目的地 "])
print(df3.head(10))
# 从杭州出发的目的地、去程方式、价格的数据透视表
df4=pd.pivot_table(df[df[" 出发地 "]==" 杭州 "],values=[" 价格 "],index=[" 出发地 "," 目的地 "],columns=[" 去程方式 "])
print(df4.head(10))
```

```
## 保存数据
df2.to_excel('./Result2.xlsx',header=0)
df3.to_excel('./Result3.xlsx',header=0)
df4.to_excel('./Result4.xlsx',header=0)
```

　　数据保存完成后，会在当前项目文件夹下产生 Result2.xlsx、Result3.xlsx、Reslt4.xlsx 文件，打开项目文件夹，查看以上文件是否存在，如图 8-43 所示。

CORE0827.py	2019/4/6 11:31	JetBrains PyChar...	2 KB
Data.csv	2019/3/20 21:32	XLS 工作表	1 KB
Data.json	2019/3/20 21:32	JSON 文件	1 KB
Data.xls	2019/3/20 21:32	XLS 工作表	6 KB
Result2.xlsx	2019/4/6 11:31	XLSX 工作表	15 KB
Result3.xlsx	2019/4/6 11:31	XLSX 工作表	10 KB
Result4.xlsx	2019/4/6 11:31	XLSX 工作表	6 KB
test.csv	2019/3/15 11:12	XLS 工作表	1 KB
test.json	2019/3/15 11:12	JSON 文件	1 KB

图 8-43　项目文件夹

　　打开其中一个文件，出现如图 8-3 所示的数据说明数据保存成功。

　　至此，使用 Pandas 库处理旅游数据完成。当数据量很大时，使用 Pandas 不能进行相关的数据处理操作，可以使用 MapReduce、HDFS 等技术进行处理。

　　本项目通过使用 Pandas 库处理旅游数据，使读者对 Pandas 库的相关知识有了初步了解，对 Pandas 库的安装及基本使用有所了解并掌握，能够通过所学的 Pandas 库知识实现旅游数据的处理。

series	系列	panel	面板
prefix	字首	lines	线
tail	尾巴	lower	降低
upper	上	method	方法

1. 选择题

（1）以下不属于 read_csv() 方法包含参数的是（　　　）。

A.filepath_or_buffer　　B.io　　　　　　　　　　C.sep　　　　　　　　　　D.header

（2）Pandas 库中用于查看基本信息的是（　　　）。

A.info()　　　　　　　B.unique()　　　　　　　C.head()　　　　　　　　D.tail()

（3）查询当前数组的维度可以使用（　　　）。

A.dtypes　　　　　　　B.shape　　　　　　　　C.values　　　　　　　　D.columns

（4）以下用于填充空值的方法是（　　　）。

A.replace()　　　　　　B.rename()　　　　　　　C.drop_duplicates()　　D.fillna()

（5）数据分组可以使用（　　　）。

A.pivote_table()　　　B.get_group()　　　　　C.groupby()　　　　　　D.sort_values()

2. 简答题

（1）简述 Pandas 库能够处理的数据结构。

（2）简述 Pandas 库包含的数据表清洗和变换的相关方法（每种至少 5 个）。